普通高等职业教育计算机系列教材

H3C 高级路由与交换技术

史振华　主　编

U0226184

电子工业出版社

Publishing House of Electronics Industry

北京·BEIJING

内 容 简 介

交换机和路由器是计算机网络的核心设备，对于希望今后从事网络系统集成、网络管理与维护等工作的学生来说，掌握交换机和路由器的基本应用技术十分重要。

本书由 H3C 高级路由和交换技术组成，共 16 个教学项目，包括华三云实验室（HCL）的安装与使用、路由引入技术、PAP 与 CHAP 认证技术、DHCP 协议和 DHCP 中继技术、优化 OSPF 路由协议、OSPF 路由协议的高级特性、路由过滤技术、路由策略技术、Private VLAN 技术、生成树协议技术、多生成树协议技术、VRRP 技术、GRE VPN 技术、IPSec VPN 技术、GRE over IPSec 技术，以及综合实训项目。本书涉及的工作任务示例均在华三 HCL 模拟器上通过验证。每个项目的命令都有详细的步骤和注释，每个学生都能看得懂、学得会。

本书可作为高等职业院校计算机及网络相关专业的教材或参考书，以及各类网络设备培训班的培训教材或辅助教材，并且适合所有从事网络管理和系统管理的专业人员及网络爱好者阅读。

未经许可，不得以任何方式复制或抄袭本书之部分或全部内容。
版权所有，侵权必究。

图书在版编目（CIP）数据

H3C 高级路由与交换技术 / 史振华主编. —北京：电子工业出版社，2020.9

ISBN 978-7-121-39393-8

Ⅰ. ①H… Ⅱ. ①史… Ⅲ. ①计算机网络－路由选择－高等职业教育－教材②计算机网络－信息交换机－高等职业教育－教材 Ⅳ. ①TN915.05

中国版本图书馆 CIP 数据核字（2020）第 150657 号

责任编辑：徐建军　　特约编辑：田学清
印　　刷：北京雁林吉兆印刷有限公司
装　　订：北京雁林吉兆印刷有限公司
出版发行：电子工业出版社
　　　　　北京市海淀区万寿路 173 信箱　　　邮编：100036
开　　本：787×1092　1/16　印张：17.25　　字数：475 千字
版　　次：2020 年 9 月第 1 版
印　　次：2023 年 2 月第 6 次印刷
定　　价：52.00 元

凡所购买电子工业出版社图书有缺损问题，请向购买书店调换。若书店售缺，请与本社发行部联系，联系及邮购电话：（010）88254888，88258888。

质量投诉请发邮件至 zlts@phei.com.cn，盗版侵权举报请发邮件至 dbqq@phei.com.cn。

本书咨询联系方式：（010）88254570，xujj@phei.com.cn。

前　言

　　随着物联网、云计算、大数据等应用的不断发展，计算机网络技术作为这些应用的基础显得尤为重要，社会对掌握高技术技能的网络应用型人才的需求也与日俱增。在计算机网络平台中，交换机、路由器是最常见也最常用的网络设备，这两种设备的配置与管理技术已成为计算机网络的核心技术，具备这两种设备的应用能力对网络专业学生的就业有很大帮助。高级路由交换技术是网络系统集成、网络管理与维护过程中常用的核心技术，很多高等职业院校都将其作为重要的专业核心课程。

　　本书以"工作过程系统化"的高等职业院校课程开发思路为指导，按照"理论够用、重在实践、由简及繁、循序渐进"的原则，精心组织教学内容；以适合"教、学、做"一体化的教学模式实施为原则，将技术知识和操作步骤融为一体，组成了一系列功能上相对独立、技能上逐次递进的项目化教学模块；通过实训工作任务引领，把专业技能训练渗透到每个环节，体现在每个步骤，这样学生可以看得懂、学得会、用得上。

　　本书共有 16 个教学项目，采用基于工作任务导向的课程教学理念，改变以传授理论知识为主要特征的传统课程模式，转变为以工作任务为中心，以实践教学为主线来组织课程内容，将高级路由交换技术的系统理论知识根据工作任务的需要分散到各个项目中，理论为实践服务，让学生在完成具体项目的过程中获得和理解相关理论知识。在每个项目中都通过完成工作任务来获得网络设备配置技术的理论知识和技能，同时获得职业能力。

　　项目内容由易到难、由简到繁、层层递进。通过项目的学习和训练，学生不仅能够熟练掌握路由器、交换机的配置技能，还能够根据需求组建企事业单位网络并开展相关运维工作。

　　本书由绍兴职业技术学院的史振华担任主编并统稿。参与本书编写工作的还有傅彬、宣凯新、胡翔洋、陈楚楚、戴立坤。

　　为了方便教师教学，本书配有电子教学课件及相关资源，请有此需求的教师登录华信教育资源网（http://www.hxedu.com.cn）进行注册后免费下载，如有问题可在网站留言板留言或与电子工业出版社联系（E-mail：hxedu@phei.com.cn）。

　　教材建设是一项系统工程，需要在实践中不断加以完善及改进。由于编者水平有限，书中难免存在疏漏和不足之处，恳请广大读者给予批评与指正。

编　者

目　录

项目 1

华三云实验室（HCL）的安装与使用

教学目标

1. 掌握 HCL 的安装过程。
2. 掌握 HCL 的使用方法。
3. 掌握 H3C 设备的基本配置命令。

项目内容

华三云实验室（H3C Cloud Lab，简称 HCL）是一款界面图形化的全真网络模拟软件，可以通过该软件实现 H3C 公司多个型号的虚拟设备的组网，可以模拟路由器、交换机、防火墙等网络设备及计算机的全部功能，是学习 H3C 公司 Comware V7 平台的网络设备的工具。本项目主要介绍 HCL 的安装与使用，以及 H3C 设备的基本配置命令。

相关知识

H3C 设备的配置命令和华为的配置命令类似，但与思科、锐捷设备的配置命令相差较大。因此，学习 H3C 设备的配置技术需要先学习 HCL 的安装、H3C 设备的基本配置命令和配置方法。

1.1 HCL 的安装

HCL 可以在华三官网（www.h3c.com.cn）上免费下载，如图 1-1 所示①，本书使用的 HCL 的版本为 HCL_V2.1.1。

图 1-1　HCL 的下载

---

① 软件图中"其它"的正确写法应为"其他"。

下载 HCL_Setup_V2.1.1 后双击安装包，待加载界面完成后，弹出如图 1-2 所示的"安装语言"对话框，支持简体中文和英文两种语言，用户可以在下拉列表中选择安装语言。

选择好安装语言后，单击"OK"按钮，进入如图 1-3 所示的 HCL 安装向导界面。

图 1-2 "安装语言"对话框   图 1-3 HCL 安装向导界面

单击"下一步"按钮，进入如图 1-4 所示的 HCL 许可证协议界面，请选择"我接受'许可证协议'中的条款"选项。

然后，单击"下一步"按钮，进入如图 1-5 所示的选择安装位置界面，默认安装路径为"C:\Program Files（x86）\HCL"，安装时会在此路径下建立 HCL 文件夹，用户也可以单击"浏览"按钮自行选择安装路径。

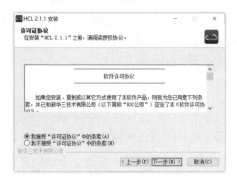

图 1-4 HCL 许可证协议界面   图 1-5 选择安装位置界面

选择好安装路径后，单击"下一步"按钮，进入如图 1-6 所示的选择组件界面①，其中"H3C Cloud Lab"组件为必选组件。HCL 基于 VirtualBox 模拟器运行，若用户已安装 VirtualBox，此处可以选择不安装"Virtualbox-5.1.22"组件。

图 1-6 选择组件界面

---

① 软件图中"那些"的正确写法应为"哪些"。

组件选择完成后，单击"安装"按钮，进入如图 1-7 所示的安装进度界面，开始安装 HCL。

如图 1-8 所示，在安装过程中会弹出是否需要安装 VirtualBox 的提示界面，单击"Next"按钮。

图 1-7　安装 HCL　　　　　　　　　　　图 1-8　安装 VirtualBox

进入如图 1-9 所示的选择安装 VirtualBox 的路径界面，默认安装路径为"C:\Program Files\Oracle\VirtualBox"，单击"Next"按钮。

进入如图 1-10 所示的选择快捷方式界面，默认情况是全部选择，单击"Next"按钮。

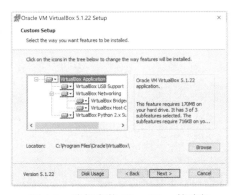 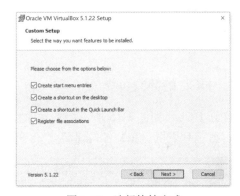

图 1-9　选择安装 VirtualBox 的路径　　　　图 1-10　选择快捷方式

进入如图 1-11 所示的提示网卡重启界面，提示安装 VirtualBox 会导致网卡重启，单击"Yes"按钮。

进入如图 1-12 所示的准备安装 VirtualBox 界面，单击"Install"按钮开始安装。

 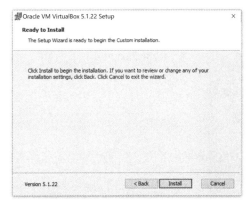

图 1-11　提示网卡重启界面　　　　　　　图 1-12　准备安装 VirtualBox 界面

进入如图 1-13 所示的界面，VirtualBox 安装完成，图 1-14 所示的界面提示此时 HCL 已完成安装。

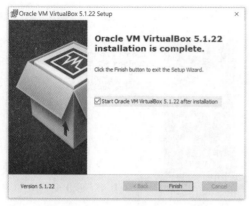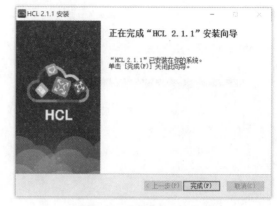

图 1-13　完成 VirtualBox 的安装　　　　　　图 1-14　完成 HCL 的安装

如果安装完成后 HCL 无法启动，则需要检查系统账户名称和安装路径是否为英文名称，尝试使用 Windows 7 的兼容模式运行 HCL。如果还是无法启动就需要卸载 VirtualBox 5.1.22 版本，安装 VirtualBox 4.2.24 版本了。

1.2　HCL 的简介和使用方法

1.2.1　HCL 的简介

打开 HCL，如图 1-15 所示，主界面分为标题及菜单栏、快捷操作区、设备选择区、工作台区、抓包列表区、拓扑汇总区。

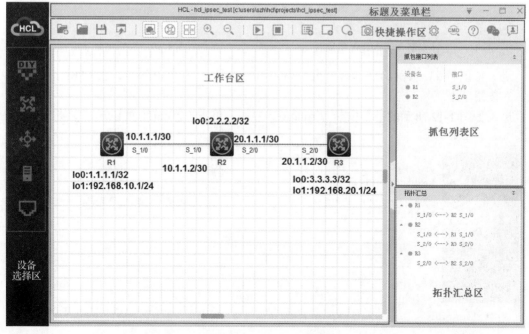

图 1-15　HCL 的主界面

- 标题及菜单栏：标题显示当前工程的信息，若用户未创建工程则显示临时工程名"HCL-hcl_随机 6 位字符串[临时工程]"，否则显示工程名与工程路径的组合，如"HCL-Test [C:\Documents and Setting\user\HCL\Projects\Test]"。
- 快捷操作区：从左至右包括工程操作、显示控制、设备控制、图形绘制、扩展功能这 5 类快捷操作，鼠标光标悬停在图标上显示图标功能提示。
- 设备选择区：从上到下依次为 DIY（Do It Yourself，用户自定义设备）、路由器、交换机、终端和连线。
- 工作台区：用来搭建拓扑网络的工作区，可以进行添加设备、删除设备、连线、删除连线等可视化操作，并显示搭建出来的图形化拓扑网络。
- 抓包列表区：该区域汇总了已设置抓包的接口列表。通过右键菜单可以进行停止抓包、查看抓取报文等操作。
- 拓扑汇总区：该区域汇总了拓扑中的所有设备和连线。通过右键菜单可以对拓扑进行简单的操作。

1.2.2　HCL 的使用方法

1．添加设备

在设备选择区单击相应的设备类型按钮（DIY、路由器、交换机），将弹出可选设备类型列表，图 1-16 所示添加的是一台三层交换机。我们也可以连续地添加设备，单击设备类型图标，松开鼠标，进入设备连续添加模式，光标变成设备类型图标。在此模式下，单击工作台任意位置，每单击一次，添加一台设备，右击工作台任意位置或按"Esc"键则退出设备连续添加模式。

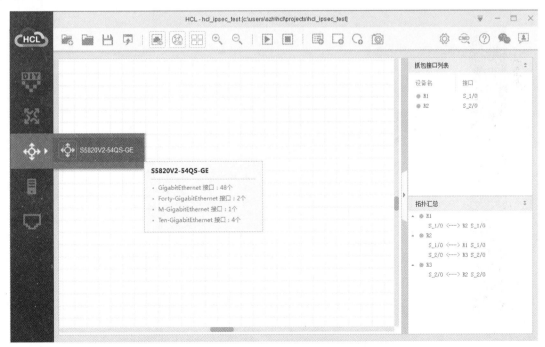

图 1-16　添加网络设备

2．添加线缆

选择"连线"菜单项，鼠标光标的形状变成"十"字，进入连线状态。如图 1-17 所示，在此状态下单击一台设备，然后在弹窗中选择链路源接口，再单击另一台设备，在弹窗中选择目的接口，完成连接操作。右击退出连线状态。

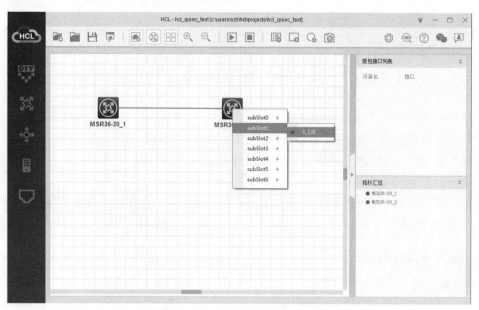

图 1-17 HCL 中网络设备连接线缆

3. 启动和停止设备

当设备处于停止状态时，单击"启动"按钮启动设备，设备图标中的图案变成绿色，设备切换到运行状态；当设备处于运行状态时，单击"停止"按钮停止设备，设备图标中的图案变成白色，设备切换到停止状态。也可以单击快捷操作区的"启动全部设备"按钮，如图 1-18 所示。

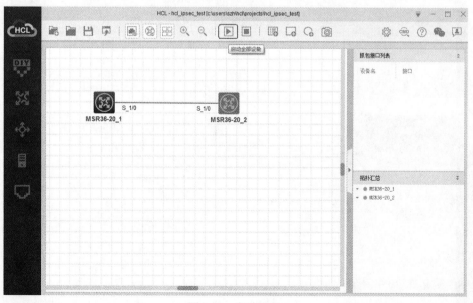

图 1-18 启动设备

4. 启动命令行终端

右击运行的网络设备，选择"启动命令行终端"选项启动命令行终端，弹出与设备同名的命令行输入窗口，如图 1-19 所示。

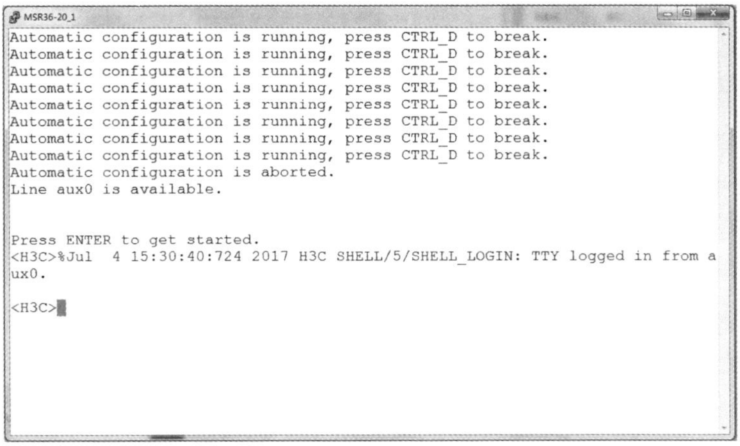

图 1-19 设备的命令行输入窗口

1.3 H3C 设备的基本配置命令

1．用户视图和系统视图

命令视图是 Comware 命令行接口对用户的一种呈现方式。用户登录到命令行接口后会处于某种视图之中，这时，只能执行该视图所允许的特定命令和操作。设备启动后默认进入用户视图<H3C>，该视图可以查看设备的基本运行状态，可以使用 system-view 命令进入系统视图 [H3C]。系统视图是配置全局通用参数的视图。

```
① <H3C> system-view                              /*由用户视图进入系统视图
② [H3C]
```

2．配置网络设备名称

配置网络设备名称可以非常方便地管理网络设备，设备名称默认为 H3C，可以通过 sysname 命令进行配置。

```
① <H3C> system-view                              /*由用户视图进入系统视图
② [H3C] sysname SW1                               /*将设备名称配置为 SW1
③ [SW1]
```

3．创建 VLAN 与端口加入 VLAN 的方法

VLAN 的作用是在交换网络中划分广播域，提高网络的安全性和可靠性，交换机通常根据端口来划分 VLAN，在默认状态下，所有的端口都属于 VLAN 1。

```
① <H3C> system-view                              /*由用户视图进入系统视图
② [H3C] vlan 10                                   /*创建 VLAN 10
③ [H3C-vlan10] port GigabitEthernet 1/0/1         /*将 G1/0/1 端口加入 VLAN 10 中
④ [H3C-vlan10]
```

4．配置交换机端口的 Trunk 模式

交换机和交换机互连的端口一般要配置为 Trunk 模式，这是为了使连接在不同交换机上的相同 VLAN 的主机能够通信。在默认状态下，H3C 设备的 Trunk 模式只允许 VLAN 1 通过，但有时根据网络情况也允许其他 VLAN 通过。

```
① [H3C] int g1/0/24                               /*进入交换机 G1/0/24 端口
② [H3C-GigabitEthernet1/0/24] port link-type trunk   /*将端口配置为 Trunk 模式
```

③ [H3C-GigabitEthernet1/0/24] port trunk permit vlan 10 20
  /*允许 VLAN 10 和 VLAN 20 通过
④ [H3C-GigabitEthernet1/0/24]

5. 配置三层交换机的 IP 地址

三层交换机配置 IP 地址有两种方式：一种是创建 VLAN，给 VLAN 配置 IP 地址；另一种是将端口配置为路由模式，直接配置 IP 地址。

创建 VLAN，给 VLAN 配置 IP 地址的命令如下。

① [H3C] vlan 10
② [H3C-vlan10] quit
③ [H3C] int vlan 10   /*进入 SVI VLAN 10 虚拟端口
④ [H3C-Vlan-interface10] ip address 192.168.10.254 24   /*配置 SVI 10 端口的 IP 地址
⑤ [H3C-Vlan-interface10] quit

将端口改为路由模式，直接配置 IP 地址的命令如下。

① [H3C] int g1/0/10   /*进入交换机 G1/0/10 端口
② [H3C-GigabitEthernet1/0/10] port link-mode route   /*将端口模式改为路由模式
③ [H3C-GigabitEthernet1/0/10] ip address 192.168.20.254 24   /*为端口配置 IP 地址
④ [H3C-GigabitEthernet1/0/10] quit

6. 配置交换机端口聚合

交换机端口聚合是指交换机之间将多个端口进行连接形成一条逻辑链路，增加链路带宽，提高链路的可靠性。

① [H3C] interface Bridge-Aggregation 1   /*创建聚合端口 1
② [H3C-Bridge-Aggregation1] port link-type trunk   /*将端口配置为 Trunk 模式
③ [H3C-Bridge-Aggregation1] port trunk permit vlan all   /*允许所有的 VLAN 通过
④ [H3C-Bridge-Aggregation1] quit
⑤ [H3C] int range g1/0/23 to g1/0/24   /*选择 G1/0/23 和 G1/0/24 端口
⑥ [H3C-if-range] port link-aggregation group 1   /*将端口加入聚合端口 1 中
⑦ [H3C-if-range] port link-type trunk   /*将端口配置为 Trunk 模式
⑧ [H3C-if-range] port trunk permit vlan all   /*允许所有的 VLAN 通过
⑨ [H3C] dis link-aggregation summary   /*查看聚合端口的信息

7. 配置路由器的单臂路由

路由器配置单臂路由主要用于 VLAN 之间的通信，路由器在一个物理接口上可划分为多个逻辑子接口，为每个子接口配置 IP 地址作为 VLAN 的网关，从而实现 VLAN 之间的通信。

① [H3C] int GigabitEthernet 0/1.10   /*进入路由器的 G0/1.10 子接口模式
② [H3C-GigabitEthernet0/1.10] ip address 192.168.10.1 24   /*为子接口配置 IP 地址
③ [H3C-GigabitEthernet0/1.10] vlan-type dot1q vid 10
  /*子接口封装为 dot1q 协议并分配给 VLAN 10，作为 VLAN 10 的网关
④ [H3C-GigabitEthernet0/1.10] quit
⑤ [H3C] int GigabitEthernet 0/1.20   /*进入路由器的 G0/1.20 子接口模式
⑥ [H3C-GigabitEthernet0/1.20] ip address 192.168.20.1 24   /*为子接口配置 IP 地址
⑦ [H3C-GigabitEthernet0/1.20] vlan-type dot1q vid 20
  /*子接口封装为 dot1q 协议并分配给 VLAN 20，作为 VLAN 20 的网关
⑧ [H3C-GigabitEthernet0/1.20] quit

8. 配置静态路由和默认路由

静态路由和默认路由是管理员手动配置的路由信息，一般用在小型网络或拓扑结构相对固定的网络中。因为静态路由不会频繁地交换路由信息，所以安全保密性较高。默认路由是静态路由的特殊形式，其目的网络和子网掩码均为 0.0.0.0。

```
①  [H3C] ip route-static 192.168.10.0 255.255.255.0 10.0.0.1
    /*配置静态路由到达 192.168.10.0/24 的下一跳地址为 10.0.0.1
②  [H3C] ip route-static 192.168.20.0 255.255.255.0 10.0.0.1
    /*配置静态路由到达 192.168.20.0/24 的下一跳地址为 10.0.0.1
```

这两条命令可以使用下面的默认路由来替代。

```
    [H3C] ip route-static 0.0.0.0 0.0.0.0 10.0.0.1
    /*配置默认路由，下一跳地址为 10.0.0.1
```

9. 配置 RIP 动态路由协议

RIP 是应用较早并且使用较为普遍的动态路由协议。RIP 属于典型的距离矢量路由协议，使用跳数作为度量值，每经过一台路由器跳数加 1，跳数为 16 表示网络不可达。

```
①  [H3C] rip                              /*进入 RIP 动态路由配置模式
②  [H3C-rip-1] network 192.168.10.0       /*将 192.168.10.0 网段宣称到 RIP 中
③  [H3C-rip-1] network 192.168.20.0       /*将 192.168.20.0 网段宣称到 RIP 中
④  [H3C-rip-1] version 2                  /*使用 RIPv2 的版本
⑤  [H3C-rip-1] undo summary               /*关闭自动汇总
⑥  [H3C-rip-1] quit
```

10. 配置 OSPF 动态路由协议

OSPF 是一种典型的链路状态路由协议，使用权值作为度量值，权值是带宽、延时、拥塞程度等的综合加权值，能够反映当前网络的状态。OSPF 支持区域划分，划分区域必须存在骨干区域（Area 0）。OSPF 动态路由协议的优先级高于 RIP 动态路由协议。

```
①  [H3C] ospf                             /*进入 OSPF 动态路由配置模式
②  [H3C-ospf-1] area 0                     /*进入 OSPF 的 Area 0
③  [H3C-ospf-1-area-0.0.0.0] network 192.168.10.0 0.0.0.255 /*将网段宣称到 OSPF 中
④  [H3C-ospf-1-area-0.0.0.0] network 192.168.20.0 0.0.0.255 /*将网段宣称到 OSPF 中
⑤  [H3C-ospf-1-area-0.0.0.0] quit
```

1.4 工作任务示例

假设某公司的网络拓扑结构如图 1-20 所示。其中，接入层采用二层交换机 SW2_A，汇聚和核心层使用了一台三层交换机 SW3，网络边缘采用一台局域网路由器 R1，用于连接外部广域网路由器 R2，R2 连接一台二层交换机 SW2_B。

为了提高交换机的传输带宽，并实现链路的冗余备份，SW2_A 与 SW3 之间使用两条链路相连。SW2_A 在 GE_0/1 端口上连接 PC1，PC1 处于 VLAN 100 中，在 GE_0/2 端口上连接 PC2，PC2 处于 VLAN 200 中。SW3 使用具有三层特性的物理端口 GE_0/1 与 R1 的 GE_0/1 相连，SW3 的 GE_0/2 端口连接一台内网服务器。R1 与 R2 使用串口 S_1/0 相连。R2 的 GE_0/1 端口上连接二层交换机 SW2_B 的 GE_0/1 端口。SW2_B 的 GE_0/2 端口连接外网服务器，GE_0/3 端口连接外网的测试计算机 PC3。在局域网路由器 R1 上设置 NAT 与 NAPT，实现将内网服务器发布到外网，PC1 与 PC2 既可以访问内网和外网的服务器，也可以与测试计算机 PC3 相互通信。

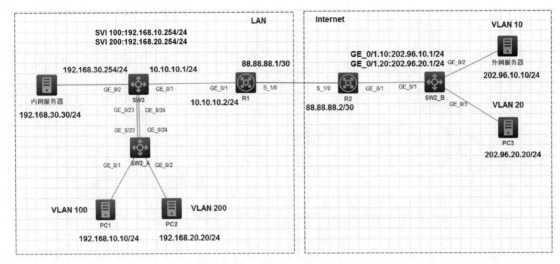

图 1-20　网络拓扑结构

该公司局域网的 IP 地址规划如表 1-1 所示。

表 1-1　IP 地址规划

设 备 名 称	IP 地 址	子 网 掩 码	网 关
三层交换机 SW3 的 GE_0/1	10.10.10.1	255.255.255.0	
三层交换机 SW3 的 GE_0/2	192.168.30.254	255.255.255.0	
SW3 的 SVI 100	192.168.10.254	255.255.255.0	
SW3 的 SVI 200	192.168.20.254	255.255.255.0	
R1 的 GE_0/1	10.10.10.2	255.255.255.0	
R1 的 S_1/0	88.88.88.1	255.255.255.252	
R2 的 S_1/0	88.88.88.2	255.255.255.252	
R2 的 GE_0/1.10	202.96.10.1	255.255.255.0	
R2 的 GE_0/1.20	202.96.20.1	255.255.255.0	
PC1	192.168.10.10	255.255.255.0	192.168.10.254
PC2	192.168.20.20	255.255.255.0	192.168.20.254
内网服务器	192.168.30.30	255.255.255.0	192.168.30.254
外网服务器	202.96.10.10	255.255.255.0	202.96.10.1
PC3	202.96.20.20	255.255.255.0	202.96.20.1

具体实施步骤

步骤 1：在二层交换机 SW2_A 上创建 VLAN，并把相应的端口加入 VLAN 中。

```
<H3C>system-view              /*进入系统视图
[H3C]sysname SW2_A            /*将设备名称配置为 SW2_A
[SW2_A]vlan 100               /*创建 VLAN 100
[SW2_A-vlan100]vlan 200       /*创建 VLAN 200
[SW2_A-vlan200]quit
```

```
[SW2_A]int g1/0/1                           /*进入交换机的 G1/0/1 端口
[SW2_A-GigabitEthernet1/0/1]port access vlan 100    /*将该端口加入 VLAN 100 中
[SW2_A-GigabitEthernet1/0/1]quit
[SW2_A]int g1/0/2                           /*进入交换机的 G1/0/2 端口
[SW2_A-GigabitEthernet1/0/2]port access vlan 200    /*将该端口加入 VLAN 200 中
[SW2_A-GigabitEthernet1/0/2]quit
[SW2_A]dis vlan all                         /*查看 VLAN
 VLAN ID: 1                                 /*在默认状态下，所有的端口都属于 VLAN 1
 VLAN type: Static
 Route interface: Not configured
 Description: VLAN 0001
 Name: VLAN 0001
 Tagged ports:   None
 Untagged ports:
   FortyGigE1/0/53              FortyGigE1/0/54
   GigabitEthernet1/0/3        GigabitEthernet1/0/4
   GigabitEthernet1/0/5        GigabitEthernet1/0/6
   GigabitEthernet1/0/7        GigabitEthernet1/0/8
   GigabitEthernet1/0/9        GigabitEthernet1/0/10
   GigabitEthernet1/0/11       GigabitEthernet1/0/12
   GigabitEthernet1/0/13       GigabitEthernet1/0/14
   GigabitEthernet1/0/15       GigabitEthernet1/0/16
   GigabitEthernet1/0/17       GigabitEthernet1/0/18
   GigabitEthernet1/0/19       GigabitEthernet1/0/20
   GigabitEthernet1/0/21       GigabitEthernet1/0/22
   GigabitEthernet1/0/23       GigabitEthernet1/0/24
   GigabitEthernet1/0/25       GigabitEthernet1/0/26
   GigabitEthernet1/0/27       GigabitEthernet1/0/28
   GigabitEthernet1/0/29       GigabitEthernet1/0/30
   GigabitEthernet1/0/31       GigabitEthernet1/0/32
   GigabitEthernet1/0/33       GigabitEthernet1/0/34
   GigabitEthernet1/0/35       GigabitEthernet1/0/36
   GigabitEthernet1/0/37       GigabitEthernet1/0/38
   GigabitEthernet1/0/39       GigabitEthernet1/0/40
   GigabitEthernet1/0/41       GigabitEthernet1/0/42
   GigabitEthernet1/0/43       GigabitEthernet1/0/44
   GigabitEthernet1/0/45       GigabitEthernet1/0/46
   GigabitEthernet1/0/47       GigabitEthernet1/0/48
   Ten-GigabitEthernet1/0/49
   Ten-GigabitEthernet1/0/50
   Ten-GigabitEthernet1/0/51
   Ten-GigabitEthernet1/0/52

 VLAN ID: 100                               /*VLAN 100 的情况
 VLAN type: Static
 Route interface: Not configured
 Description: VLAN 0100
 Name: VLAN 0100
 Tagged ports:   None
```

```
    Untagged ports:
        GigabitEthernet1/0/1              /*将 G1/0/1 端口加入 VLAN 100 中


    VLAN ID: 200                          /*VLAN 200 的情况
    VLAN type: Static
    Route interface: Not configured
    Description: VLAN 0200
    Name: VLAN 0200
    Tagged ports:   None
    Untagged ports:
        GigabitEthernet1/0/2              /*将 G1/0/2 端口加入 VLAN 200 中
```

步骤 2：在二层交换机 SW2_A 上创建聚合端口 1，并把 G1/0/23 和 G1/0/24 端口加入聚合端口 1 中。

```
    [SW2_A]interface Bridge-Aggregation 1                    /*创建聚合端口 1
    [SW2_A-Bridge-Aggregation1]port link-type trunk          /*将端口配置为 Trunk 模式
    [SW2_A-Bridge-Aggregation1]port trunk permit vlan all    /*允许所有的 VLAN 通过
    [SW2_A-Bridge-Aggregation1]quit
    [SW2_A]int range g1/0/23 to g1/0/24                /*选择 G1/0/23 和 G1/0/24 端口
    [SW2_A-if-range]port link-aggregation group 1      /*将端口加入聚合端口 1 中
    [SW2_A-if-range]port link-type trunk               /*将端口配置为 Trunk 模式
    [SW2_A-if-range]port trunk permit vlan all         /*允许所有的 VLAN 通过
    [SW2_A-if-range]dis link-aggregation summary       /*查看聚合端口的信息
    Aggregation Interface Type:
    BAGG -- Bridge-Aggregation, BLAGG -- Blade-Aggregation, RAGG -- Route-Aggregation
    Aggregation Mode: S -- Static, D -- Dynamic
    Loadsharing Type: Shar -- Loadsharing, NonS -- Non-Loadsharing
    Actor System ID: 0x8000, 28d4-4b39-0100


    AGG        AGG    Partner ID     Selected  Unselected  Individual   Share
    Interface  Mode                  Ports     Ports       Ports        Type
    --------------------------------------------------------------------------------
    BAGG1      S      None           0         2           0            Shar
```

步骤 3：在三层交换机 SW3 上创建聚合端口 1，并把 G1/0/23 和 G1/0/24 端口加入聚合端口 1 中。

```
    <H3C>system-view
    [H3C]sysname SW3
    [SW3]interface Bridge-Aggregation 1                    /*创建聚合端口 1
    [SW3-Bridge-Aggregation1]port link-type trunk          /*将端口配置为 Trunk 模式
    [SW3-Bridge-Aggregation1]port trunk permit vlan all    /*允许所有的 VLAN 通过
    [SW3-Bridge-Aggregation1]quit
    [SW3]int range g1/0/23 to g1/0/24                /*选择 G1/0/23 和 G1/0/24 端口
    [SW3-if-range]port link-aggregation group 1      /*将端口加入聚合端口 1 中
    [SW3-if-range]port link-type trunk               /*将端口配置为 Trunk 模式
    [SW3-if-range]port trunk permit vlan all         /*允许所有的 VLAN 通过
    [SW3-if-range]dis link-aggregation summary       /*查看聚合端口的信息
    Aggregation Interface Type:
```

```
BAGG -- Bridge-Aggregation, BLAGG -- Blade-Aggregation, RAGG -- Route-
Aggregation
Aggregation Mode: S -- Static, D -- Dynamic
Loadsharing Type: Shar -- Loadsharing, NonS -- Non-Loadsharing
Actor System ID: 0x8000, 28d4-632d-0200


AGG          AGG    Partner ID        Selected  Unselected  Individual  Share
Interface    Mode                     Ports     Ports       Ports       Type
-------------------------------------------------------------------------------
BAGG1        S      None              0         2           0           Shar
```

步骤 4：在三层交换机 SW3 上创建 VLAN，并配置 SVI 的地址和 G1/0/1 与 G1/0/2 端口的地址。

```
[SW3]vlan 100
[SW3-vlan100]vlan 200
[SW3-vlan200]quit
[SW3]int vlan 100                    /*配置 VLAN 100 的默认网关为 192.168.10.254
[SW3-Vlan-interface100]ip address 192.168.10.254 24
[SW3-Vlan-interface100]int vlan 200 /*配置 VLAN 200 的默认网关为 192.168.20.254
[SW3-Vlan-interface200]ip address 192.168.20.254 24
[SW3-Vlan-interface200]quit
[SW3]int GigabitEthernet 1/0/1       /*进入端口 G1/0/1
[SW3-GigabitEthernet1/0/1]port link-mode route        /*将端口改为路由模式
[SW3-GigabitEthernet1/0/1]ip address 10.10.10.1 24    /*配置 IP 地址
[SW3-GigabitEthernet1/0/1]quit
[SW3]int GigabitEthernet 1/0/2                         /*进入端口 G1/0/2
[SW3-GigabitEthernet1/0/2]port link-mode route        /*将端口改为路由模式
[SW3-GigabitEthernet1/0/2]ip address 192.168.30.254 24 /*配置 IP 地址
[SW3-GigabitEthernet1/0/2]quit
[SW3]dis ip int b                                     /*查看 IP 地址
*down: administratively down
(s): spoofing  (l): loopback
Interface            Physical    Protocol    IP Address      Description
GE1/0/1              up          up          10.10.10.1      --
GE1/0/2              up          up          192.168.30.254  --
MGE0/0/0             down        down        --              --
Vlan100             up          up          192.168.10.254  --
Vlan200             up          up          192.168.20.254  --
```

步骤 5：为 PC1 与 PC2 配置 IP 地址和默认网关等参数，测试 PC1 与 PC2 是否能够通信。

配置 PC1 与 PC2 的 IP 地址和默认网关（见图 1-21 和图 1-22），经过测试，PC1 与 PC2 可以相互通信（见图 1-23）。

图 1-21 配置 PC1 的 IP 地址和默认网关   图 1-22 配置 PC2 的 IP 地址和默认网关

图 1-23 PC1 与 PC2 可以相互通信

步骤 6：在内网路由器 R1 上配置端口的 IP 地址。

```
<H3C>system-view
[H3C]sysname R1                                    /*将设备命名为 R1
[R1]interface GigabitEthernet 0/1                  /*进入 G0/1 端口模式
[R1-GigabitEthernet0/1]ip address 10.10.10.2 24    /*配置 IP 地址
[R1-GigabitEthernet0/1]int s1/0                    /*进入 S1/0 端口模式
[R1-Serial1/0]ip address 88.88.88.1 30             /*配置 IP 地址
[R1-Serial1/0]quit
[R1]dis ip int b                                   /*查看 IP 地址
*down: administratively down
(s): spoofing  (l): loopback
```

Interface	Physical	Protocol	IP Address	Description
GE0/0	down	down	--	--
GE0/1	**up**	**up**	**10.10.10.2**	--
GE0/2	down	down	--	--
GE5/0	down	down	--	--
GE5/1	down	down	--	--
GE6/0	down	down	--	--
GE6/1	down	down	--	--
Ser1/0	**up**	**up**	**88.88.88.1**	--
Ser2/0	down	down	--	--

```
Ser3/0                    down      down      --           --
Ser4/0                    down      down      --           --
```

步骤 7：在外网路由器 R2 上配置端口的 IP 地址，并配置单臂路由协议。

```
<H3C>system-view
[H3C]sysname R2                                    /*将设备命名为 R2
[R2]int s1/0                                        /*进入 S1/0 端口模式
[R2-Serial1/0]ip address 88.88.88.2 30             /*配置 IP 地址
[R2-Serial1/0]quit
[R2]int GigabitEthernet 0/1.10                      /*进入 G0/1.10 端口模式
[R2-GigabitEthernet0/1.10]ip address 202.96.10.1 24   /*配置 IP 地址
[R2-GigabitEthernet0/1.10]vlan-type dot1q vid 10
/*子接口封装为 dot1q 协议并分配给 VLAN 10
[R2-GigabitEthernet0/1.10]quit
[R2]int GigabitEthernet 0/1.20                      /*进入 G0/1.20 端口模式
[R2-GigabitEthernet0/1.20]ip address 202.96.20.1 24   /*配置 IP 地址
[R2-GigabitEthernet0/1.20]vlan-type dot1q vid 20
/*子接口封装为 dot1q 协议并分配给 VLAN 20
[R2-GigabitEthernet0/1.20]quit
[R2]dis ip int b                                    /*查看 IP 地址
*down: administratively down
(s): spoofing  (l): loopback
Interface            Physical  Protocol  IP Address    Description
GE0/0                down      down      --            --
GE0/1                up        up        --            --
GE0/1.10             up        up        202.96.10.1   --
GE0/1.20             up        up        202.96.20.1   --
GE0/2                down      down      --            --
GE5/0                down      down      --            --
GE5/1                down      down      --            --
GE6/0                down      down      --            --
GE6/1                down      down      --            --
Ser1/0               up        up        88.88.88.2    --
Ser2/0               down      down      --            --
Ser3/0               down      down      --            --
Ser4/0               down      down      --            --
```

步骤 8：在二层交换机 SW2_B 上创建 VLAN，并把相应的端口加入 VLAN 中，将 G1/0/1 端口配置为 Trunk 模式，允许所有的 VLAN 通过。

```
<H3C>system-view
[H3C]sysname SW2_B                              /*将设备命名为 SW2_B
[SW2_B]vlan 10                                  /*创建 VLAN 10
[SW2_B-vlan10]port GigabitEthernet 1/0/2        /*将 G1/0/2 端口加入 VLAN 10 中
[SW2_B-vlan10]vlan 20                           /*创建 VLAN 20
[SW2_B-vlan20]port GigabitEthernet 1/0/3        /*将 G1/0/3 端口加入 VLAN 20 中
[SW2_B-vlan20]quit
[SW2_B]dis vlan all                             /*查看 VLAN 的情况
VLAN ID: 1
VLAN type: Static
```

```
Route interface: Not configured
Description: VLAN 0001
Name: VLAN 0001
Tagged ports:   None
Untagged ports:
  FortyGigE1/0/53            FortyGigE1/0/54
  GigabitEthernet1/0/1       GigabitEthernet1/0/4
  GigabitEthernet1/0/5       GigabitEthernet1/0/6
  GigabitEthernet1/0/7       GigabitEthernet1/0/8
  GigabitEthernet1/0/9       GigabitEthernet1/0/10
  GigabitEthernet1/0/11      GigabitEthernet1/0/12
  GigabitEthernet1/0/13      GigabitEthernet1/0/14
  GigabitEthernet1/0/15      GigabitEthernet1/0/16
  GigabitEthernet1/0/17      GigabitEthernet1/0/18
  GigabitEthernet1/0/19      GigabitEthernet1/0/20
  GigabitEthernet1/0/21      GigabitEthernet1/0/22
  GigabitEthernet1/0/23      GigabitEthernet1/0/24
  GigabitEthernet1/0/25      GigabitEthernet1/0/26
  GigabitEthernet1/0/27      GigabitEthernet1/0/28
  GigabitEthernet1/0/29      GigabitEthernet1/0/30
  GigabitEthernet1/0/31      GigabitEthernet1/0/32
  GigabitEthernet1/0/33      GigabitEthernet1/0/34
  GigabitEthernet1/0/35      GigabitEthernet1/0/36
  GigabitEthernet1/0/37      GigabitEthernet1/0/38
  GigabitEthernet1/0/39      GigabitEthernet1/0/40
  GigabitEthernet1/0/41      GigabitEthernet1/0/42
  GigabitEthernet1/0/43      GigabitEthernet1/0/44
  GigabitEthernet1/0/45      GigabitEthernet1/0/46
  GigabitEthernet1/0/47      GigabitEthernet1/0/48
  Ten-GigabitEthernet1/0/49
  Ten-GigabitEthernet1/0/50
  Ten-GigabitEthernet1/0/51
  Ten-GigabitEthernet1/0/52

VLAN ID: 10                      /*G1/0/2 端口已加入 VLAN 10 中
VLAN type: Static
Route interface: Not configured
Description: VLAN 0010
Name: VLAN 0010
Tagged ports:   None
Untagged ports:
  GigabitEthernet1/0/2

VLAN ID: 20                      /*G1/0/3 端口已加入 VLAN 20 中
VLAN type: Static
Route interface: Not configured
Description: VLAN 0020
Name: VLAN 0020
Tagged ports:   None
```

```
Untagged ports:
   GigabitEthernet1/0/3
[SW2_B]interface GigabitEthernet 1/0/1              /*进入 G1/0/1 端口
[SW2_B-GigabitEthernet1/0/1]port link-type trunk    /*开启 Trunk 模式
[SW2_B-GigabitEthernet1/0/1]port trunk permit vlan all /*允许所有的 VLAN 通过
[SW2_B-GigabitEthernet1/0/1]quit
```

步骤 9：配置 PC3 和外网服务器的 IP 地址（见图 1-24 和图 1-25），并测试 PC3 和外网服务器的连通性。

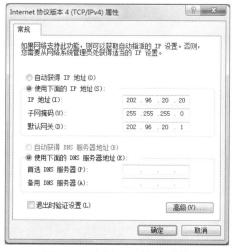

图 1-24　配置 PC3 的 IP 地址

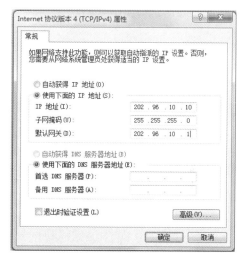

图 1-25　配置外网服务器的 IP 地址

如图 1-26 所示，PC3 可以和外网服务器相互访问。

图 1-26　PC3 可以和外网服务器相互访问

步骤 10：在内网的三层交换机 SW3 上配置默认路由，将所有数据包发给内网路由器 R1 的 G0/1 端口。

```
[SW3]ip route 0.0.0.0 0.0.0.0 10.10.10.2       /*配置默认路由
[SW3]dis ip routing-table                      /*查看路由表

Destinations : 25       Routes : 25
```

```
Destination/Mask      Proto  Pre Cost      NextHop          Interface
0.0.0.0/0             Static 60  0         10.10.10.2       GE1/0/1
0.0.0.0/32            Direct 0   0         127.0.0.1        InLoop0
10.10.10.0/24         Direct 0   0         10.10.10.1       GE1/0/1
10.10.10.0/32         Direct 0   0         10.10.10.1       GE1/0/1
10.10.10.1/32         Direct 0   0         127.0.0.1        InLoop0
10.10.10.255/32       Direct 0   0         10.10.10.1       GE1/0/1
127.0.0.0/8           Direct 0   0         127.0.0.1        InLoop0
127.0.0.0/32          Direct 0   0         127.0.0.1        InLoop0
127.0.0.1/32          Direct 0   0         127.0.0.1        InLoop0
127.255.255.255/32    Direct 0   0         127.0.0.1        InLoop0
192.168.10.0/24       Direct 0   0         192.168.10.254   Vlan100
192.168.10.0/32       Direct 0   0         192.168.10.254   Vlan100
192.168.10.254/32     Direct 0   0         127.0.0.1        InLoop0
192.168.10.255/32     Direct 0   0         192.168.10.254   Vlan100
192.168.20.0/24       Direct 0   0         192.168.20.254   Vlan200
192.168.20.0/32       Direct 0   0         192.168.20.254   Vlan200
192.168.20.254/32     Direct 0   0         127.0.0.1        InLoop0
192.168.20.255/32     Direct 0   0         192.168.20.254   Vlan200
192.168.30.0/24       Direct 0   0         192.168.30.254   GE1/0/2
192.168.30.0/32       Direct 0   0         192.168.30.254   GE1/0/2
192.168.30.254/32     Direct 0   0         127.0.0.1        InLoop0
192.168.30.255/32     Direct 0   0         192.168.30.254   GE1/0/2
224.0.0.0/4           Direct 0   0         0.0.0.0          NULL0
224.0.0.0/24          Direct 0   0         0.0.0.0          NULL0
255.255.255.255/32    Direct 0   0         127.0.0.1        InLoop0
```

步骤 11：在内网路由器 R1 上配置静态路由和默认路由。

```
[R1]ip route-static 192.168.10.0 255.255.255.0 10.10.10.1    /*配置静态路由
[R1]ip route-static 192.168.20.0 255.255.255.0 10.10.10.1    /*配置静态路由
[R1]ip route-static 192.168.30.0 255.255.255.0 10.10.10.1    /*配置静态路由
[R1]ip route-static 0.0.0.0 0.0.0.0 88.88.88.2               /*配置默认路由
[R1]dis ip routing-table                                     /*查看路由表


Destinations : 21     Routes : 21


Destination/Mask      Proto  Pre Cost      NextHop          Interface
0.0.0.0/0             Static 60  0         88.88.88.2       Ser1/0
0.0.0.0/32            Direct 0   0         127.0.0.1        InLoop0
10.10.10.0/24         Direct 0   0         10.10.10.2       GE0/1
10.10.10.0/32         Direct 0   0         10.10.10.2       GE0/1
10.10.10.2/32         Direct 0   0         127.0.0.1        InLoop0
10.10.10.255/32       Direct 0   0         10.10.10.2       GE0/1
88.88.88.0/30         Direct 0   0         88.88.88.1       Ser1/0
88.88.88.0/32         Direct 0   0         88.88.88.1       Ser1/0
88.88.88.1/32         Direct 0   0         127.0.0.1        InLoop0
88.88.88.2/32         Direct 0   0         88.88.88.2       Ser1/0
88.88.88.3/32         Direct 0   0         88.88.88.1       Ser1/0
127.0.0.0/8           Direct 0   0         127.0.0.1        InLoop0
```

127.0.0.0/32	Direct	0	0	127.0.0.1	InLoop0
127.0.0.1/32	Direct	0	0	127.0.0.1	InLoop0
127.255.255.255/32	Direct	0	0	127.0.0.1	InLoop0
192.168.10.0/24	**Static**	**60**	**0**	**10.10.10.1**	**GE0/1**
192.168.20.0/24	**Static**	**60**	**0**	**10.10.10.1**	**GE0/1**
192.168.30.0/24	**Static**	**60**	**0**	**10.10.10.1**	**GE0/1**
224.0.0.0/4	Direct	0	0	0.0.0.0	NULL0
224.0.0.0/24	Direct	0	0	0.0.0.0	NULL0
255.255.255.255/32	Direct	0	0	127.0.0.1	InLoop0

步骤 12：在内网路由器 R1 上配置 NAT Server，并将内网 Web 服务器发布到 Internet 上。

```
[R1]interface s1/0                    /*进入 S1/0 端口模式
[R1-Serial1/0]nat server protocol tcp global 88.88.88.1 80 inside 192.168.30.
254 80
/*将内网 Web 服务器的 192.168.30.254 发布到 88.88.88.1 上
[R1-Serial1/0]quit
```

步骤 13：在内网路由器 R1 上配置 NAPT，使内网的计算机可以访问外网服务器。

```
[R1]acl basic 2000                    /*定义基本访问控制列表配置转换前的网段
[R1-acl-ipv4-basic-2000]rule permit source 192.168.10.0 0.0.0.255
[R1-acl-ipv4-basic-2000]rule permit source 192.168.20.0 0.0.0.255
[R1-acl-ipv4-basic-2000]quit
[R1]dis acl all                       /*查看访问控制列表
Basic IPv4 ACL 2000, 2 rules,
ACL's step is 5
 rule 0 permit source 192.168.10.0 0.0.0.255
 rule 5 permit source 192.168.20.0 0.0.0.255
[R1]nat address-group 1               /*定义转换后的地址池
[R1-address-group-1]address 88.88.88.1 88.88.88.1
[R1-address-group-1]quit
[R1]interface s1/0
[R1-Serial1/0]nat outbound 2000 address-group 1      /*使用 NAPT 进行转换
[R1-Serial1/0]quit
```

PC1 可以和外网服务器相互通信（见图 1-27），同理，PC2 也可以和外网服务器相互通信。

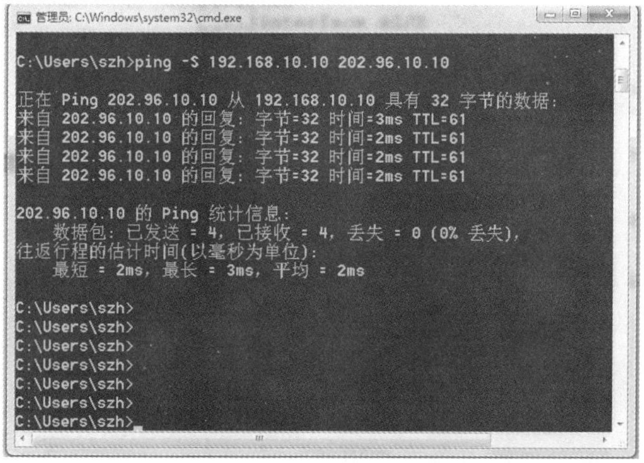

图 1-27 PC1 可以和外网服务器相互通信

1.5 项目小结

在 HCL 模拟器安装过程中，启动 HCL 后，如果出现虚拟设备启动比较慢，或者打开命令行配置界面没有任何信息的情况，此时需要考虑安装 HCL 模拟器的计算机是否打开 VT-X 功能（VT-X 是硬件辅助虚拟化中的 CPU 虚拟化，是一种全虚拟化技术，可以使物理硬件设备支持虚拟化）。

习题

一、选择题

1. 以太网交换机的二层转发基本流程包括（　　　）。

    A. 根据接收到的以太网帧的源 MAC 地址和 VLAN ID 信息添加或刷新 MAC 地址表项

    B. 根据目的 MAC 地址查找 MAC 地址表，如果没有找到匹配项，那么在报文对应的 VLAN 内广播

    C. 如果找到匹配项，但是表项对应的端口并不属于报文对应的 VLAN，那么丢弃该帧

    D. 如果找到匹配项，并且表项对应的端口属于报文对应的 VLAN，那么将报文转发到该端口，但是如果表项对应的端口与收到的以太网帧的端口相同，则丢弃该帧

2. 下列关于 Comware 特点的描述，正确的是（　　　）。

    A. 支持 IPv4 协议和 IPv6 协议   B. 支持多 CPU

    C. 路由和交换功能融合   D. 高可靠性和弹性拓展

    E. 灵活的裁减和定制功能

3. 在 MSR 路由器上，使用（　　　）命令查看系统的当前配置。

    A. display running   B. display software

    C. display version   D. display current-version

4. 根据用户需求，管理员需要将交换机 SWA 的 Ethernet1/0/1 端口配置为 Trunk 模式，正确的配置命令是（　　　）。

    A. [SWA]port link-type trunk   B. [SWA-Ethernet1/0/1]port link-type trunk

    C. [SWA]undo port link-type access   D. [SWA-Ethernet1/0/1]port link-type access

二、简答题

1. 简述 RIP 和 OSPF 动态路由协议的特点及使用场景。

2. 简述 NAT 和 NAPT 的作用。

路由引入技术

1. 了解路由引入的概念。
2. 理解单向路由引入和双向路由引入。
3. 掌握路由引入的配置命令。
4. 掌握路由引入的配置方法。

项目内容

某公司设有行政部、设计部、财务部和营销部等多个部门,公司的局域网包括多台交换机、路由器和计算机。交换机和路由器以及路由器和路由器之间采用不同的路由协议,如静态路由、默认路由、动态路由等,形成了多协议网络。多协议网络之间的互通需要进行路由引入,本项目主要介绍在多协议运行环境中如何进行路由协议的引入和部署。

相关知识

要实现多种网络协议在网络中互相通信,需要使用路由引入技术。因此,需要了解路由引入的概念,理解路由引入的作用,掌握 RIP 路由、OSPF 路由之间路由引入的基本配置命令和配置方法。

2.1 路由引入概述

在企业网络合并和升级过程中,经常会出现多种路由协议共存的情况,如早期的网络使用了 RIP 路由协议,但是随着网络规模的扩大,路由器的数量超过了 15 台,RIP 路由协议就不再适用,管理员需要将 RIP 路由协议升级为 OSPF 路由协议,在升级过程中会出现两种协议共存的情况,这个时候就需要使用路由引入将 RIP 路由协议引入 OSPF 路由协议中,也需要将 OSPF 路由协议引入 RIP 路由协议中,以达到网络互通的目的。

在多路由协议网络中,需要把路由信息从一种路由协议导入另一种路由协议中,或者在同种路由协议的不同进程之间进行导入,这就是路由引入。

路由引入通常在边界路由器上进行。边界路由器是指同时运行两种或两种以上路由协议的路由器,它作为不同路由协议之间的桥梁,负责不同路由协议之间的路由引入。在如图 2-1 所示的网络中,RTB 作为边界路由器,同时运行 OSPF 和 RIPv2 路由协议。RTB 一方面与 RTA 交换 OSPF 路由信息,另一方面与 RTC 交换 RIP 的路由信息。在 RTB 上进行路由引入后,它把通过 RIP 学习的路由导入 OSPF 路由协议中，使 RTA 学习了 172.16.0.0/16 这条路由。同样，RTB 把 OSPF 路由协议引入 RIP 的路由表中，RTC 就可以学习 192.168.10.0/24 这条路由。需要注意的是，只有协议路由表中的有效路由（Active）才能引入成功。

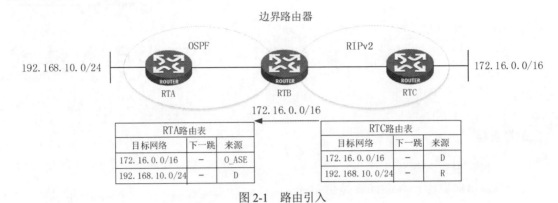

图 2-1　路由引入

在路由引入时，由于不同协议的路由属性的表达方式不同，所以原路由属性会发生变化，如图 2-2 所示。

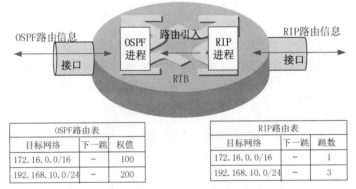

图 2-2　路由引入时属性发生变化

由于不同路由协议使用的路由算法不同，报文格式和内容也不同，所以在进行路由引入之后，原有的路由属性会发生变化。如图 2-2 所示，192.168.10.0/24 网段在 OSPF 路由协议中的度量值为权值（Metric），引入 RIP 路由协议中，度量值就变为跳数。

由于不同协议的度量值算法不同，所以在路由引入时，无法将路由信息的原度量值也引入。此时，协议一般会给路由信息一个新的默认度量值，又称为种子度量值。RIP 路由引入的默认度量值为 0，OSPF 的默认度量值为 1。默认度量值可以设置，以适应网络的实际情况，通常设置为大于路由域内已有路由信息的最大度量值，表示是从域外引入的路由，以避免可能出现的次优路由。

有些路由协议会对引入的路由给予特殊的标记，以标明此路由是从其他路由协议引入的，如 OSPF 路由协议会把所有引入的外部路由标记为"第二类外部路由"（Type 2 External），并给予一个值为 1 的路由标记（Tag）。

2.2　单向路由引入和双向路由引入

在网络中运行多路由协议会给网络带来更高的复杂度。不同的路由协议算法不同，路由属性不同，收敛速度不同，混合使用可能会造成次优路由或路由收敛不一致。由于运行多路由协议对路由器的 CPU、内存等资源要求很高，所以只是在必要的时候才使用多路由协议。

在进行路由引入规划时，通常在核心网络中运行链路状态型路由协议，如 OSPF，从而加强整个网络的可靠性。在边缘网络采用简单的路由协议，如 RIP 或静态路由。在实施时，一般将明细路由从边缘网络指向核心网络。

在进行路由引入时，如果把路由信息仅从一个路由协议引入另一个路由协议，没有反向引入，则称为单向路由引入。如图 2-3 所示，核心网络的边界路由器进行路由引入时，将 RIPv2 的路由引入核心网络中，这样核心网络就知道了边缘网络的网段 172.16.1.0/24、172.16.2.0/24 和 172.16.3.0/24，但是边缘网络不知道核心网络 10.1.0.0/16，也不知道其他的边缘网络的路由。此时，需要在边缘网络路由器上配置静态路由或默认路由，下一跳指向核心网络的边界路由器。

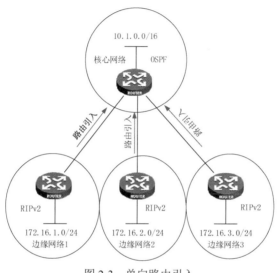

图 2-3　单向路由引入

在边界路由器上把两个路由域的路由相互引入，称为双向路由引入。如图 2-4 所示，边界路由器 RTB 把 OSPF 路由协议中的 192.168.10.0/24 引入 RIP 路由协议中，同时把 RIP 路由协议中的 172.16.0.0/16 引入 OSPF 路由协议中，这样 RTA 和 RTC 就可以了解彼此的路由。

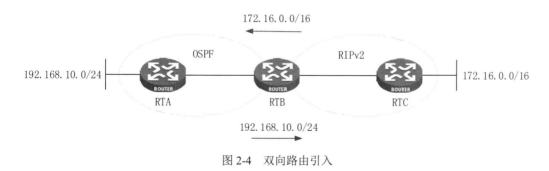

图 2-4　双向路由引入

2.3　路由引入产生环路及解决方法

在进行多边界路由引入时，如果规划不当，就会出现路由环路的情况，产生环路的根本原因是某区域的始发路由又被错误地引回到此区域。

如图 2-5 所示，RTB 和 RTD 作为边界路由器，在 OSPF 和 RIPv2 路由协议之间进行路由引入，RTD 将 192.168.10.0/24 引入 RIPv2 中，RTC 学习这条路由并发给 RTB，RTB 并不知道192.168.10.0/24 这条路由是从 OSPF 区域中引入的，所以会再次引入 OSPF 区域中，导致出现路由环路。

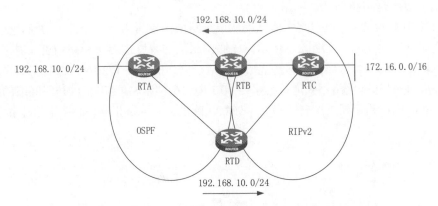

图 2-5　路由引入不当导致路由环路

对于这种情况，可以在边界路由器上有选择地进行路由引入，通过路由属性中的标记值（Tag）来实现。如图 2-6 所示，RTD 将 192.168.10.0/24 引入 RIPv2 中，在路由引入时加上 Tag=5 的标签，RTB 在做路由引入的时候，将 Tag=5 的路由不进行引入，这样 RTB 就不会将192.168.10.0/24 的路由引入 OSPF 区域中，这就实现了选择性的路由引入，解决了路由引入出现的环路问题。

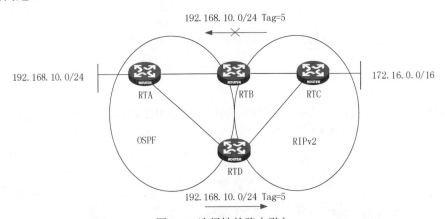

图 2-6　选择性的路由引入

路由引入的另一个常见问题是在路由表中会出现次优路由。在做路由引入时，原路由属性度量值可能会丢失，需要协议重新给定默认的度量值或由管理员手动设定度量值，所以在原有网络规划不合理的情况下，就会出现次优路由。

如图 2-7 所示，从 RTA 到 RTC 有两条路由，假设 RTA→RTD→RTC 为单向路由协议环境中的最佳路径。在运行多路由协议后，边界路由器 RTB 将 192.168.10.0/24 引入 RIPv2 中，并设定开销值为 5；同时，边界路由器 RTD 也将 192.168.10.0/24 引入 RIPv2 中，并设定开销值为 10。这样 RTC 通过比较开销值认为通过 RTB 到达 192.168.10.0/24 为最佳路径，放到路由表中，这样就产生了次优路由，因为在单向路由协议环境中 RTA→RTD→RTC 为最佳路径。

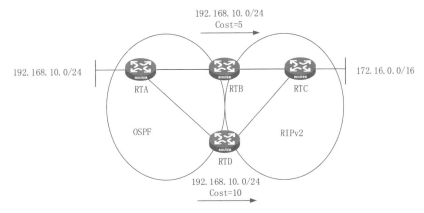

图 2-7　路由引入导致次优路由

　　为了尽量避免次优路由的产生，需要对网络进行合理的规划。通常在多边界的路由引入中，可以给定所有引入路由相同的默认度量值，这样至少在域内范围可以避免次优路由的出现。对于域外路由，由于原有路由属性在引入时丢失，所以协议本身并不能判断原路由的度量值大小，通常由管理员手动调节路由引入后的度量值，避免次优路由的产生。

2.4　路由引入的配置命令

1. RIP 路由协议的路由引入

① [H3C] **rip**　　　　　　　　　　　　　　　/*进入 RIP 路由协议视图
② [H3C-rip-1] **import-route protocol** [process-id] [allow-direct | cost cost | route-policy route-policy-name | tag tag]

- protocol：引入的源路由协议，可以是直连路由、静态路由、OSPF 路由等。
- process-id：引入路由协议的进程号，范围为 1～65 535。
- cost cost：引入路由的度量值，取值范围为 0～16。
- route-policy route-policy-name：引入路由策略的路由。
- tag tag：引入路由的标记值，取值范围为 0～65 535，默认值为 0。

③ [H3C-rip-1] **default cost value**　　　　/*引入路由的默认度量值（可选命令）

　　操作示例：如图 2-8 所示，RTA 和 RTB 运行 OSPF 路由协议，RTB 和 RTC 运行 RIPv2 路由协议，RTA 连接网络 192.168.10.0/24，RTC 连接网络 172.16.0.0/16，在 RTB 上配置 RIP 的路由引入，将 OSPF 路由引入 RIP 路由中，并设定默认度量值为 5。

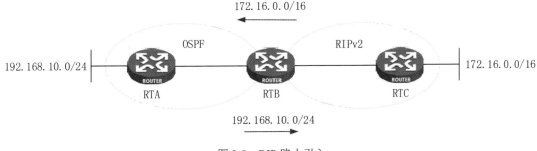

图 2-8　RIP 路由引入

在 RTB 上配置 RIP 的路由引入。

```
[H3C] rip
[H3C-rip-1] import-route ospf
[H3C-rip-1] default cost 5
```

2. OSPF 路由协议的路由引入

① [H3C] **ospf**   /*进入 OSPF 路由协议视图
② [H3C-rip-1] **import-route protocol** [process-id] [allow-direct | cost cost |
route-policy route-policy-name | type type | tag tag]

- protocol：引入的源路由协议，可以是直连路由、静态路由、RIP 路由等。
- process-id：引入路由协议的进程号，范围为 1～65 535。
- cost cost：引入路由的度量值，取值范围为 0～16 777 214，默认值为 1。
- route-policy route-policy-name：引入路由策略的路由。
- type type：度量值的类型，取值范围为 1～2，默认值为 2。
- tag tag：引入路由的标记值，取值范围为 0～4 294 967 295，默认值为 1。

③ [H3C-ospf-1] **default** [cost cost | tag tag | type type]
　　//配置 OSPF 默认属性（可选）

引入路由的默认开销值为 1，默认类型为 2，默认标记为 1，管理员可以通过 default 命令修改这些默认值，这是一条可选命令。

④ [H3C-ospf-1] default-route-advertise [always]   /*引入默认路由

在 OSPF 路由协议中，不能使用 import-route 命令引入默认路由，如果要引入默认路由，则使用 default-route-advertise 命令。在命令中加上参数 always 表示如果本地设备没有配置默认路由，则可以产生一条默认路由 ASE LSA 发布出去，即发布一条默认路由。

操作示例：如图 2-9 所示，RTA 和 RTB 运行 OSPF 路由协议，RTB 和 RTC 运行 RIPv2 路由协议，RTA 连接网络 192.168.10.0/24，RTC 连接网络 172.16.0.0/16，在 RTB 上配置 OSPF 的路由引入，将 RIPv2 路由引入 OSPF 路由中，并设定默认度量值为 100，引入的路由标记值为 20。

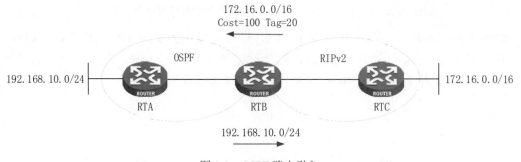

图 2-9　OSPF 路由引入

在 RTB 上配置 OSPF 的路由引入。

```
[H3C] ospf
[H3C-ospf-1] import-route rip 1 tag 20
[H3C-ospf-1] default cost 100
```

2.5 工作任务示例

某公司的网络拓扑结构如图 2-10 所示，SW3 连接 PC1 和 PC2，在 SW3 上划分出 VLAN 10 和 VLAN 20，为 VLAN 10 和 VLAN 20 配置网关，R1 和 R2 之间运行 RIPv2 路由协议，R2 和 R3 之间运行 OSPF 路由协议，PC3 连接在 R3 上，PC4 连接在 R4 上。若你是公司的网络管理员，请进行合理的配置使全网互通。

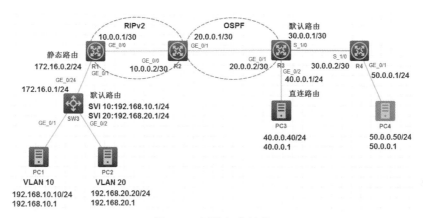

图 2-10 网络拓扑结构

该公司局域网的 IP 地址规划如表 2-1 所示。

表 2-1 IP 地址规划

设 备 名 称	IP 地 址	子 网 掩 码	网 关
SW3 的 GE_0/24	172.16.0.1	255.255.255.0	
SW3 的 SVI 10	192.168.10.1	255.255.255.0	
SW3 的 SVI 20	192.168.20.1	255.255.255.0	
R1 的 GE_0/1	172.16.0.2	255.255.255.0	
R1 的 GE_0/0	10.0.0.1	255.255.255.252	
R2 的 GE_0/0	10.0.0.2	255.255.255.252	
R2 的 GE_0/1	20.0.0.1	255.255.255.252	
R3 的 GE_0/1	20.0.0.2	255.255.255.252	
R3 的 GE_0/2	40.0.0.1	255.255.255.0	
R3 的 S_1/0	30.0.0.1	255.255.255.252	
R4 的 S_1/0	30.0.0.2	255.255.255.252	
R4 的 GE_0/1	50.0.0.1	255.255.255.0	
PC1	192.168.10.10	255.255.255.0	192.168.10.1
PC2	192.168.20.20	255.255.255.0	192.168.20.1
PC3	40.0.0.40	255.255.255.0	40.0.0.1
PC4	50.0.0.50	255.255.255.0	50.0.0.1

具体实施步骤

步骤 1：在 SW3 上创建 VLAN 10 和 VLAN 20，配置 VLAN 10、VLAN 20 和 G1/0/24 端

口的 IP 地址。

```
<H3C>system-view
System View: return to User View with Ctrl+Z.
[H3C]sysname SW3
[SW3]vlan 10                                        /*创建 VLAN 10，将 G1/0/1 端口加入
[SW3-vlan10]port GigabitEthernet 1/0/1
[SW3-vlan10]vlan 20
[SW3-vlan20]port GigabitEthernet 1/0/2              /*创建 VLAN 20，将 G1/0/2 端口加入
[SW3-vlan20]quit
[SW3]int vlan 10                                     /*为 VLAN 10 配置 IP 地址
[SW3-Vlan-interface10]ip address 192.168.10.1 24
[SW3-Vlan-interface10]int vlan 20                   /*为 VLAN 20 配置 IP 地址
[SW3-Vlan-interface20]ip address 192.168.20.1 24
[SW3-Vlan-interface20]quit
[SW3]interface GigabitEthernet 1/0/24
[SW3-GigabitEthernet1/0/24]port link-mode route     /*将端口模式设为路由模式
[SW3-GigabitEthernet1/0/24]ip address 172.16.0.1 24 /*配置 IP 地址
[SW3-GigabitEthernet1/0/24]quit
[SW3]dis ip int b                                    /*查看 IP 地址
*down: administratively down
(s): spoofing  (l): loopback
Interface          Physical    Protocol    IP Address     Description
GE1/0/24           up          up          172.16.0.1     --
MGE0/0/0           down            down        --             --
Vlan10             up          up          192.168.10.1   --
Vlan20             up          up          192.168.20.1   --
```

步骤 2：配置 R1 的基本 IP 地址。

```
<H3C>system-view
System View: return to User View with Ctrl+Z.
[H3C]sysname R1
[R1]int g0/1                                          /*配置 IP 地址
[R1-GigabitEthernet0/1]ip address 172.16.0.2 24
[R1-GigabitEthernet0/1]int g0/0
[R1-GigabitEthernet0/0]ip address 10.0.0.1 30
[R1-GigabitEthernet0/0]quit
[R1]dis ip int b                                      /*查看 R1 的 IP 地址
*down: administratively down
(s): spoofing  (l): loopback
Interface          Physical Protocol IP Address        Description
GE0/0              up       up       10.0.0.1          --
GE0/1              up       up       172.16.0.2        --
GE0/2              down     down     --                --
GE5/0              down     down     --                --
GE5/1              down     down     --                --
GE6/0              down     down     --                --
GE6/1              down     down     --                --
Ser1/0             down     down     --                --
```

Ser2/0	down	down	--	--
Ser3/0	down	down	--	--
Ser4/0	down	down	--	--

步骤 3：配置 R2 的基本 IP 地址。

```
<H3C>system-view
System View: return to User View with Ctrl+Z.
[H3C]sysname R2
[R2]int g0/0                                              /*配置 IP 地址
[R2-GigabitEthernet0/0]ip address 10.0.0.2 30
[R2-GigabitEthernet0/0]int g0/1
[R2-GigabitEthernet0/1]ip address 20.0.0.1 30
[R2-GigabitEthernet0/1]quit
[R2]dis ip int b                                         /*查看 R2 的 IP 地址
*down: administratively down
(s): spoofing  (l): loopback
Interface          Physical    Protocol  IP Address      Description
GE0/0              up          up        10.0.0.2        --
GE0/1              up          up        20.0.0.1        --
GE0/2              down        down      --              --
GE5/0              down        down      --              --
GE5/1              down        down      --              --
GE6/0              down        down      --              --
GE6/1              down        down      --              --
Ser1/0             down        down      --              --
Ser2/0             down        down      --              --
Ser3/0             down        down      --              --
Ser4/0             down        down      --              --
```

步骤 4：配置 R3 的基本 IP 地址。

```
<H3C>system-view
System View: return to User View with Ctrl+Z.
[H3C]sysname R3
[R3]int GigabitEthernet 0/1                              /*配置 IP 地址
[R3-GigabitEthernet0/1]ip address 20.0.0.2 30
[R3-GigabitEthernet0/1]int g0/2
[R3-GigabitEthernet0/2]ip address 40.0.0.1 24
[R3-GigabitEthernet0/2]int s1/0
[R3-Serial1/0]ip address 30.0.0.1 30
[R3-Serial1/0]quit
[R3]dis ip int b                                         /*查看 R3 的 IP 地址
*down: administratively down
(s): spoofing  (l): loopback
Interface          Physical    Protocol  IP Address      Description
GE0/0              down        down      --              --
GE0/1              up          up        20.0.0.2        --
GE0/2              up          up        40.0.0.1        --
GE5/0              down        down      --              --
GE5/1              down        down      --              --
```

GE6/0	down	down	--	--
GE6/1	down	down	--	--
Ser1/0	**up**	**up**	**30.0.0.1**	**--**
Ser2/0	down	down	--	--
Ser3/0	down	down	--	--
Ser4/0	down	down	--	--

步骤 5：配置 R4 的基本 IP 地址。

```
<H3C>system-view
System View: return to User View with Ctrl+Z.
[H3C]sysname R4
[R4]int s1/0                                        /*配置 IP 地址
[R4-Serial1/0]ip address 30.0.0.2 30
[R4-Serial1/0]int g0/1
[R4-GigabitEthernet0/1]ip address 50.0.0.1 24
[R4-GigabitEthernet0/1]quit
[R4]dis ip int b                                    /*查看 R4 的 IP 地址
*down: administratively down
(s): spoofing  (l): loopback
Interface            Physical Protocol IP Address   Description
GE0/0                down     down     --           --
GE0/1                up       up       50.0.0.1     --
GE0/2                down     down     --           --
GE5/0                down     down     --           --
GE5/1                down     down     --           --
GE6/0                down     down     --           --
GE6/1                down     down     --           --
Ser1/0               up       up       30.0.0.2     --
Ser2/0               down     down     --           --
Ser3/0               down     down     --           --
Ser4/0               down     down     --           --
```

步骤 6：配置 SW3 的默认路由。

```
[SW3]ip route 0.0.0.0 0.0.0.0 172.16.0.2           /*在 SW 上配置默认路由
```

步骤 7：配置 R1 的静态路由和 RIPv2 路由协议。

```
[R1]ip route 192.168.10.0 255.255.255.0 172.16.0.1   /*配置静态路由
[R1]ip route 192.168.20.0 255.255.255.0 172.16.0.1
[R1]rip                                              /*配置 RIPv2 路由协议
[R1-rip-1]version 2
[R1-rip-1]undo summary
[R1-rip-1]network 10.0.0.0
[R1-rip-1]quit
```

步骤 8：配置 R2 的 RIPv2 和 OSPF 路由协议。

```
[R2]rip                                              /*配置 RIPv2 路由协议
[R2-rip-1]version 2
[R2-rip-1]undo summary
[R2-rip-1]network 10.0.0.0
```

```
[R2-rip-1]quit
[R2]ospf                                              /*配置OSPF路由协议
[R2-ospf-1]area 0
[R2-ospf-1-area-0.0.0.0]network 20.0.0.0 0.0.0.3
[R2-ospf-1-area-0.0.0.0]quit
[R2-ospf-1]quit
```

步骤 9：配置 R3 的 OSPF 路由协议和默认路由协议，40.0.0.0 网段是直连路由，不需要宣称到 OSPF 路由中。

```
[R3]ospf
[R3-ospf-1]area 0
[R3-ospf-1-area-0.0.0.0]network 20.0.0.0 0.0.0.3
[R3-ospf-1-area-0.0.0.0]quit
[R3-ospf-1]quit
[R3]ip route 0.0.0.0 0.0.0.0 30.0.0.2
```

步骤 10：在 R4 上配置默认路由。

```
[R4]ip route-static 0.0.0.0 0.0.0.0 30.0.0.1              /*配置默认路由
```

步骤 11：在 R1 上查看路由表。

```
[R1]dis ip routing-table /*查看R1的路由表，发现没有学到全网路由的只有两条静态路由

Destinations : 18    Routes : 18

Destination/Mask    Proto   Pre Cost    NextHop         Interface
0.0.0.0/32          Direct  0   0       127.0.0.1       InLoop0
10.0.0.0/30         Direct  0   0       10.0.0.1        GE0/0
10.0.0.0/32         Direct  0   0       10.0.0.1        GE0/0
10.0.0.1/32         Direct  0   0       127.0.0.1       InLoop0
10.0.0.3/32         Direct  0   0       10.0.0.1        GE0/0
127.0.0.0/8         Direct  0   0       127.0.0.1       InLoop0
127.0.0.0/32        Direct  0   0       127.0.0.1       InLoop0
127.0.0.1/32        Direct  0   0       127.0.0.1       InLoop0
127.255.255.255/32  Direct  0   0       127.0.0.1       InLoop0
172.16.0.0/24       Direct  0   0       172.16.0.2      GE0/1
172.16.0.0/32       Direct  0   0       172.16.0.2      GE0/1
172.16.0.2/32       Direct  0   0       127.0.0.1       InLoop0
172.16.0.255/32     Direct  0   0       172.16.0.2      GE0/1
192.168.10.0/24     Static  60  0       172.16.0.1      GE0/1
192.168.20.0/24     Static  60  0       172.16.0.1      GE0/1
224.0.0.0/4         Direct  0   0       0.0.0.0         NULL0
224.0.0.0/24        Direct  0   0       0.0.0.0         NULL0
255.255.255.255/32  Direct  0   0       127.0.0.1       InLoop0
```

步骤 12：在 R1 的 RIPv2 路由中引入静态路由，开销值为 2。

```
[R1]rip
[R1-rip-1]import-route static cost 2
[R1-rip-1]quit
```

在 R2 上查看路由表，发现已经可以学习 192.168.10.0/24 和 192.168.20.0/24 网段。

```
[R2]dis ip routing-table

Destinations : 18      Routes : 18

Destination/Mask      Proto  Pre Cost    NextHop        Interface
0.0.0.0/32            Direct 0   0       127.0.0.1      InLoop0
10.0.0.0/30           Direct 0   0       10.0.0.2       GE0/0
10.0.0.0/32           Direct 0   0       10.0.0.2       GE0/0
10.0.0.2/32           Direct 0   0       127.0.0.1      InLoop0
10.0.0.3/32           Direct 0   0       10.0.0.2       GE0/0
20.0.0.0/30           Direct 0   0       20.0.0.1       GE0/1
20.0.0.0/32           Direct 0   0       20.0.0.1       GE0/1
20.0.0.1/32           Direct 0   0       127.0.0.1      InLoop0
20.0.0.3/32           Direct 0   0       20.0.0.1       GE0/1
127.0.0.0/8           Direct 0   0       127.0.0.1      InLoop0
127.0.0.0/32          Direct 0   0       127.0.0.1      InLoop0
127.0.0.1/32          Direct 0   0       127.0.0.1      InLoop0
127.255.255.255/32    Direct 0   0       127.0.0.1      InLoop0
192.168.10.0/24       RIP    100 3       10.0.0.1       GE0/0
192.168.20.0/24       RIP    100 3       10.0.0.1       GE0/0
224.0.0.0/4           Direct 0   0       0.0.0.0        NULL0
224.0.0.0/24          Direct 0   0       0.0.0.0        NULL0
255.255.255.255/32    Direct 0   0       127.0.0.1      InLoop0
```

步骤 13：在 R2 的 RIPv2 路由中引入 OSPF 路由，开销值为 3，在 OSPF 路由中引入 RIPv2 路由。

```
[R2]rip
[R2-rip-1]import-route ospf cost 3  /*在 RIPv2 路由中引入 OSPF 路由，开销值为 3
[R2-rip-1]quit
[R2]ospf
[R2-ospf-1]import-route rip 1       /*在 OSPF 路由中引入 RIPv2 路由，进程号为 1
[R2-ospf-1]quit
```

📖 **思考** 在 R2 上查看路由表，发现已经可以学习 192.168.10.0/24 和 192.168.20.0/24 网段，但是无法学习 172.16.0.0/24 和 10.0.0.0/30 网段，这是为什么呢？

```
[R3]dis ip routing-table

Destinations : 24      Routes : 24

Destination/Mask      Proto  Pre Cost    NextHop        Interface
0.0.0.0/0             Static 60  0       30.0.0.2       Ser1/0
0.0.0.0/32            Direct 0   0       127.0.0.1      InLoop0
20.0.0.0/30           Direct 0   0       20.0.0.2       GE0/1
20.0.0.0/32           Direct 0   0       20.0.0.2       GE0/1
20.0.0.2/32           Direct 0   0       127.0.0.1      InLoop0
20.0.0.3/32           Direct 0   0       20.0.0.2       GE0/1
30.0.0.0/30           Direct 0   0       30.0.0.1       Ser1/0
```

```
30.0.0.0/32              Direct   0   0      30.0.0.1          Ser1/0
30.0.0.1/32              Direct   0   0      127.0.0.1         InLoop0
30.0.0.2/32              Direct   0   0      30.0.0.2          Ser1/0
30.0.0.3/32              Direct   0   0      30.0.0.1          Ser1/0
40.0.0.0/24              Direct   0   0      40.0.0.1          GE0/2
40.0.0.0/32              Direct   0   0      40.0.0.1          GE0/2
40.0.0.1/32              Direct   0   0      127.0.0.1         InLoop0
40.0.0.255/32            Direct   0   0      40.0.0.1          GE0/2
127.0.0.0/8              Direct   0   0      127.0.0.1         InLoop0
127.0.0.0/32             Direct   0   0      127.0.0.1         InLoop0
127.0.0.1/32             Direct   0   0      127.0.0.1         InLoop0
127.255.255.255/32       Direct   0   0      127.0.0.1         InLoop0
192.168.10.0/24          O_ASE2  150  1      20.0.0.1          GE0/1
192.168.20.0/24          O_ASE2  150  1      20.0.0.1          GE0/1
224.0.0.0/4              Direct   0   0      0.0.0.0           NULL0
224.0.0.0/24             Direct   0   0      0.0.0.0           NULL0
255.255.255.255/32       Direct   0   0      127.0.0.1         InLoop0
```

步骤 14：在 R3 的 OSPF 路由中引入直连路由和默认路由。

```
[R3]ospf
[R3-ospf-1]import-route direct               /*在 OSPF 路由中引入直连路由
[R3-ospf-1]default-route-advertise always    /*在 OSPF 路由中引入默认路由
[R3-ospf-1]quit
```

在 R2 上查看路由表，发现已经可以学习 R3 的默认路由和直连路由的网段，但是仍然无法学习 172.16.0.0/24 和 10.0.0.0/30 网段。

```
[R2]dis ip routing-table                     /*查看路由表

Destinations : 22    Routes : 22

Destination/Mask     Proto   Pre Cost    NextHop          Interface
0.0.0.0/0            O_ASE2  150  1      20.0.0.2         GE0/1
0.0.0.0/32           Direct   0   0      127.0.0.1        InLoop0
10.0.0.0/30          Direct   0   0      10.0.0.2         GE0/0
10.0.0.0/32          Direct   0   0      10.0.0.2         GE0/0
10.0.0.2/32          Direct   0   0      127.0.0.1        InLoop0
10.0.0.3/32          Direct   0   0      10.0.0.2         GE0/0
20.0.0.0/30          Direct   0   0      20.0.0.1         GE0/1
20.0.0.0/32          Direct   0   0      20.0.0.1         GE0/1
20.0.0.1/32          Direct   0   0      127.0.0.1        InLoop0
20.0.0.3/32          Direct   0   0      20.0.0.1         GE0/1
30.0.0.0/30          O_ASE2  150  1      20.0.0.2         GE0/1
30.0.0.2/32          O_ASE2  150  1      20.0.0.2         GE0/1
40.0.0.0/24          O_ASE2  150  1      20.0.0.2         GE0/1
127.0.0.0/8          Direct   0   0      127.0.0.1        InLoop0
127.0.0.0/32         Direct   0   0      127.0.0.1        InLoop0
127.0.0.1/32         Direct   0   0      127.0.0.1        InLoop0
127.255.255.255/32   Direct   0   0      127.0.0.1        InLoop0
192.168.10.0/24      RIP     100  3      10.0.0.1         GE0/0
```

192.168.20.0/24	RIP	100	3	10.0.0.1	GE0/0
224.0.0.0/4	Direct	0	0	0.0.0.0	NULL0
224.0.0.0/24	Direct	0	0	0.0.0.0	NULL0
255.255.255.255/32	Direct	0	0	127.0.0.1	InLoop0

步骤 15：配置计算机的 IP 地址和网关，在 PC1 上测试与 PC3 和 PC4 的连通性（见图 2-11）。

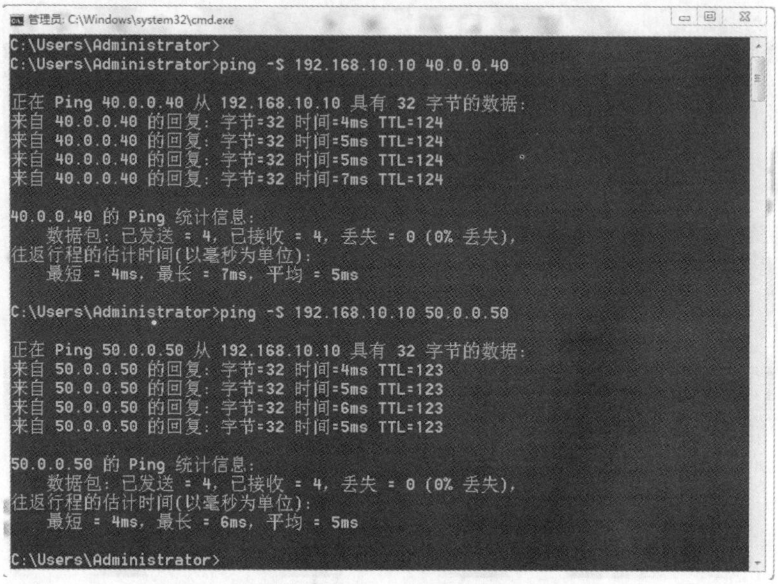

图 2-11　测试 PC1 与 PC3 和 PC4 的连通性

思考　PC1 可以 ping 通 PC3 和 PC4，想一想为什么 R2 和 R3 没有学习 172.16.0.0/24 和 10.0.0.0/30 网段，但是网络是连通的，如果使 R2 和 R3 学习 172.16.0.0/24 和 10.0.0.0/30 网段，需要做什么配置？

步骤 16：在 R1 上的 RIPv2 路由协议中引入直连路由。

```
[R1]rip
[R1-rip-1]import direct
[R1-rip-1]quit
```

步骤 17：在 R2 上的 RIPv2 路由协议中引入直连路由，在 OSPF 路由协议中也引入直连路由。

```
[R2]rip
[R2-rip-1]import direct
[R2-rip-1]quit
[R2]ospf
[R2-ospf-1]import direct
[R2-ospf-1]quit
[R2]
```

步骤 18：查看 R3 的路由表。

```
[R3]dis ip routing-table        /*在 R3 上查看路由表，发现已经可以学习全网路由

Destinations : 26     Routes : 26

Destination/Mask    Proto    Pre Cost        NextHop        Interface
```

0.0.0.0/0	Static	60	0	30.0.0.2	Ser1/0
0.0.0.0/32	Direct	0	0	127.0.0.1	InLoop0
10.0.0.0/30	O_ASE2	150	1	20.0.0.1	GE0/1
20.0.0.0/30	Direct	0	0	20.0.0.2	GE0/1
20.0.0.0/32	Direct	0	0	20.0.0.2	GE0/1
20.0.0.2/32	Direct	0	0	127.0.0.1	InLoop0
20.0.0.3/32	Direct	0	0	20.0.0.2	GE0/1
30.0.0.0/30	Direct	0	0	30.0.0.1	Ser1/0
30.0.0.0/32	Direct	0	0	30.0.0.1	Ser1/0
30.0.0.1/32	Direct	0	0	127.0.0.1	InLoop0
30.0.0.2/32	Direct	0	0	30.0.0.2	Ser1/0
30.0.0.3/32	Direct	0	0	30.0.0.1	Ser1/0
40.0.0.0/24	Direct	0	0	40.0.0.1	GE0/2
40.0.0.0/32	Direct	0	0	40.0.0.1	GE0/2
40.0.0.1/32	Direct	0	0	127.0.0.1	InLoop0
40.0.0.255/32	Direct	0	0	40.0.0.1	GE0/2
127.0.0.0/8	Direct	0	0	127.0.0.1	InLoop0
127.0.0.0/32	Direct	0	0	127.0.0.1	InLoop0
127.0.0.1/32	Direct	0	0	127.0.0.1	InLoop0
127.255.255.255/32	Direct	0	0	127.0.0.1	InLoop0
172.16.0.0/24	O_ASE2	150	1	20.0.0.1	GE0/1
192.168.10.0/24	O_ASE2	150	1	20.0.0.1	GE0/1
192.168.20.0/24	O_ASE2	150	1	20.0.0.1	GE0/1
224.0.0.0/4	Direct	0	0	0.0.0.0	NULL0
224.0.0.0/24	Direct	0	0	0.0.0.0	NULL0
255.255.255.255/32	Direct	0	0	127.0.0.1	InLoop0

2.6 项目小结

路由引入的作用是解决多协议网络中的路由学习问题，从而使整个网络能够正常进行通信。在特定的情况下，使用单向路由引入可以避免路由环路的发生。如果要使用路由多边界引入，则需要进行合理的规划，从而避免路由环路和次优路由的出现。

习题

一、选择题

1. 路由引入无法实现的功能是（ 　　 ）。

　　A. 将 RIP 发现的路由引入 OSPF 中

　　B. 消除路由环路

　　C. 将静态路由引入动态路由协议中

　　D. 实现路由协议之间发现路由信息

2. 将路由引入 RIP 路由协议中时，如果没有指定其 metric 值，那么该路由项的度量值将被默认为（ 　　 ）。

　　A. 15　　　　　B. 255　　　　　C. 0　　　　　D. 16

3．在 OSPF 路由进程中引入 RIP 的配置命令是（　　）。

    A．[H3C-rip-1]import-route ospf

    B．[H3C-ospf-1]import-route rip

    C．[H3C-ospf-1]import-route ospf

    D．[H3C-rip-1]import-route rip

4．在 RIP 路由进程中设定默认度量值为 5 的命令是（　　）。

    A．[H3C] default 5

    B．[H3C] default cost 5

    C．[H3C-rip-1] default 5

    D．[H3C-rip-1] default cost 5

二、简答题

1．简述路由引入的作用。

2．在进行路由引入的过程中应如何避免路由环路？

3．在进行路由引入时可以修改哪些路由属性？

项目 3

PAP 与 CHAP 认证技术

教学目标

1. 理解 PPP 协议的概念和特点。
2. 理解 PPP 协议的会话过程。
3. 理解 PPP 协议的两种认证方式。
4. 掌握 PPP 协议的配置。

项目内容

某公司设有行政部、设计部、财务部和营销部等多个部门，公司的局域网包括多台交换机、路由器和计算机。路由器之间通过串口相连并使用 PPP 协议，为了提高串口之间的安全性，路由器之间使用 PAP 与 CHAP 认证技术。本项目主要介绍如何在路由器上配置 PAP 和 CHAP 功能，以提高网络接入的安全性。

相关知识

为了实现串口 PPP 协议之间的安全传输，需要使用 PAP 与 CHAP 认证技术。因此，需要先了解 PPP 协议的概念、特点、组成和会话过程，PAP 的认证和配置命令，以及 CHAP 的认证和配置命令等知识。

3.1 PPP 协议的概念

任何第三层的协议要通过拨号或专用链路穿越广域网时，都必须封装一种数据链路层的协议。TCP/IP 协议是 Internet 中使用十分广泛的协议，在广域网的数据链路层主要有两种用于封装 TCP/IP 的协议：SLIP 协议和 PPP 协议。

SLIP 协议（Serial Line IP，串行线 IP 协议）出现在 20 世纪 80 年代中期，它是一种在串行线路上封装 IP 包的简单形式。SLIP 协议只支持 IP 网络层协议，不支持 IPX 网络层协议，不提供纠错机制，无协商过程，尤其是不能协商通信双方 IP 地址等网络层属性。由于 SLIP 协议具有诸多缺陷，所以逐步被 PPP 协议所替代。

PPP 协议（Point-to-Point Protocol，点到点协议）是一种在点到点链路上传输、封装网络层数据包的数据链路层协议。PPP 协议处于 OSI 参考模型的数据链路层，主要用于支持全双工的同步和异步链路，进行点到点的数据传输。

3.2　PPP 协议的特点

PPP 协议是目前使用十分广泛的广域网协议，具有以下特点。
- PPP 协议是面向字符的，既支持同步链路又支持异步链路。
- PPP 协议通过链路控制协议（LCP）能够有效控制数据链路的建立。
- PPP 协议支持密码认证协议（PAP）和询问握手认证协议（CHAP），可以保证网络的安全性。
- PPP 协议支持各种网络控制协议（NCP），可以同时支持多种网络层协议。
- PPP 协议可以对网络层地址进行协商，支持 IP 地址的远程分配，能够满足拨号线路的需求。
- PPP 协议无重传协议，网络开销较小。

3.3　PPP 协议的组成

PPP 协议并非单一的协议，而是由一系列协议构成的协议簇。如图 3-1 所示，链路控制协议（Link Control Protocol，LCP）主要用于管理 PPP 数据链路，包括进行链路层参数的协商、建立、拆除和监控数据链路。网络控制协议（Network Control Protocol，NCP）主要用于协商所承载的网络层协议的类型及其属性，协商在该数据链路上所传输的数据包格式和类型，配置网络层协议等。认证协议主要是指 PAP 和 CHAP 协议，主要用于认证 PPP 协议对端设备的身份合法性，在一定程度上保证了链路的安全性。

图 3-1　PPP 协议的组成

3.4　PPP 协议的会话过程

PPP 协议的会话主要分为以下 3 个过程。

1．链路建立阶段

运行 PPP 协议的设备通过发送 LCP 报文来检测链路的可用情况，如果链路可用，则会成功建立链路，否则链路建立失败。

2．可选的认证阶段

链路成功建立后，根据 PPP 数据帧中的认证选项决定是否进行认证。如果需要认证，则开始进行 PAP 或 CHAP 认证，认证成功后进入网络层协商阶段。

3．网络层协商阶段

运行 PPP 协议的设备双方通过发送 NCP 报文来选择并配置网络层协议，双方协商使用网络层协议，同时选择并配置网络层地址。如果协商通过，则 PPP 链路建立成功。

PPP 协议的会话过程如图 3-2 所示。

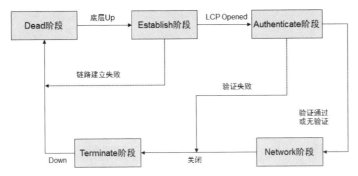

图 3-2 PPP 协议的会话过程

（1）当物理层不可用时，PPP 链路处于 Dead 阶段，链路必须从这个阶段开始和结束。当通信双方的两端检测到物理线路激活（通常会检测到链路上有载波信号）时，就会从当前阶段跃迁至下一个阶段。

（2）当物理层可用时，进入 Establish 阶段。PPP 链路在 Establish 阶段进行 LCP 协商，协商的内容包括是否采用链路捆绑、使用何种认证方式、最大传输单元等。协商成功后 LCP 进入 Opened 状态，表示底层链路已经建立。

（3）如果配置了认证，则进入 Authenticate 阶段，开始 CHAP 或 PAP 认证。这个阶段仅支持链路控制协议、认证协议和质量检查数据报文，其他的数据报文都被丢弃。

（4）如果认证失败，则进入 Terminate 阶段，拆除链路，LCP 状态转为 Down；如果认证成功，则进入 Network 阶段，由 NCP 协商网络层协议参数，此时 LCP 状态仍为 Opened，而 NCP 状态从 Initial 转为 Request。

（5）NCP 协商支持 IPCP 协商，IPCP 协商主要包括双方的 IP 地址。通过 NCP 协商选择和配置一个网络层协议。只有相应的网络层协议协商成功后，该网络协议才可以通过这条 PPP 链路发送报文。

（6）PPP 链路将一直保持通信，直至有明确的 LCP 或 NCP 的帧来关闭这条链路，或者发生某些外部事件。

（7）PPP 协议能在任何时候终止链路。在载波丢失、认证失败、链路质量检测失败和管理员人为关闭链路等情况下均会导致链路终止。

3.5 PAP 认证

PAP 认证为两次握手认证，认证的过程仅在链路初始建立阶段进行。PAP 认证过程如图 3-3 所示，被认证方以明文形式发送用户名和密码到主认证方。主认证方认证用户名和密码，如果此用户名合法且密码正确，则会给对端发送 ACK 消息，通知对端认证通过，允许进入下一阶段协商；如果用户名或密码不正确，则发送 NAK 消息，通知对端认证失败。

PAP 认证失败后并不会直接将链路关闭。只有当认证失败次数达到一定值时，链路才会被关闭，这样可以防止因误传、链路干扰等造成不必要的 LCP 重新协商过程。

PAP 认证可以在一方进行，即由一方认证另一方的身份，也可以进行双向认证。双向认证可以理解为两个独立的单向认证过程，即要求通信双方都要通过对方的认证程序，否则无法建立二者之间的链路。在 PAP 认证过程中，用户名和密码在网络中以明文的方式传输，如果在传输过程中被监听，监听者可以获知用户名和密码，并利用其通过认证，从而可能对网络安全造成威胁。因此，PAP 认证适用于对网络安全要求相对较低的环境。

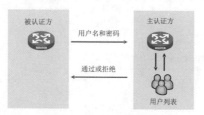

图 3-3　PAP 认证过程

3.6　CHAP 认证

CHAP 认证为三次握手认证，CHAP 协议在链路建立开始时就完成了，在链路建立完成后的任何时间都可以重复发送进行再认证。CHAP 认证过程如图 3-4 所示。

图 3-4　CHAP 认证过程

CHAP 单向认证是指一端作为主认证方，另一端作为被认证方。双向认证是单向认证的简单叠加，即两端都既作为主认证方又作为被认证方。

3.7　PAP 与 CHAP 的区别

PAP 通过两次握手的方式完成认证，而 CHAP 通过三次握手认证远端节点。PAP 认证由被认证方首先发起认证请求，而 CHAP 认证由主认证方首先发起认证请求。PAP 认证的密码以明文的方式在链路上发送，并且当 PPP 链路建立后，被认证方会不停地在链路上反复发送用户名和密码，直到身份认证过程结束，所以不能防止攻击。CHAP 认证只在网络上传输用户名，并不传输密码，因此它的安全性比 PAP 认证高。

PAP 和 CHAP 都支持双向身份认证，也就是说，参与认证的一方可以同时是认证方和被认证方。由于 CHAP 认证的安全性优于 PAP 认证，所以 CHAP 认证的应用更加广泛。

3.8　PAP 的配置命令

1. PAP 主认证方的配置命令

```
① [H3C] int s1/0                          /*进入路由器的串口模式
② [H3C-Serial1/0] link-protocol ppp       /*接口封装 PPP 协议
③ [H3C-Serial1/0 ]ppp authentication-mode pap
```

/*配置端口为 PAP 认证，若配置了这条命令，那么这台设备就为主认证方
④ [H3C-Serial1/0] quit
⑤ [H3C] local-user 用户名 class network　　　　　　　/*创建被认证方的用户名和密码
⑥ [H3C-luser-network-test] password simple 密码
⑦ [H3C-luser-network-test] service-type ppp　　　　　/*用户类型为 PPP 用户

2. PAP 被认证方的配置命令

① [H3C] int s1/0　　　　　　　　　　　　　　　　　/*进入路由器的串口模式
② [H3C-Serial1/0] ppp pap local-user 用户名 password simple 密码
　　/*被认证方将用户名和密码发送给主认证方

操作示例：如图 3-5 所示，RTA 和 RTB 之间使用 PPP 协议，为了提高串口之间的安全性，使用了 PAP 单向认证，RTA 为主认证方，RTB 为被认证方，认证的用户名为 sxvtc，密码为 654321。

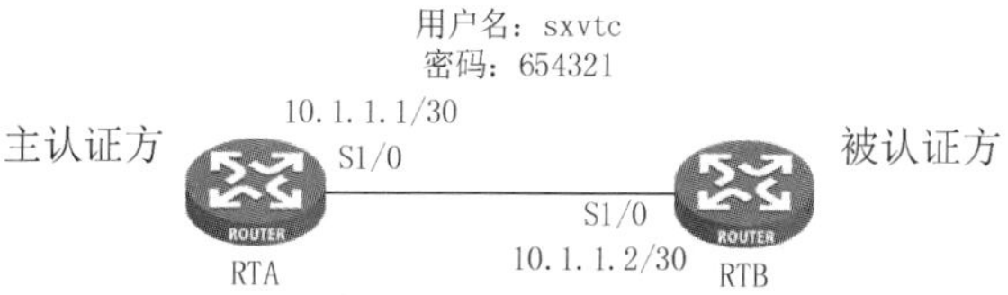

图 3-5　PAP 认证示例

在 RTA 上配置 PAP 认证的主认证方。

```
<H3C> system-view
[H3C] sysname RTA
[RTA] int s1/0
[RTA-Serial1/0] ip address 10.1.1.1 30
[RTA-Serial1/0] link-protocol ppp
[RTA-Serial1/0] ppp authentication-mode pap        /*主认证方开启 PAP 认证
[RTA-Serial1/0] quit
[RTA] local-user sxvtc class network               /*创建用户 sxvtc，密码为 654321
[RTA-luser-network-sxvtc] password simple 654321
[RTA-luser-network-sxvtc] service-type ppp
[RTA-luser-network-sxvtc] quit
```

在 RTB 上配置 PAP 认证的被认证方。

```
<H3C> system-view
[H3C] sysname RTB
[RTB] int s1/0
[RTB-Serial1/0] ip address 10.1.1.2 30
[RTB-Serial1/0] link-protocol ppp
[RTB-Serial1/0] ppp pap local-user sxvtc password simple 654321
    /*被认证方发送账号密码给主认证方进行认证
[RTB-Serial1/0] quit
```

3.9　CHAP 的配置命令

1. CHAP 主认证方的配置命令

① [H3C] local-user 对端用户名 class network　　　　　　/*创建对端用户名和密码

② [H3C-luser-network-user] password simple 密码　　　　/*双方密码应一致
③ [H3C-luser-network-user] service-type ppp　　　　　　/*用户类型为 PPP 用户
④ [H3C-luser-network-user] quit
⑤ [H3C] int s1/0　　　　　　　　　　　　　　　　　　　/*进入路由器的串口模式
⑥ [H3C-Serial1/0] ppp authentication-mode chap
　　/*配置端口为 CHAP 认证,若配置了这条命令,那么这台设备就是主认证方
⑦ [H3C-Serial1/0] ppp chap user **本端用户名**　　　　　/*发送本端用户名
⑧ [H3C-Serial1/0] quit

2. CHAP 被认证方的配置命令

① [H3C] local-user **对端用户名** class network　　　/*创建对端用户名和密码
② [H3C-luser-network-user] password simple 密码　　　/*双方密码应一致
③ [H3C-luser-network-user] service-type ppp　　　　　/*用户类型为 PPP 用户
④ [H3C-luser-network-user] quit
⑤ [H3C] int s1/0　　　　　　　　　　　　　　　　　　/*进入路由器的串口模式
⑥ [H3C-Serial1/0] ppp chap user **本端用户名**　　　　/*发送本端用户名
⑦ [H3C -Serial1/0]quit

　　操作示例:如图 3-6 所示,RTA 和 RTB 之间使用 PPP 协议,为了提高串口之间的安全性,使用了 CHAP 双向认证,RTA 和 RTB 既是主认证方又是被认证方,密码为 123123。

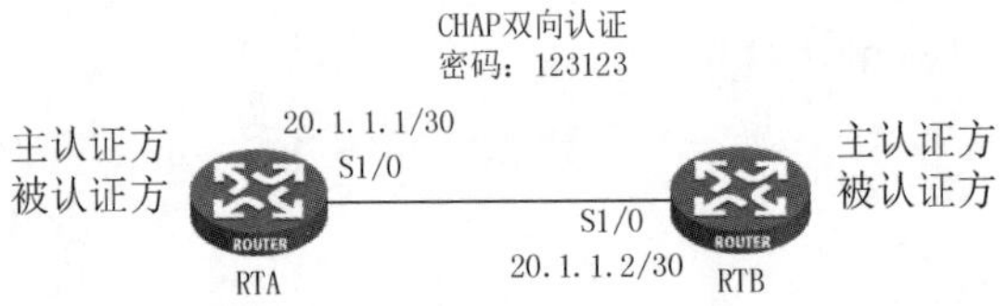

图 3-6　CHAP 认证示例

　　在 RTA 上的配置如下所示。

```
<H3C> system-view
[H3C] sysname RTA
[RTA] int s1/0
[RTA-Serial1/0] ip address 20.1.1.1 30
[RTA-Serial1/0] ppp authentication-mode chap      /*开启 CHAP 认证,作为主认证方
[RTA-Serial1/0] ppp chap user rta                 /*发送本地用户名 RTA 给对端
[RTA-Serial1/0] quit
[RTA] local-user rtb class network                /*创建对端用户 RTB 和密码 123123
[RTA-luser-network-rtb] password simple 123123
[RTA-luser-network-rtb] service-type ppp          /*用户类型为 PPP 用户
[RTA-luser-network-rtb] quit
```

　　在 RTB 上的配置如下所示。

```
<H3C> system-view
[H3C] sysname RTB
[RTB] int s1/0
[RTB-Serial1/0] ip address 20.1.1.2 30
[RTB-Serial1/0] ppp authentication-mode chap      /*开启 CHAP 认证,作为主认证方
[RTB-Serial1/0] ppp chap user rtb                 /*发送本地用户名 RTB 给对端
[RTB-Serial1/0] quit
[RTB] local-user rta class network                /*创建对端用户名 RTA 和密码 123123
```

```
[RTB-luser-network-rta] password simple 123123
[RTB-luser-network-rta] service-type ppp          /*用户类型为 PPP 用户
[RTB-luser-network-rta] quit
```

3.10 工作任务示例

如图 3-7 所示，某公司的局域网由 3 台路由器、1 台三层交换机和 1 台二层交换机组成，SW3 与 R1 和 R2 之间运行 OSPF 路由协议，R2 和 R3 之间运行 RIPv2 路由协议。为了提高串口之间的安全性，R1 和 R2 之间使用 PAP 单向认证，R1 为主认证方，R2 为被认证方，认证的用户名为 test1，密码为 123456。R2 和 R3 之间使用 CHAP 双向认证，用户名为对方的路由器名称，密码为 123456。若你是公司的网络管理员，请进行合理的设置使全网互通。

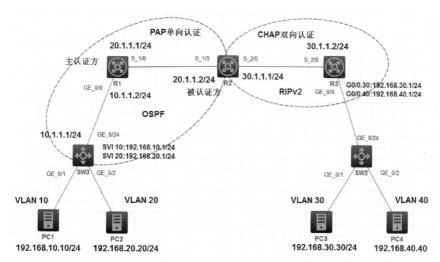

图 3-7　网络拓扑结构

该公司局域网的 IP 地址规划如表 3-1 所示。

表 3-1　IP 地址规划

设 备 名 称	IP 地 址	子 网 掩 码	网　　关
SW3 的 GE_0/24	10.1.1.1	255.255.255.0	
SW3 的 SVI 10	192.168.10.1	255.255.255.0	
SW3 的 SVI 20	192.168.20.1	255.255.255.0	
R1 的 GE_0/0	10.1.1.2	255.255.255.0	
R1 的 S_1/0	20.1.1.1	255.255.255.0	
R2 的 S_1/0	20.1.1.2	255.255.255.0	
R2 的 S_2/0	30.1.1.1	255.255.255.0	
R3 的 S_2/0	30.1.1.2	255.255.255.0	
R3 的 G0/0.30	192.168.30.1	255.255.255.0	
R3 的 G0/0.40	192.168.40.1	255.255.255.0	
PC1	192.168.10.10	255.255.255.0	192.168.10.1
PC2	192.168.20.20	255.255.255.0	192.168.20.1
PC3	192.168.30.30	255.255.255.0	192.168.30.1
PC4	192.168.40.40	255.255.255.0	192.168.40.1

具体实施步骤

步骤 1：为 SW3、R1、R2 和 R3 的端口配置 IP 地址。

在 SW3 上划分 VLAN，并配置基本的 IP 地址。

```
<H3C>system-view                                    /*由用户视图进入系统视图
[H3C]sysname SW3                                    /*将设备命名为SW3
[SW3]vlan 10                                         /*创建 VLAN 10
[SW3-vlan10]port GigabitEthernet 1/0/1              /*将G1/0/1端口加入VLAN 10中
[SW3-vlan10]vlan 20
[SW3-vlan20]port GigabitEthernet 1/0/2
[SW3-vlan20]int vlan 10                             /*配置VLAN 10的网关为192.168.10.1
[SW3-Vlan-interface10]ip address 192.168.10.1 24
[SW3-Vlan-interface10]int vlan 20                   /*配置VLAN 20的网关为192.168.20.1
[SW3-Vlan-interface20]ip address 192.168.20.1 24
[SW3-Vlan-interface20]quit
[SW3]int GigabitEthernet 1/0/24                     /*进入G1/0/24端口
[SW3-GigabitEthernet1/0/24]port link-mode route     /*交换机端口开启路由模式
[SW3-GigabitEthernet1/0/24]ip address 10.1.1.1 24
[SW3-GigabitEthernet1/0/24]quit
[SW3]dis ip int b                                   /*查看SW3的IP地址
*down: administratively down
(s): spoofing  (l): loopback
Interface          Physical    Protocol    IP Address   Description
GE1/0/24           up          up          10.1.1.1     --
MGE0/0/0           down        down        --           --
Vlan10             up          up          192.168.10.1 --
Vlan20             up          up          192.168.20.1 --
```

在 R1 上配置基本的 IP 地址。

```
<H3C>system-view
[H3C]sysname R1                                     /*将设备命名为R1
[R1]int g0/0
[R1-GigabitEthernet0/0]ip address 10.1.1.2 24
[R1-GigabitEthernet0/0]int s1/0
[R1-Serial1/0]ip address 20.1.1.1 24
[R1-Serial1/0]dis ip int b                          /*查看R1的IP地址
*down: administratively down
(s): spoofing  (l): loopback
Interface      Physical Protocol IP Address   Description
GE0/0          up       up       10.1.1.2     --
GE0/1          down     down     --           --
GE0/2          down     down     --           --
GE5/0          down     down     --           --
GE5/1          down     down     --           --
GE6/0          down     down     --           --
GE6/1          down     down     --           --
Ser1/0         up       up       20.1.1.1     --
```

```
Ser2/0              down      down      --          --
Ser3/0              down      down      --          --
Ser4/0              down      down      --          --
```

在 R2 上配置基本的 IP 地址。

```
<H3C>system-view
[H3C]sysname R2                                /*将设备命名为 R2
[R2]int s1/0
[R2-Serial1/0]ip address 20.1.1.2 24
[R2-Serial1/0]int s2/0
[R2-Serial2/0]ip address 30.1.1.1 24
[R2-Serial2/0]dis ip int b                     /*查看 R2 的 IP 地址
*down: administratively down
(s): spoofing  (l): loopback
Interface           Physical Protocol IP Address   Description
GE0/0               down     down     --           --
GE0/1               down     down     --           --
GE0/2               down     down     --           --
GE5/0               down     down     --           --
GE5/1               down     down     --           --
GE6/0               down     down     --           --
GE6/1               down     down     --           --
Ser1/0              up       up       20.1.1.2     --
Ser2/0              up       up       30.1.1.1     --
Ser3/0              down     down     --           --
Ser4/0              down     down     --           --
```

在 R3 上配置基本的 IP 地址。

```
<H3C>system-view
[H3C]sysname R3                                /*将设备命名为 R3
[R3]int s2/0
[R3-Serial2/0]ip address 30.1.1.2 24
[R3-Serial2/0]quit
[R3]int GigabitEthernet 0/0.30
[R3-GigabitEthernet0/0.30]vlan-type dot1q vid 30
/*子接口封装为 dot1q 协议并分配给 VLAN 30
[R3-GigabitEthernet0/0.30]ip address 192.168.30.1 24   /*配置子接口的 IP 地址
[R3-GigabitEthernet0/0.30]int g0/0.40
[R3-GigabitEthernet0/0.40] vlan-type dot1q vid 40
/*子接口封装为 dot1q 协议并分配给 VLAN 40
[R3-GigabitEthernet0/0.40]ip address 192.168.40.1 24   /*配置子接口的 IP 地址
[R3-GigabitEthernet0/0.40]quit
[R3]dis ip int b                               /*查看 R3 的 IP 地址
*down: administratively down
(s): spoofing  (l): loopback
Interface           Physical Protocol IP Address   Description
GE0/0               up       up       --           --
GE0/0.30            up       up       192.168.30.1 --
GE0/0.40            up       up       192.168.40.1 --
```

GE0/1	down	down	--	--
GE0/2	down	down	--	--
GE5/0	down	down	--	--
GE5/1	down	down	--	--
GE6/0	down	down	--	--
GE6/1	down	down	--	--
Ser1/0	down	down	--	--
Ser2/0	**up**	**up**	**30.1.1.2**	**--**
Ser3/0	down	down	--	--
Ser4/0	down	down	--	--
[R3]				

在 SW2 上划分 VLAN，将端口加入相应的 VLAN 中。

```
<H3C>system-view
[H3C]sysname SW2
[SW2]vlan 30                              /*创建 VLAN 30，并将 G1/0/1 端口加入 VLAN 中
[SW2-vlan30]port GigabitEthernet 1/0/1
[SW2-vlan30]vlan 40                       /*创建 VLAN 40，并将 G1/0/2 端口加入 VLAN 中
[SW2-vlan40]port GigabitEthernet 1/0/2
[SW2]int GigabitEthernet 1/0/24                          /*进入 G1/0/24 端口
[SW2-GigabitEthernet1/0/24]port link-type trunk          /*端口配置为 Trunk 模式
[SW2-GigabitEthernet1/0/24]port trunk permit vlan all    /*允许所有的 VLAN 通过
[SW2-GigabitEthernet1/0/24]quit
```

步骤 2：为 SW3、R1、R2 和 R3 配置动态路由协议。

为 SW3 配置 OSPF 动态路由协议。

```
[SW3]ospf
[SW3-ospf-1]area 0
[SW3-ospf-1-area-0.0.0.0]network 10.1.1.0 0.0.0.255
[SW3-ospf-1-area-0.0.0.0]network 192.168.10.0 0.0.0.255
[SW3-ospf-1-area-0.0.0.0]network 192.168.20.0 0.0.0.255
[SW3-ospf-1-area-0.0.0.0]quit
```

为 R1 配置 OSPF 动态路由协议。

```
[R1]ospf
[R1-ospf-1]area 0
[R1-ospf-1-area-0.0.0.0]network 20.1.1.0 0.0.0.255
[R1-ospf-1-area-0.0.0.0]network 10.1.1.0 0.0.0.255
[R1-ospf-1-area-0.0.0.0]quit
[R1-ospf-1]
```

为 R2 的 S0/0 配置 OSPF 动态路由协议，为 S0/1 配置 RIPv2 动态路由协议。

```
[R2]ospf
[R2-ospf-1]area 0
[R2-ospf-1-area-0.0.0.0]network 20.1.1.0 0.0.0.255
[R2-ospf-1-area-0.0.0.0]quit
[R2-ospf-1]quit
[R2]rip
[R2-rip-1]version 2
```

```
[R2-rip-1]undo summary
[R2-rip-1]network 30.1.1.0
[R2-rip-1]quit
```

为 R3 配置 RIPv2 动态路由协议。

```
[R3]rip
[R3-rip-1]version 2
[R3-rip-1]undo summary
[R3-rip-1]network 30.1.1.0
[R3-rip-1]network 192.168.30.0
[R3-rip-1]network 192.168.40.0
[R3-rip-1]quit
/*在 R1 上查看路由表，发现没有学到 RIP 的路由，只学习了 2 条 OSPF 的路由，因为没有配置路由引入
[R1]dis ip routing-table


Destinations : 19      Routes : 19

Destination/Mask      Proto    Pre Cost      NextHop           Interface
0.0.0.0/32            Direct   0   0         127.0.0.1         InLoop0
10.1.1.0/24           Direct   0   0         10.1.1.2          GE0/0
10.1.1.0/32           Direct   0   0         10.1.1.2          GE0/0
10.1.1.2/32           Direct   0   0         127.0.0.1         InLoop0
10.1.1.255/32         Direct   0   0         10.1.1.2          GE0/0
20.1.1.0/24           Direct   0   0         20.1.1.1          Ser1/0
20.1.1.0/32           Direct   0   0         20.1.1.1          Ser1/0
20.1.1.1/32           Direct   0   0         127.0.0.1         InLoop0
20.1.1.2/32           Direct   0   0         20.1.1.2          Ser1/0
20.1.1.255/32         Direct   0   0         20.1.1.1          Ser1/0
127.0.0.0/8           Direct   0   0         127.0.0.1         InLoop0
127.0.0.0/32          Direct   0   0         127.0.0.1         InLoop0
127.0.0.1/32          Direct   0   0         127.0.0.1         InLoop0
127.255.255.255/32    Direct   0   0         127.0.0.1         InLoop0
192.168.10.0/24       O_INTRA  10  2         10.1.1.1          GE0/0
192.168.20.0/24       O_INTRA  10  2         10.1.1.1          GE0/0
224.0.0.0/4           Direct   0   0         0.0.0.0           NULL0
224.0.0.0/24          Direct   0   0         0.0.0.0           NULL0
255.255.255.255/32    Direct   0   0         127.0.0.1         InLoop0
```

步骤 3：在 R2 上配置路由引入。

```
[R2]ospf 1
[R2-ospf-1]import-route rip               /*在 OSPF 路由中引入 RIP 路由
[R2-ospf-1]quit
[R2]rip
[R2-rip-1]import-route ospf cost 2        /*在 RIP 路由中引入 OSPF 路由
[R2-rip-1]quit
/*再次查看 R1 的路由表，发现没有 30.1.1.0 这个网段，请思考这是为什么
[R1]dis ip routing-table


Destinations : 21      Routes : 21
```

```
Destination/Mask        Proto    Pre  Cost      NextHop        Interface
0.0.0.0/32              Direct   0    0         127.0.0.1      InLoop0
10.1.1.0/24             Direct   0    0         10.1.1.2       GE0/0
10.1.1.0/32             Direct   0    0         10.1.1.2       GE0/0
10.1.1.2/32             Direct   0    0         127.0.0.1      InLoop0
10.1.1.255/32           Direct   0    0         10.1.1.2       GE0/0
20.1.1.0/24             Direct   0    0         20.1.1.1       Ser1/0
20.1.1.0/32             Direct   0    0         20.1.1.1       Ser1/0
20.1.1.1/32             Direct   0    0         127.0.0.1      InLoop0
20.1.1.2/32             Direct   0    0         20.1.1.2       Ser1/0
20.1.1.255/32           Direct   0    0         20.1.1.1       Ser1/0
127.0.0.0/8             Direct   0    0         127.0.0.1      InLoop0
127.0.0.0/32            Direct   0    0         127.0.0.1      InLoop0
127.0.0.1/32            Direct   0    0         127.0.0.1      InLoop0
127.255.255.255/32      Direct   0    0         127.0.0.1      InLoop0
192.168.10.0/24         O_INTRA  10   2         10.1.1.1       GE0/0
192.168.20.0/24         O_INTRA  10   2         10.1.1.1       GE0/0
192.168.30.0/24         O_ASE2   150  1         20.1.1.2       Ser1/0
192.168.40.0/24         O_ASE2   150  1         20.1.1.2       Ser1/0
224.0.0.0/4             Direct   0    0         0.0.0.0        NULL0
224.0.0.0/24            Direct   0    0         0.0.0.0        NULL0
255.255.255.255/32      Direct   0    0         127.0.0.1      InLoop0
```
/*因为对 R2 来说只是将 RIPv2 中的路由重分发到 OSPF 中，而 30.1.1.0 这个网段对 R2 来说是直连网段，R2 重发布的时候没有发布直连网段，所以 R1 是学习不到 30.1.1.0 这个网段的

步骤 4：在 R2 上重分发直连网段。

```
[R2]ospf
[R2-ospf-1]import-route direct
[R2-ospf-1]quit
```
/*再次查看 R1 的路由表，已经有 30.1.1.0 这个网段，学习了全网路由
```
[R1]dis ip routing-table

Destinations : 23    Routes : 23

Destination/Mask        Proto    Pre  Cost      NextHop        Interface
0.0.0.0/32              Direct   0    0         127.0.0.1      InLoop0
10.1.1.0/24             Direct   0    0         10.1.1.2       GE0/0
10.1.1.0/32             Direct   0    0         10.1.1.2       GE0/0
10.1.1.2/32             Direct   0    0         127.0.0.1      InLoop0
10.1.1.255/32           Direct   0    0         10.1.1.2       GE0/0
20.1.1.0/24             Direct   0    0         20.1.1.1       Ser1/0
20.1.1.0/32             Direct   0    0         20.1.1.1       Ser1/0
20.1.1.1/32             Direct   0    0         127.0.0.1      InLoop0
20.1.1.2/32             Direct   0    0         20.1.1.2       Ser1/0
20.1.1.255/32           Direct   0    0         20.1.1.1       Ser1/0
30.1.1.0/24             O_ASE2   150  1         20.1.1.2       Ser1/0
30.1.1.2/32             O_ASE2   150  1         20.1.1.2       Ser1/0
127.0.0.0/8             Direct   0    0         127.0.0.1      InLoop0
```

```
127.0.0.0/32        Direct  0    0        127.0.0.1      InLoop0
127.0.0.1/32        Direct  0    0        127.0.0.1      InLoop0
127.255.255.255/32  Direct  0    0        127.0.0.1      InLoop0
192.168.10.0/24     O_INTRA 10   2        10.1.1.1       GE0/0
192.168.20.0/24     O_INTRA 10   2        10.1.1.1       GE0/0
192.168.30.0/24     O_ASE2  150  1        20.1.1.2       Ser1/0
192.168.40.0/24     O_ASE2  150  1        20.1.1.2       Ser1/0
224.0.0.0/4         Direct  0    0        0.0.0.0        NULL0
224.0.0.0/24        Direct  0    0        0.0.0.0        NULL0
255.255.255.255/32  Direct  0    0        127.0.0.1      InLoop0
```

步骤 5：为 PC1、PC2、PC3、PC4 配置 IP 地址和网关，测试 PC1 与 PC2、PC3、PC4 之间的连通性。测试 HCL 主机连通性的方法如下：Ping –S（大写）　源地址　目的地址。

1．PC1 可以和 PC2 互通

PC1 与 PC2 的通信情况如图 3-8 所示。

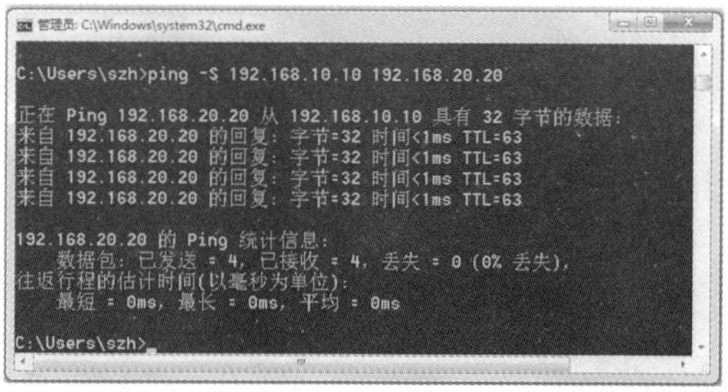

```
管理员: C:\Windows\system32\cmd.exe
C:\Users\szh>ping -S 192.168.10.10 192.168.20.20

正在 Ping 192.168.20.20 从 192.168.10.10 具有 32 字节的数据:
来自 192.168.20.20 的回复: 字节=32 时间<1ms TTL=63
来自 192.168.20.20 的回复: 字节=32 时间<1ms TTL=63
来自 192.168.20.20 的回复: 字节=32 时间<1ms TTL=63
来自 192.168.20.20 的回复: 字节=32 时间<1ms TTL=63

192.168.20.20 的 Ping 统计信息:
    数据包: 已发送 = 4，已接收 = 4，丢失 = 0 (0% 丢失)，
往返行程的估计时间(以毫秒为单位):
    最短 = 0ms，最长 = 0ms，平均 = 0ms

C:\Users\szh>
```

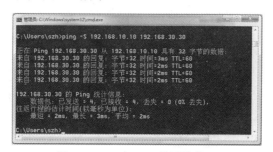

图 3-8　PC1 与 PC2 的通信情况

2．PC1 可以和 PC3 互通

PC1 与 PC3 的通信情况如图 3-9 所示。

```
管理员: C:\Windows\system32\cmd.exe
C:\Users\szh>ping -S 192.168.10.10 192.168.30.30

正在 Ping 192.168.30.30 从 192.168.10.10 具有 32 字节的数据:
来自 192.168.30.30 的回复: 字节=32 时间=3ms TTL=60
来自 192.168.30.30 的回复: 字节=32 时间=2ms TTL=60
来自 192.168.30.30 的回复: 字节=32 时间=2ms TTL=60
来自 192.168.30.30 的回复: 字节=32 时间=2ms TTL=60

192.168.30.30 的 Ping 统计信息:
    数据包: 已发送 = 4，已接收 = 4，丢失 = 0 (0% 丢失)，
往返行程的估计时间(以毫秒为单位):
    最短 = 2ms，最长 = 3ms，平均 = 2ms

C:\Users\szh>
```

图 3-9　PC1 与 PC3 的通信情况

3．PC1 可以和 PC4 互通

PC1 与 PC4 的通信情况如图 3-10 所示。

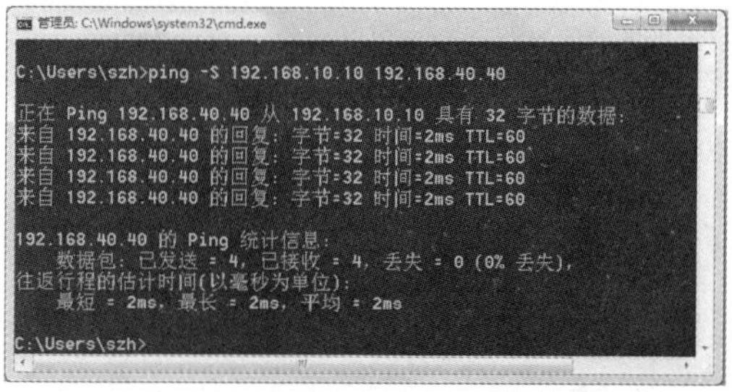

```
管理员: C:\Windows\system32\cmd.exe
C:\Users\szh>ping -S 192.168.10.10 192.168.40.40

正在 Ping 192.168.40.40 从 192.168.10.10 具有 32 字节的数据:
来自 192.168.40.40 的回复: 字节=32 时间=2ms TTL=60
来自 192.168.40.40 的回复: 字节=32 时间=2ms TTL=60
来自 192.168.40.40 的回复: 字节=32 时间=2ms TTL=60
来自 192.168.40.40 的回复: 字节=32 时间=2ms TTL=60

192.168.40.40 的 Ping 统计信息:
    数据包: 已发送 = 4，已接收 = 4，丢失 = 0 (0% 丢失)，
往返行程的估计时间(以毫秒为单位):
    最短 = 2ms，最长 = 2ms，平均 = 2ms

C:\Users\szh>
```

图 3-10　PC1 与 PC4 的通信情况

　　PC1 与 PC2、PC3、PC4 已经可以相互通信，全网互通，但是 R1 和 R2 之间、R2 和 R3 之间还未开启 PAP 与 CHAP 认证。

　　步骤 6：在 R1 的 S1/0 和 R2 的 S1/0 之间配置 PAP 认证，其中 R1 是主认证方，R2 是被认证方。

```
[R1]int s1/0
[R1-Serial1/0]link-protocol ppp              /*接口封装 PPP 协议
[R1-Serial1/0]ppp authentication-mode pap    /*开启 PAP 认证
[R1-Serial1/0]quit
[R1]local-user test1 class network           /*创建认证用户 test，密码为 123456
[R1-luser-network-test1]password simple 123456
[R1-luser-network-test1]service-type ppp
[R1-luser-network-test1]quit

[R2]int s1/0                                 /*进入 R2 的 S1/0 端口
[R2-Serial1/0]shutdown                       /*关闭 R2 的 S1/0 端口
[R2-Serial1/0]undo shutdown                  /*开启 R2 的 S1/0 端口
[R2-Serial1/0]dis ip int b
```
　/*关闭和开启的 S1/0 端口，PAP 认证生效，查看 S1/0 的状态，发现 S1/0 已经 down，因为 R1 开启了 PAP 认证

```
*down: administratively down
(s): spoofing  (l): loopback
Interface         Physical Protocol IP Address    Description
GE0/0             down     down     --            --
GE0/1             down     down     --            --
GE0/2             down     down     --            --
GE5/0             down     down     --            --
GE5/1             down     down     --            --
GE6/0             down     down     --            --
GE6/1             down     down     --            --
Ser1/0            up       down     20.1.1.2      --
Ser2/0            up       up       30.1.1.1      --
Ser3/0            down     down     --            --
Ser4/0            down     down     --            --

[R2-Serial1/0]ppp pap local-user test1 password simple 123456
```
/*R2 将用户名和密码发给主认证方 R1

```
[R2-Serial1/0]
%Oct 12 02.39.35.428 2016 R2 IFNET/5/LINK_UPDOWN: Line protocol state on the
interface Serial1/0 changed to up.
```
　/*路由器弹出提示 S1/0 端口的状态变为 up

```
%Oct 12 02.39.36.442 2016 R2 OSPF/5/OSPF_NBR_CHG: OSPF 1 Neighbor
20.1.1.1(Serial1/0) changed from LOADING to FULL.
```
　/*路由器弹出提示 OSPF 的状态变为 FULL

```
[R2-Serial1/0]dis ip int b    /*查看 R2 路由表发现 S1/0 端口的状态变为 up
```

```
*down: administratively down
(s): spoofing (l): loopback
Interface          Physical Protocol IP Address    Description
GE0/0              down     down     --            --
GE0/1              down     down     --            --
GE0/2              down     down     --            --
GE5/0              down     down     --            --
GE5/1              down     down     --            --
GE6/0              down     down     --            --
GE6/1              down     down     --            --
Ser1/0             up       up       20.1.1.2      --
Ser2/0             up       up       30.1.1.1      --
Ser3/0             down     down     --            --
Ser4/0             down     down     --            --
```

步骤 7：在 R2 上开启 CHAP 双向认证。

```
[R2]local-user R3 class network              /*创建用户 R3，密码为 123456
[R2-luser-network-R3]password simple 123456
[R2-luser-network-R3]service-type ppp        /*用户类型为 PPP
[R2-luser-network-R3]quit
[R2]int s2/0
[R2-Serial2/0]ppp authentication-mode chap   /*开启 CHAP 认证
[R2-Serial2/0]ppp chap user R2               /*发送认证用户名 R2
[R2-Serial2/0]quit
```

步骤 8：在 R3 上开启 CHAP 双向认证。

```
[R3]local-user R2 class network              /*创建用户 R2，密码为 123456
[R3-luser-network-R2]password simple 123456
[R3-luser-network-R2]service-type ppp        /*用户类型为 PPP
[R3-luser-network-R2]quit
[R3]int s2/0
[R3-Serial2/0]ppp authentication-mode chap   /*开启 CHAP 认证
[R3-Serial2/0]ppp chap user R3               /*发送认证用户名 R3
[R3-Serial2/0]quit
[R3]dis ip int b
*down: administratively down
(s): spoofing (l): loopback
Interface          Physical Protocol IP Address    Description
GE0/0              up       up       --            --
GE0/0.30           up       up       192.168.30.1  --
GE0/0.40           up       up       192.168.40.1  --
GE0/1              down     down     --            --
GE0/2              down     down     --            --
GE5/0              down     down     --            --
GE5/1              down     down     --            --
GE6/0              down     down     --            --
GE6/1              down     down     --            --
Ser1/0             down     down     --            --
Ser2/0             up       up       30.1.1.2      --
```

| Ser3/0 | down | down | -- | -- |
| Ser4/0 | down | down | -- | -- |

步骤 9：再次查看 R1 的路由表发现仍能学到全网路由，全网贯通。

```
[R1]dis ip routing-table                    /*查看 R1 的路由表仍能学到全网路由

Destinations : 23      Routes : 23

Destination/Mask      Proto   Pre Cost      NextHop          Interface
0.0.0.0/32            Direct  0   0         127.0.0.1        InLoop0
10.1.1.0/24           Direct  0   0         10.1.1.2         GE0/0
10.1.1.0/32           Direct  0   0         10.1.1.2         GE0/0
10.1.1.2/32           Direct  0   0         127.0.0.1        InLoop0
10.1.1.255/32         Direct  0   0         10.1.1.2         GE0/0
20.1.1.0/24           Direct  0   0         20.1.1.1         Ser1/0
20.1.1.0/32           Direct  0   0         20.1.1.1         Ser1/0
20.1.1.1/32           Direct  0   0         127.0.0.1        InLoop0
20.1.1.2/32           Direct  0   0         20.1.1.2         Ser1/0
20.1.1.255/32         Direct  0   0         20.1.1.1         Ser1/0
30.1.1.0/24           O_ASE2  150 1         20.1.1.2         Ser1/0
30.1.1.2/32           O_ASE2  150 1         20.1.1.2         Ser1/0
127.0.0.0/8           Direct  0   0         127.0.0.1        InLoop0
127.0.0.0/32          Direct  0   0         127.0.0.1        InLoop0
127.0.0.1/32          Direct  0   0         127.0.0.1        InLoop0
127.255.255.255/32    Direct  0   0         127.0.0.1        InLoop0
192.168.10.0/24       O_INTRA 10  2         10.1.1.1         GE0/0
192.168.20.0/24       O_INTRA 10  2         10.1.1.1         GE0/0
192.168.30.0/24       O_ASE2  150 1         20.1.1.2         Ser1/0
192.168.40.0/24       O_ASE2  150 1         20.1.1.2         Ser1/0
224.0.0.0/4           Direct  0   0         0.0.0.0          NULL0
224.0.0.0/24          Direct  0   0         0.0.0.0          NULL0
255.255.255.255/32    Direct  0   0         127.0.0.1        InLoop0
```

3.11 项目小结

　　PAP 认证过程非常简单，采用二次握手机制，使用明文格式发送用户名和密码。发起方为被认证方，可以做无限次尝试（暴力破解）。只在链路建立的阶段进行 PAP 认证，一旦链路建立成功将不再进行认证检测。目前，PAP 认证在 PPPOE 拨号环境中用得比较多。CHAP 认证过程比较复杂，采用三次握手机制，使用密文格式发送 CHAP 认证信息。由认证方发起 CHAP 认证，有效避免暴力破解，在链路建立成功后具有再次认证检测机制。目前，CHAP 认证在企业网的远程接入环境中用得比较多。

习题

一、选择题

1. 下列对 PPP 协议的特点的描述正确的是（　　）。

　　A．PPP 协议既支持同步链路又支持异步链路

　　B．PPP 协议支持身份认证

　　C．PPP 协议可以对网络地址进行协商

　　D．以上几项都正确

2. 下列对 PAP 认证的描述正确的是（　　）。

　　A．PAP 认证采用二次握手机制

　　B．PAP 的用户名是明文，但密码是密文

　　C．PAP 的用户名是密文，但密码是明文

　　D．PAP 的用户名和密码都是密文

3. 在配置完 PAP 认证后，发现协议层处于 Down 状态，可能是因为（　　）。

　　A．主认证方没有创建认证用户

　　B．被认证方发送了错误的账号密码

　　C．广域网端口封装协议没有配置为 PPP

　　D．以上几项都正确

4. 下列对 CHAP 认证的描述正确的是（　　）。

　　A．CHAP 认证采用二次握手机制

　　B．CHAP 认证采用三次握手机制

　　C．CHAP 的用户名是明文，但密码是密文

　　D．CHAP 的用户名是密文，但密码是明文

二、简答题

1. 简述 CHAP 双向认证的工作原理。

2. 与 PAP 认证相比，CHAP 认证的不同之处和优点表现在哪些方面？

3. 简述 CHAP 单向认证和双向认证在配置上的不同之处。

DHCP 协议和 DHCP 中继技术

教学目标

1. 了解 DHCP 协议的概念。
2. 理解 DHCP 协议的工作原理。
3. 掌握 DHCP 协议的配置命令。
4. 掌握 DHCP 中继的工作原理。
5. 掌握 DHCP 中继的配置命令。

项目内容

某公司设有行政部、设计部、财务部和营销部等多个部门，公司的局域网包括多台交换机、路由器和计算机。公司中的计算机需要使用自动获取 IP 地址方式，所以需要在三层设备上配置 DHCP 协议和 DHCP 中继功能。本项目主要介绍如何在三层设备上配置 DHCP 协议和 DHCP 中继功能，从而使不同网段的计算机可以自动获取到 IP 地址。

相关知识

为了使计算机能够自动获取 IP 地址，需要使用 DHCP 协议和 DHCP 中继技术。为此，需要先了解 DHCP 协议的概念、特点和工作原理，掌握 DHCP 协议的配置命令，以及 DHCP 中继的工作原理和配置命令等。

4.1　DHCP 协议的概念

随着网络的快速发展，传统的手动配置 IP 地址存在很多问题，如大型公司手动配置 IP 地址将极大地增加管理员的工作量，而且可能由于输入错误导致 IP 地址发生冲突；一旦 IP 地址发生改变，又要手动更改每台计算机的 IP 地址，造成效率低下。为了解决以上问题，DHCP 协议应运而生。

DHCP（Dynamic Host Configuration Protocol，动态主机配置协议）能够动态为主机分配 IP 地址，并设定主机的其他信息，如默认网关、DNS 服务器地址等。DHCP 协议运行客户机/服务器模式，服务器负责集中管理 IP 地址等配置信息，客户机使用从服务器获得的 IP 地址等配置信息与外部主机进行通信。DHCP 协议报文采用 UDP 方式封装，DHCP 服务器侦听的端口号为 67，客户机的端口为 68。

4.2 DHCP 协议的特点

即插即用：在一个通过 DHCP 协议实现 IP 地址分配和管理的网络中，客户机无须配置即可自动获取所需要的网络参数，网络管理员配置 IP 地址的工作量大大降低。

统一管理：在 DHCP 协议中，由服务器对客户机的所有配置信息进行统一管理。服务器通过监听客户机的请求，根据预先配置的策略给予相应的回复，将配置好的 IP 地址、子网掩码、默认网关等参数分配给用户。

有效利用 IP 地址资源：在 DHCP 协议中，服务器可以设定所分配 IP 地址资源的使用期限，使用期限到期后的 IP 地址资源可以由服务器进行回收。

4.3 DHCP 协议的工作原理

DHCP 服务器和客户机的信息交互分为 4 个阶段，如图 4-1 所示。

图 4-1　DHCP 服务器和客户机的信息交互

发现阶段：DHCP 客户机在它所在的本地物理子网中广播一个 DHCP Discover 报文，目的是寻找能够分配 IP 地址的 DHCP 服务器。此报文可以包含 IP 地址和 IP 地址租约的建议值。

提供阶段：本地物理子网中的所有 DHCP 服务器都将通过 DHCP Offer 报文来回应 DHCP Discover 报文。DHCP Offer 报文包括可用网络地址和其他 DHCP 配置参数。当 DHCP 服务器分配新的地址时，应该确认提供的网络地址没有被其他 DHCP 客户机使用（DHCP 服务器可以通过发送指向被分配地址的 ICMP Echo Request 来确认被分配的地址没有被使用），然后 DHCP 服务器发送 DHCP Offer 报文给 DHCP 客户机。

选择阶段：DHCP 客户机收到一个或多个 DHCP 服务器发送的 DHCP Offer 报文后，从多个 DHCP 服务器中选择一个，并且广播 DHCP Request 报文来表明哪个 DHCP 服务器被选择，同时可以包括其他配置参数的期望值。

如果 DHCP 客户机在一定时间后依然没有收到 DHCP Offer 报文，那么它就会重新发送 DHCP Discover 报文。

确认阶段：DHCP 服务器收到 DHCP 客户机的 DHCP Request 报文后，发送 DHCP Ack 报文作为回应，其中包含 DHCP 客户机的配置参数。DHCP Ack 报文中的配置参数不能和以前相应 DHCP 客户机的 DHCP Offer 报文中的配置参数有冲突。如果因请求的地址已经被分配等情况导致被选择的 DHCP 服务器不能满足需求，那么 DHCP 服务器应该回应一个 DHCP Nak 报文。

当 DHCP 客户机租期达到 50% 时，需要重新更新租约，客户机必须发送 DHCP Request 包；当租约达到 87.5% 时，进入重新申请状态，客户机必须发送 DHCP Discover 包。

客户机使用 ipconfig/renew 命令向 DHCP 服务器发送 DHCP Request 包。如果 DHCP 服务器没有响应，那么客户机将继续使用当前的配置；如果更换 IP 地址就要使用 IP 租约释放，需要在客户机上使用 ipconfig/release 命令使 DHCP 客户机向 DHCP 服务器发送 DHCP Release 包并释放其租约。

4.4 DHCP 协议的配置命令

```
① [H3C] dhcp enable                                      /*开启 DHCP 服务
② [H3C] dhcp server ip-pool 地址池名称                     /*创建 DHCP 地址池
③ [H3C-dhcp-pool-0] network 网络号 子网掩码                /*定义地址池分配的网段
④ [H3C-dhcp-pool-0] gateway-list ip-address               /*配置客户机使用的网关
⑤ [H3C-dhcp-pool-0] dns-list ip-address                   /*配置客户机使用的 DNS
⑥ [H3C-dhcp-pool-0] quit
⑦ [H3C] dhcp server forbidden-ip start-ip-address [ end-ip-address ]
   /*排除的地址是保留的地址，不分配给客户机
```

操作示例 1：如图 4-2 所示，R1 为 DHCP 服务器，G0/1 的 IP 地址为 192.168.10.254/24，PC1 使用自动获取 IP 地址方式，获取的 IP 地址为 192.168.10.0 网段，网关为 192.168.10.254，DNS 地址为 192.168.10.100。

图 4-2　DHCP 单网段分配 IP 地址

```
<H3C>system-view
[H3C]sysname R1
[R1]int g0/1
[R1-GigabitEthernet0/1]ip address 192.168.10.254 24
[R1-GigabitEthernet0/1]quit
[R1]dhcp enable                                    /*开启 DHCP 服务
[R1-dhcp-pool-test]network 192.168.10.0            /*定义分配的网段
[R1-dhcp-pool-test]gateway-list 192.168.10.254     /*配置 PC1 使用的网关
[R1-dhcp-pool-test]dns-list 192.168.10.100         /*配置 PC1 使用的 DNS
[R1-dhcp-pool-test]quit
[R1]dhcp server forbidden-ip 192.168.10.254        /*配置排除的 IP 地址
```

PC1 使用 ipconfig/renew 命令获取 IP 地址。如图 4-3 所示，PC1 获得的 IP 地址为 192.168.10.1，网关地址为 192.168.10.254，DNS 地址为 192.168.10.100。

操作示例 2：如图 4-4 所示，R1 为 DHCP 服务器，G0/0 的 IP 地址为 172.16.10.254/24，G0/1 的 IP 地址为 172.16.20.254/24。PC1 使用自动获取 IP 地址方式，获取的 IP 地址为 172.16.10.0 网段，网关为 172.16.10.254，DNS 地址为 8.8.8.8。PC2 使用自动获取 IP 地址方式，获取的 IP 地址为 172.16.20.0 网段，网关为 172.16.20.254，DNS 地址为 8.8.8.8。

```
fec0:0:0:ffff::2%1
fec0:0:0:ffff::3%1
TCPIP 上的 NetBIOS . . . . . . . . . : 已启用

以太网适配器 VirtualBox Host-Only Network #2:

连接特定的 DNS 后缀 . . . . . . . :
描述. . . . . . . . . . . . . . . : VirtualBox Host-Only Ethernet Adapter #2
物理地址. . . . . . . . . . . . . : 0A-00-27-00-00-0F
DHCP 已启用 . . . . . . . . . . . : 是
自动配置已启用. . . . . . . . . . : 是
本地链接 IPv6 地址. . . . . . . . : fe80::fdad:eaa0:6998:ab7f%15(首选)
IPv4 地址 . . . . . . . . . . . . : 192.168.10.1(首选)
子网掩码 . . . . . . . . . . . . : 255.255.255.0
获得租约的时间 . . . . . . . . . : 2020年1月23日 13:58:15
租约过期的时间 . . . . . . . . . : 2020年1月24日 13:58:14
默认网关. . . . . . . . . . . . . : 192.168.10.254
DHCP 服务器 . . . . . . . . . . . : 192.168.10.254
DHCPv6 IAID . . . . . . . . . . . : 520618023
DHCPv6 客户端 DUID . . . . . . . . : 00-01-00-01-1F-BB-A6-67-DC-4A-3E-96-C0-81

DNS 服务器 . . . . . . . . . . . : 192.168.10.100
TCPIP 上的 NetBIOS . . . . . . . . : 已启用
半
```

图 4-3　客户机获取的 IP 地址

图 4-4　DHCP 协议多网段分配 IP 地址

```
<H3C>system-view
[H3C]sysname R1
[R1]int g0/0
[R1-GigabitEthernet0/0]ip address 172.16.10.254 24
[R1-GigabitEthernet0/0]quit
[R1]int g0/1
[R1-GigabitEthernet0/1]ip address 172.16.20.254 24
[R1-GigabitEthernet0/1]quit
[R1]dhcp enable
[R1]dhcp server ip-pool wd1                    /*定义地址池名称为 wd1
[R1-dhcp-pool-wd1]network 172.16.10.0 24       /*配置分配的网段
[R1-dhcp-pool-wd1]gateway-list 172.16.10.254   /*配置网关地址
[R1-dhcp-pool-wd1]dns-list 8.8.8.8             /*配置 DNS 地址

[R1-dhcp-pool-wd1]quit
[R1]dhcp server ip-pool wd2                    /*定义地址池名称为 wd2
[R1-dhcp-pool-wd2]network 172.16.20.0 24       /*配置分配的网段
[R1-dhcp-pool-wd2]gateway-list 172.16.20.254   /*配置网关地址
[R1-dhcp-pool-wd2]dns-list 8.8.8.8             /*配置 DNS 地址

[R1-dhcp-pool-wd2]quit
[R1]dhcp server forbidden-ip 172.16.10.254
[R1]dhcp server forbidden-ip 172.16.20.254
[R1]dis dhcp server ip-in-use                  /*在 R1 上查看 IP 地址的分配情况
IP address         Client identifier/      Lease expiration        Type
                   Hardware address
172.16.10.1        010a-0027-0000-0f        Jan 24 07.14.24 2020     Auto(C)
172.16.20.1        010a-0027-0000-10        Jan 24 07.15.58 2020     Auto(C)
```

PC1 和 PC2 使用 ipconfig/renew 命令获取 IP 地址。如图 4-5 所示，PC1 获得的 IP 地址为 172.16.10.1，网关地址为 172.16.10.254，DNS 地址为 8.8.8.8；如图 4-6 所示，PC2 获得的 IP 地址为 172.16.20.1，网关地址为 172.16.20.254，DNS 地址为 8.8.8.8。因此，PC1 和 PC2 可以相互通信。

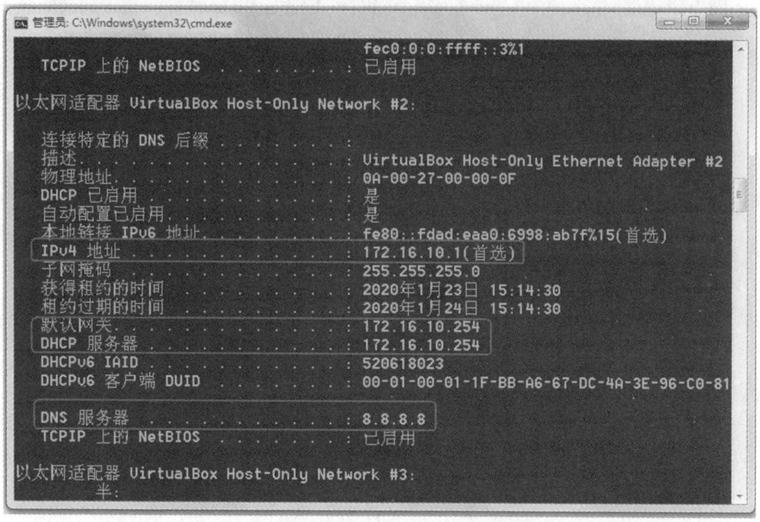

图 4-5　PC1 获取到的 IP 地址

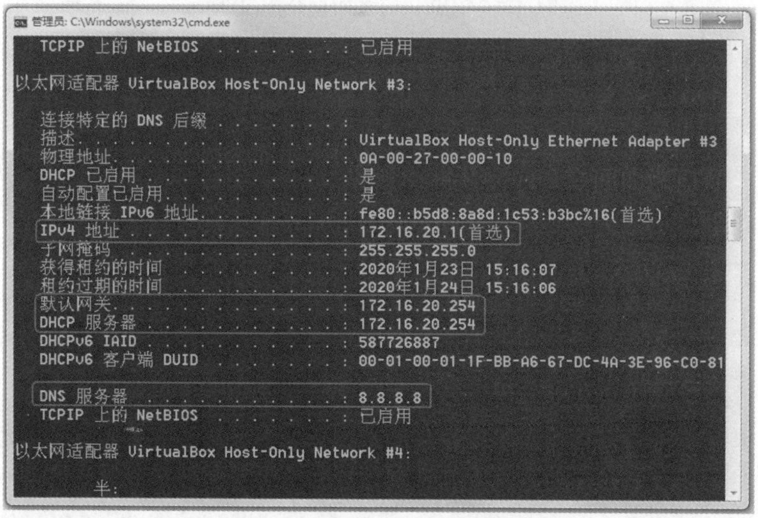

图 4-6　PC2 获取到的 IP 地址

4.5　DHCP 中继的工作原理

由于在 IP 地址动态获取过程中采用广播方式发送报文，这些广播报文无法跨越路由器，所以 DHCP 协议只适用于 DHCP 服务器和 DHCP 客户机在同一个子网内的情况。当网络中有多个子网时，需要搭建多个 DHCP 服务器，显然这样是不经济的。

DHCP 中继功能的引入解决了这一难题。DHCP 客户机可以通过 DHCP 中继与其他子网中 DHCP 服务器通信，从而获取 IP 地址，如图 4-7 所示。使用 DHCP 中继，不同子网的 DHCP 客户机可以使用同一个 DHCP 服务器，既节约成本又便于集中管理。

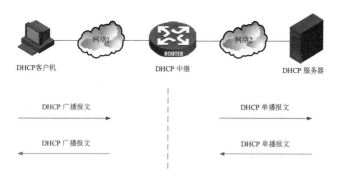

图 4-7　DHCP 中继原理

DHCP 中继原理是具有 DHCP 中继功能的网络设备收到 DHCP 客户机以广播方式发送的 DHCP Discover 或 DHCP Request 报文后，根据配置将报文单播转发给指定的 DHCP 服务器。DHCP 服务器进行 IP 地址分配，并通过 DHCP 中继将配置信息以广播方式发送给客户机，从而完成对客户机的动态配置。

4.6　DHCP 中继的配置命令

若中继设备是路由器，那么配置命令如下。

```
① [H3C] dhcp enable                                          /*开启 DHCP 服务
② [H3C] int GigabitEthernet 0/1                              /*进入路由器中继的端口
③ [H3C-GigabitEthernet0/1] dhcp relay server-address 服务器的 IP 地址
   /*指定中继的 DHCP 服务器的 IP 地址
④ [H3C-GigabitEthernet0/1]dhcp select relay                  /*选择中继模式
```

若中继设备是交换机，那么配置命令如下。

```
① [H3C] dhcp enable                                          /*开启 DHCP 服务
② [H3C] int vlan 10                                          /*进入 SVI 的接口地址
③ [H3C-GigabitEthernet0/1] dhcp relay server-address 服务器的 IP 地址
   /*指定中继的 DHCP 服务器的 IP 地址
④ [H3C-GigabitEthernet0/1]dhcp select relay                  /*选择 DHCP 中继模式
```

操作示例：如图 4-8 所示，R1 为 DHCP 服务器，G0/0 的 IP 地址为 10.0.0.1/30；R2 为 DHCP 中继，G0/0 的 IP 地址为 10.0.0.2/30，G0/1 的 IP 地址为 192.168.10.254/24。PC1 使用自动获取 IP 地址方式，获取的 IP 地址为 192.168.10.0 网段，网关为 192.168.10.254，DNS 地址为 192.168.10.254。

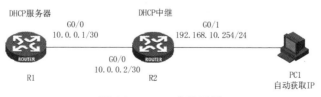

图 4-8　DHCP 中继示例

DHCP 服务器在 R1 上的配置如下。

```
<H3C>system-view
[H3C]sysname R1
```

```
[R1]int g0/0
[R1-GigabitEthernet0/0]ip address 10.0.0.1 30
[R1-GigabitEthernet0/0]quit
[R1]dhcp enable                                    /*开启 DHCP 服务
[R1]dhcp server ip-pool zjtest                     /*定义地址池名称为 zjtest
[R1-dhcp-pool-zjtest]network 192.168.10.0 24       /*配置分配的网段
[R1-dhcp-pool-zjtest]gateway-list 192.168.10.254   /*配置网关地址
[R1-dhcp-pool-zjtest]dns-list 192.168.10.254       /*配置 DNS 地址
[R1-dhcp-pool-zjtest]quit
```

DHCP 中继在 R2 上的配置如下。

```
<H3C>system-view
[H3C]sysname R2
[R2]int g0/0
[R2-GigabitEthernet0/0]ip address 10.0.0.2 30
[R2-GigabitEthernet0/0]quit
[R2]int g0/1
[R2-GigabitEthernet0/1]ip address 192.168.10.254 24
[R2-GigabitEthernet0/1]quit
[R2]dhcp enable                                          /*开启 DHCP 服务
[R2]int GigabitEthernet 0/1
[R2-GigabitEthernet0/1]dhcp relay server-address 10.0.0.1  /*指定中继的 IP 地址
[R2-GigabitEthernet0/1]dhcp select relay                 /*选择DHCP中继模式
[R2-GigabitEthernet0/1]quit
```

PC1 使用 ipconfig/renew 命令获取 IP 地址，如图 4-9 所示。

图 4-9　PC1 获取的 IP 地址

4.7　工作任务示例

　　某公司的网络拓扑结构如图 4-10 所示，SW 连接 PC1 和 PC2，在 SW 上划分出 VLAN 10 和 VLAN 20，为 VLAN 10 和 VLAN 20 配置网关，SW 和 R1 之间运行 RIPv2 路由协议，R1 和 R2 之间运行 OSPF 路由协议，PC3 连接在 R2 上。R1 是 DHCP 服务器，SW 为 DHCP 中继

设备。若你是网络管理员，请进行合理的配置，使 PC1 能够自动获取 192.168.10.0/24 网段的 IP 地址，PC2 能够自动获取 192.168.20.0/24 网段的 IP 地址，并且能够全网互通。

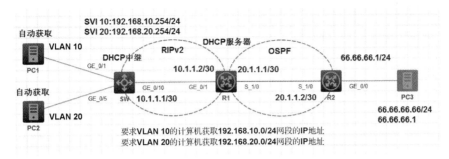

图 4-10　网络拓扑结构

该公司局域网的 IP 地址规划如表 4-1 所示。

表 4-1　IP 地址规划

设 备 名 称	IP 地 址	子 网 掩 码	网 关
SW 的 GE_0/10	10.1.1.1	255.255.255.252	
SW 的 SVI 10	192.168.10.254	255.255.255.0	
SW 的 SVI 20	192.168.20.254	255.255.255.0	
R1 的 GE_0/1	10.1.1.2	255.255.255.252	
R1 的 S_1/0	20.1.1.1	255.255.255.252	
R2 的 S_1/0	20.1.1.2	255.255.255.252	
R2 的 GE_0/0	66.66.66.1	255.255.255.0	
PC1	自动获取	自动获取	自动获取
PC2	自动获取	自动获取	自动获取
PC3	66.66.66.66	255.255.255.0	66.66.66.1

具体实施步骤

步骤 1：在 SW 上创建 VLAN 10 和 VLAN 20，配置 VLAN 10、VLAN 20 和 G1/0/10 端口的 IP 地址。

```
<H3C>system-view
[H3C]sysname SW                          /*将设备命名为 SW
[SW]vlan 10                              /*创建 VLAN 10，将 G1/0/1 端口加入
[SW-vlan10]port GigabitEthernet 1/0/1
[SW-vlan10]vlan 20                       /*创建 VLAN 20，将 G1/0/5 端口加入
[SW-vlan20]port GigabitEthernet 1/0/5
[SW-vlan20]quit
[SW]int vlan 10                          /*为 VLAN 10 配置 IP 地址
[SW-Vlan-interface10]ip address 192.168.10.254 24
[SW-Vlan-interface10]quit
[SW]int vlan 20                          /*为 VLAN 20 配置 IP 地址
[SW-Vlan-interface20]ip address 192.168.20.254 24
[SW-Vlan-interface20]quit
[SW]interface GigabitEthernet 1/0/10               /*为 G1/0/10 端口配置 IP 地址
```

```
[SW-GigabitEthernet1/0/10]port link-mode route      /*将端口模式改为路由模式
[SW-GigabitEthernet1/0/10]ip address 10.1.1.1 30
[SW-GigabitEthernet1/0/10]quit
[SW]dis ip int b                                    /*查看 SW 的 IP 地址
*down: administratively down
(s): spoofing  (l): loopback
Interface              Physical     Protocol     IP Address      Description
GE1/0/10               up           up           10.1.1.1        --
MGE0/0/0               down         down         --              --
Vlan10                 up           up           192.168.10.254  --
Vlan20                 up           up           192.168.20.254  `--
```

步骤 2：配置 R1 的基本 IP 地址。

```
<H3C>system-view
[H3C]sysname R1                                      /*将设备命名为 R1
[R1]int GigabitEthernet 0/1                           /*为 G0/1 端口配置 IP 地址
[R1-GigabitEthernet0/1]ip address 10.1.1.2 30
[R1-GigabitEthernet0/1]int s1/0                       /*为 S1/0 端口配置 IP 地址
[R1-Serial1/0]ip address 20.1.1.1 30
[R1-Serial1/0]quit
[R1]dis ip int b                                      /*查看 R1 的 IP 地址
*down: administratively down
(s): spoofing  (l): loopback
Interface            Physical Protocol IP Address     Description
GE0/0                down     down     --             --
GE0/1                up       up       10.1.1.2       --
GE0/2                down     down     --             --
GE5/0                down     down     --             --
GE5/1                down     down     --             --
GE6/0                down     down     --             --
GE6/1                down     down     --             --
Ser1/0               up       up       20.1.1.1       --
Ser2/0               down     down     --             --
Ser3/0               down     down     --             --
Ser4/0               down     down     --             --
```

步骤 3：配置 R2 的基本 IP 地址。

```
<H3C>system-view
[H3C]sysname R2                                       /*将设备命名为 R2
[R2]int s1/0                                          /*为 S1/0 端口配置 IP 地址
[R2-Serial1/0]ip address 20.1.1.2 30
[R2-Serial1/0]int g0/0                                /*为 G0/0 端口配置 IP 地址
[R2-GigabitEthernet0/0]ip address 66.66.66.1 24
[R2-GigabitEthernet0/0]quit
[R2]dis ip int b
*down: administratively down
(s): spoofing  (l): loopback
Interface              Physical Protocol IP Address     Description
GE0/0                  up       up       66.66.66.1     --
```

GE0/1	down	down	--	--
GE0/2	down	down	--	--
GE5/0	down	down	--	--
GE5/1	down	down	--	--
GE6/0	down	down	--	--
GE6/1	down	down	--	--
Ser1/0	**up**	**up**	**20.1.1.2**	**--**
Ser2/0	down	down	--	--
Ser3/0	down	down	--	--
Ser4/0	down	down	--	--

步骤 4：配置 SW 的 RIPv2 路由协议。

```
[SW]rip
[SW-rip-1]version 2                              /*配置 RIPv2 路由协议
[SW-rip-1]undo summary                           /*关闭自动汇总
[SW-rip-1]network 10.1.1.0                       /*宣称 RIPv2 网段
[SW-rip-1]network 192.168.10.0
[SW-rip-1]network 192.168.20.0
[SW-rip-1]quit
```

步骤 5：配置 R1 的 RIPv2 和 OSPF 路由协议。

```
[R1]rip
[R1-rip-1]version 2                              /*配置 RIPv2 路由协议
[R1-rip-1]undo summary                           /*关闭自动汇总
[R1-rip-1]network 10.1.1.0                       /*宣称 RIPv2 网段
[R1-rip-1]quit
[R1]ospf                                         /*配置 OSPF 路由协议
[R1-ospf-1]area 0                                /*配置 Area 0
[R1-ospf-1-area-0.0.0.0]network 20.1.1.0 0.0.0.3 /*宣称 OSPF 网段
[R1-ospf-1-area-0.0.0.0]quit
[R1-ospf-1]quit
```

步骤 6：配置 R2 的 OSPF 路由协议。

```
[R2]ospf                                         /*配置 OSPF 路由协议
[R2-ospf-1]area 0                                /*配置 Area 0
[R2-ospf-1-area-0.0.0.0]network 66.66.66.0 255.255.255.0    /*宣称 OSPF 网段
[R2-ospf-1-area-0.0.0.0]network 20.1.1.0 0.0.0.3
[R2-ospf-1-area-0.0.0.0]quit
[R2-ospf-1]quit
[R2]dis ip routing-table                 /*在 R2 上查看路由表，发现没有学到全网路由

Destinations : 17    Routes : 17

Destination/Mask    Proto    Pre Cost    NextHop       Interface
0.0.0.0/32          Direct   0   0       127.0.0.1     InLoop0
20.1.1.0/30         Direct   0   0       20.1.1.2      Ser1/0
20.1.1.0/32         Direct   0   0       20.1.1.2      Ser1/0
20.1.1.1/32         Direct   0   0       20.1.1.1      Ser1/0
20.1.1.2/32         Direct   0   0       127.0.0.1     InLoop0
```

```
20.1.1.3/32              Direct 0   0            20.1.1.2         Ser1/0
66.66.66.0/24            Direct 0   0            66.66.66.1       GE0/0
66.66.66.0/32            Direct 0   0            66.66.66.1       GE0/0
66.66.66.1/32            Direct 0   0            127.0.0.1        InLoop0
66.66.66.255/32          Direct 0   0            66.66.66.1       GE0/0
127.0.0.0/8              Direct 0   0            127.0.0.1        InLoop0
127.0.0.0/32             Direct 0   0            127.0.0.1        InLoop0
127.0.0.1/32             Direct 0   0            127.0.0.1        InLoop0
127.255.255.255/32       Direct 0   0            127.0.0.1        InLoop0
224.0.0.0/4              Direct 0   0            0.0.0.0          NULL0
224.0.0.0/24             Direct 0   0            0.0.0.0          NULL0
255.255.255.255/32       Direct 0   0            127.0.0.1        InLoop0
```

步骤 7：为 R1 配置路由引入，在 OSPF 路由协议中引入 RIPv2 路由协议，在 RIPv2 路由协议中引入 OSPF 路由协议。

```
[R1]rip                                  /*进入 RIPv2 路由协议中
[R1-rip-1]import ospf 1 cost 2           /*引入 OSPF 路由协议，开销值为 2
[R1-rip-1]import direct                  /*引入直连路由
[R1-rip-1]quit
[R1]ospf                                 /*进入 OSPF 路由协议中
[R1-ospf-1]import rip 1 cost 1000        /*引入 RIPv2 路由协议，开销值为 1000
[R1-ospf-1]import direct                 /*引入直连路由
[R1-ospf-1]quit
```

在 R2 上查看路由表，发现已经可以学习全网路由。

```
[R2]dis ip routing-table
Destinations : 20      Routes : 20
Destination/Mask       Proto   Pre  Cost      NextHop          Interface
0.0.0.0/32             Direct  0    0         127.0.0.1        InLoop0
10.1.1.0/30            O_ASE2  150  1         20.1.1.1         Ser1/0
20.1.1.0/30            Direct  0    0         20.1.1.2         Ser1/0
20.1.1.0/32            Direct  0    0         20.1.1.2         Ser1/0
20.1.1.1/32            Direct  0    0         20.1.1.1         Ser1/0
20.1.1.2/32            Direct  0    0         127.0.0.1        InLoop0
20.1.1.3/32            Direct  0    0         20.1.1.2         Ser1/0
66.66.66.0/24          Direct  0    0         66.66.66.1       GE0/0
66.66.66.0/32          Direct  0    0         66.66.66.1       GE0/0
66.66.66.1/32          Direct  0    0         127.0.0.1        InLoop0
66.66.66.255/32        Direct  0    0         66.66.66.1       GE0/0
127.0.0.0/8            Direct  0    0         127.0.0.1        InLoop0
127.0.0.0/32           Direct  0    0         127.0.0.1        InLoop0
127.0.0.1/32           Direct  0    0         127.0.0.1        InLoop0
127.255.255.255/32     Direct  0    0         127.0.0.1        InLoop0
192.168.10.0/24        O_ASE2  150  1000      20.1.1.1         Ser1/0
192.168.20.0/24        O_ASE2  150  1000      20.1.1.1         Ser1/0
224.0.0.0/4            Direct  0    0         0.0.0.0          NULL0
224.0.0.0/24           Direct  0    0         0.0.0.0          NULL0
255.255.255.255/32     Direct  0    0         127.0.0.1        InLoop0
```

步骤 8：在 R1 上配置 DHCP 服务，为 VLAN 10 分配 192.168.10.0/24 网段，为 VLAN 20 分配 192.168.20.0/24 网段。

```
[R1]dhcp enable                                  /*开启 DHCP 服务
[R1]dhcp server ip-pool test1                    /*配置 DHCP 地址池 test1
[R1-dhcp-pool-test1]network 192.168.10.0 24      /*地址池网段为 192.168.10.0/24
[R1-dhcp-pool-test1]gateway-list 192.168.10.254  /*分配的网关为 192.168.10.254
[R1-dhcp-pool-test1]quit
[R1]dhcp server ip-pool test2                    /*配置 DHCP 地址池 test2
[R1-dhcp-pool-test2]network 192.168.20.0 24      /*地址池网段为 192.168.20.0/24
[R1-dhcp-pool-test2]gateway-list 192.168.20.254  /*分配的网关为 192.168.20.254
[R1-dhcp-pool-test2]quit
[R1]dhcp server forbidden-ip 192.168.10.254 /*禁止分配的 IP 地址为 192.168.10.254
[R1]dhcp server forbidden-ip 192.168.20.254 /*禁止分配的 IP 地址为 192.168.20.254
```

步骤 9：在 SW 上配置 DHCP 中继，使 VLAN 10 的计算机获取 192.168.10.0/24 网段的 IP 地址，使 VLAN 20 的计算机获取 192.168.20.0/24 网段的 IP 地址。

```
[SW]dhcp enable                                  /*开启 DHCP 服务
[SW]int vlan 10                                  /*进入 VLAN 10
[SW-Vlan-interface10]dhcp select relay           /*选择 DHCP 中继
[SW-Vlan-interface10]dhcp relay server-address 10.1.1.2
/*DHCP 中继的地址为 10.1.1.2
[SW-Vlan-interface10]quit
[SW]int vlan 20                                  /*进入 VLAN 20
[SW-Vlan-interface20]dhcp select relay           /*选择 DHCP 中继
[SW-Vlan-interface20]dhcp relay server-address 10.1.1.2
/*DHCP 中继的地址为 10.1.1.2
[SW-Vlan-interface20]quit
```

步骤 10：将 PC1 和 PC2 的网卡获取 IP 地址的方式改为自动获取，如图 4-11 和图 4-12 所示。

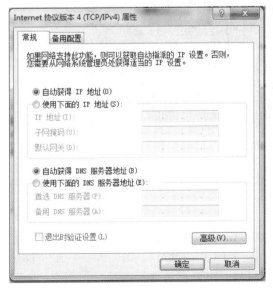

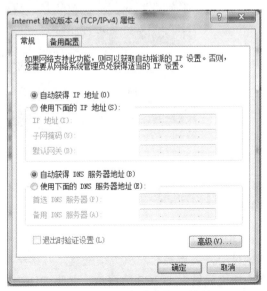

图 4-11　PC1 自动获取 IP 地址　　　　　　　　图 4-12　PC2 自动获取 IP 地址

步骤 11：查看 PC1 和 PC2 的 IP 地址获取情况，并测试与 PC3 的连通性，如图 4-13 所示。

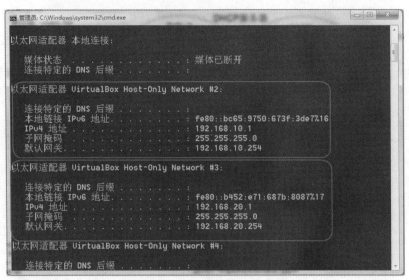

图 4-13　自动获取 IP 地址

PC1 和 PC2 获取的 IP 地址分别为 192.168.10.1 与 192.168.20.1。经过测试，PC1 和 PC2 都可以与 PC3（66.66.66.66/24）通信，实现了全网贯通，如图 4-14 所示。

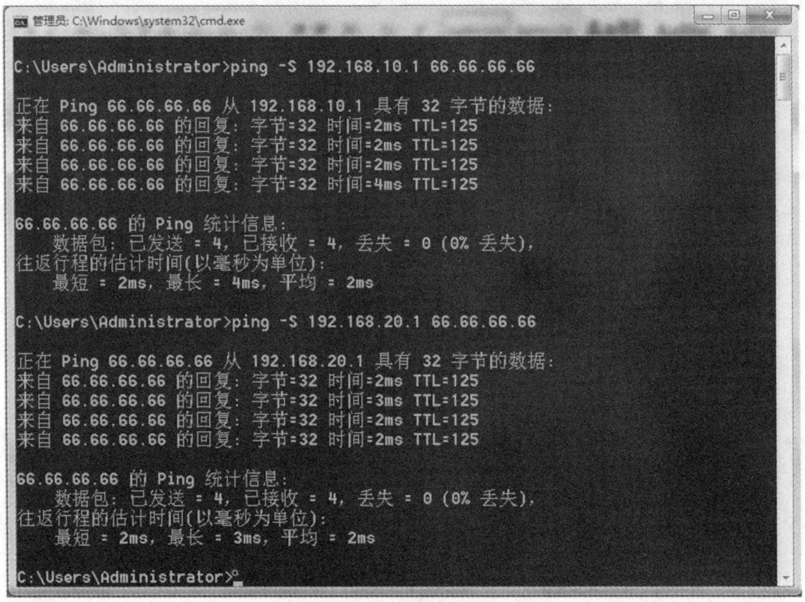

图 4-14　全网贯通

4.8　项目小结

　　DHCP 协议的作用是为局域网中的计算机自动分配 IP 地址、子网掩码、网关、DNS 服务器地址等，优点是客户机无须配置，网络维护方便。DHCP 中继是在 DHCP 服务器和 DHCP 客户机之间转发 DHCP 数据包。如果 DHCP 客户机与 DHCP 服务器不在同一个子网，就必须用 DHCP 中继设备来转发 DHCP 请求和应答消息。

习题

一、选择题

1. DHCP 客户机向 DHCP 服务器发送 (   ) 报文进行 IP 租约的更新。

　A. DHCP Offer 　　　　　　　　　B. DHCP Ack

　C. DHCP Release 　　　　　　　　D. DHCP Request

2. 在三层交换网络中配置完 DHCP 服务和中继后,发现有些内网客户机始终可以获取 IP 地址,有些则始终不能,可能是因为 (   )。

　A. DHCP 地址池设置错误

　B. 未开启 DHCP 服务

　C. 有些客户机未划入指定 VLAN 中

　D. DHCP 中继设备和 DHCP 服务器路由不可达

3. DHCP 中继和 DHCP 服务器之间交互的报文采用 (   )。

　A. unicast 　　　　B. broadcast 　　　C. multicast 　　　D. anycast

4. 在路由器上开启 DHCP 服务的配置命令是 (   )。

　A. [Router] dhcp 　　　　　　　　B. [Router-dhcp-pool-0] dhcp

　C. [Router] dhcp enable 　　　　　D. [Router-dhcp-pool-0] dhcp enable

二、简答题

1. 简述 DHCP 协议的工作原理。

2. 使用 DHCP 排除地址有什么作用?

3. DHCP 中继的工作原理是什么? 一般在什么情况下使用?

项目 5

优化 OSPF 路由协议

1. 了解 OSPF 路由协议的概念。
2. 理解 OSPF 路由协议的工作原理。
3. 理解 OSPF 路由协议的分层结构。
4. 了解 OSPF 路由协议的网络类型。
5. 了解 OSPF 路由协议的报文封装。
6. 掌握优化 OSPF 路由协议的配置命令。
7. 掌握 OSPF 的路由聚合。

项目内容

某公司的局域网包括多台交换机、路由器和计算机。公司的路由器之间运行 OSPF 路由协议，为了加快收敛，缩小路由表，提高路由选择的速度，需要对 OSPF 路由协议进行优化。本项目主要介绍如何优化 OSPF 路由协议。

相关知识

要优化 OSPF 路由协议，需要了解 OSPF 路由协议的概念，理解 OSPF 路由协议的工作原理、分层结构、网络类型、报文封装，以及 DR/BDR 的选举，并掌握优化 OSPF 路由协议的配置命令与配置方法。

5.1 OSPF 路由协议的概念

OSPF（Open Shortest Path First，开放式最短路径优先）是基于链路状态的内部网关协议，目前在互联网上大量使用。与 RIP 路由协议相比，OSPF 路由协议具有诸多优势：无跳数限制，可以支持较大规模的网络；采用组播触发更新的方式占用较少的链路带宽；在网络拓扑结构发生变化时，OSPF 路由协议会立即发送更新报文，收敛速度较快；以链路开销（Cost）值作为度量值，能够反映当前链路的状态；根据收集到的链路状态用最短路径树算法计算路由，从算法本身保证不会生成自环路由。

作为典型的链路状态路由协议，OSPF 路由协议的工作过程包含邻居发现、路由交换、路由计算、路由维护等阶段。在这些阶段中，主要涉及以下 3 张特殊的表，如图 5-1 所示。

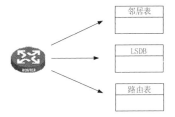

图 5-1　邻居表、LSDB 和路由表

邻居表：运行 OSPF 路由协议的路由器以组播方式（224.0.0.5）发送 Hello 报文来发现邻居。收到 Hello 报文的邻居路由器检查报文中所定义的参数，如果双方一致则形成邻居关系。邻居表会记录所有建立了邻居关系的路由器，包括相关描述和邻居状态。

LSDB（Link State Database，链路状态数据库）：也可称为拓扑表。根据协议自身的规定，运行 OSPF 的路由器之间并不是交换路由表，而是交换彼此对链路状态的描述信息。交换完成后，所有同一区域的路由器的拓扑表中都具有当前区域的所有链路状态信息，并且都是一致的。

路由表：运行 OSPF 路由协议的路由器在获得完整的链路状态描述之后，通过运行 SPF 算法进行计算，并且将计算出来的最优路由加入 OSPF 的路由表中。

5.2　OSPF 路由协议的工作原理

1．了解直连网络

每台 OSPF 路由器了解其自身的链路（即与其直连的网络），是通过检测哪些端口处于工作状态来完成的，如图 5-2 所示。对于 OSPF 路由协议来说，直连链路就是路由器上的一个端口。

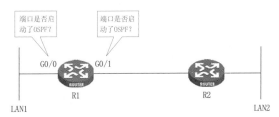

图 5-2　检测直连端口开启 OSPF 的工作状态

2．OSPF 路由器向邻居发送 Hello 数据包，建立邻接关系

每台 OSPF 路由器负责"问候"直连网络中的相邻路由器，OSPF 路由器通过直连网络中的其他 OSPF 路由器互换 Hello 数据包来达到此目的，如图 5-3 所示。这些 Hello 数据包采用组播方式传递，目标地址使用的是 224.0.0.5。路由器使用 Hello 数据包来发现其链路上的所有邻居，形成一种邻接关系，这里的邻居是指启用了相同路由协议的其他任何路由器。这些简短 Hello 数据包持续在两个邻接的邻居之间互换，由此实现"保持激活"功能来监控邻居的状态。如果路由器不再收到某邻居的 Hello 数据包，则认为该邻居已无法到达，其邻接关系将破裂。

图 5-3　相互发送 Hello 数据包

3．邻接路由器相互发送 LSA，形成相同的 LSDB

建立邻接关系的 OSPF 路由器之间通过 LSA（Link State Advertisement，链路状态公告）交互链路状态信息。通过获得对方的 LSA，同步 OSPF 区域内的链路状态信息后，各路由器将形成相同的 LSDB，如图 5-4 所示。

图 5-4　形成相同的 LSDB

4．每台路由器通过 Dijkstra 算法计算出路由表

Dijkstra 算法是典型的短路径算法，用于计算一个节点到其他所有节点的最短路径，主要特点是以起始点为中心向外层扩展，直到扩展到终点为止，如图 5-5 所示。

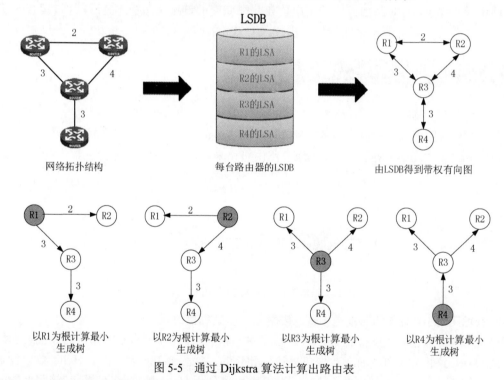

图 5-5　通过 Dijkstra 算法计算出路由表

5.3　OSPF 路由协议的分层结构

随着网络规模日益扩大，当一个大型网络中的路由器都运行 OSPF 路由协议时，路由器数量的增加会导致 LSDB 非常大，占用大量的存储空间，并使运行 SPF 算法的复杂度增加，导致 CPU 负担很重。OSPF 路由协议通过划分不同的区域来解决这些问题。区域从逻辑上将路由器划分成不同的组，每个组使用区域号（Area ID）进行标识。区域边界是路由器而不是链路，区域号为 0，通常被称为骨干区域。如图 5-6 所示，骨干区域负责区域之间的路由，非骨干区域之间的路由信息必须通过骨干区域来转发。

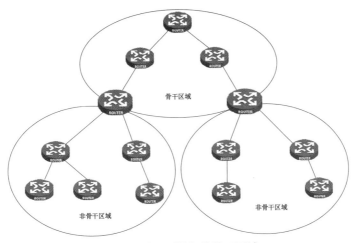

图 5-6 骨干区域与非骨干区域

根据 OSPF 路由器在 AS 中的位置不同，可以将其分为以下 4 类。

- 区域内路由器（Internal Router）：该类路由器的所有接口都属于同一个 OSPF 区域。
- 区域边界路由器（Area Border Router，ABR）：该类路由器可以同时属于两个及两个以上区域，但其中一个必须是骨干区域。ABR 用来连接骨干区域与非骨干区域。
- 骨干路由器（Backbone Router）：该类路由器至少有一个接口属于骨干区域。因此，所有的 ABR 和位于 Area 0 的内部路由器都是骨干路由器。
- 自治系统边界路由器（AS Border Router，ASBR）：与其他 AS 交换路由信息的路由器被称为 ASBR。ASBR 不一定位于 AS（Autonomous System）的边界，它可能是区域内路由器，也可能是 ABR。只要一台 OSPF 的路由器引入了外部路由的信息，它就是 ASBR。

如图 5-7 所示，RTA、RTF 和 RTG 所有的接口都属于一个 OSPF 区域，所以属于区域内路由器。RTD 和 RTE 同时属于两个区域，并且有一个接口处于骨干区域 Area 0，所以属于 ABR。RTA、RTB、RTC、RTD 和 RTE 都至少有一个接口属于骨干区域 Area 0，所以属于骨干路由器。RTB 虽然有一个接口属于骨干区域 Area 0，但是该路由器引入了外部路由信息，所以属于 ASBR。

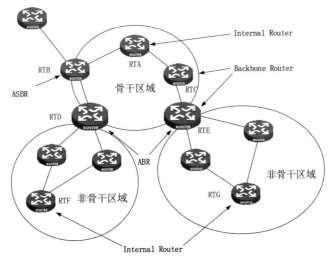

图 5-7 OSPF 路由器类型

5.4 Router ID 和网络类型

Router ID（RID）是一个 32bit 的无符号整数，在大部分使用环境中可以用来标识一台路由器，从而与其他路由器进行区分。Router 可以手动配置，也可以自动生成。如果没有手动配置 Router ID，路由器就会按照如图 5-8 所示的顺序自动生成一个 Router ID。

- 如果当前设备配置了 Loopback 接口，将选取所有 Loopback 接口上数值最大的 IP 地址作为 Router ID。
- 如果当前设备没有配置 Loopback 接口，将选取它所有已经配置 IP 地址的接口上数值最大的 IP 地址作为 Router ID。

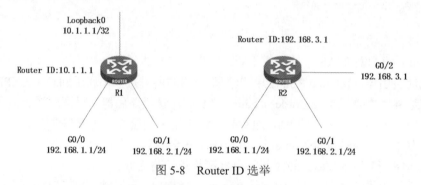

图 5-8　Router ID 选举

在一般情况下，建议配置 Loopback 接口，并且将 Loopback 接口的 IP 地址配置为路由器的 Router ID，以便统一管理，同时与其他路由器进行区分。

OSPF 路由协议根据链路层协议类型将网络分为下列 4 种类型。

- 广播类型（Broadcast）：该网络类型是 OSPF 路由协议默认的网络类型。该类型的网络以组播形式（224.0.0.5 和 224.0.0.6）发送协议报文。
- 非广播多点可达类型（NBMA）：当链路层协议是帧中继、ATM 或 X.25 时，OSPF 路由协议默认的网络类型是 NBMA。该类型的网络以单播形式发送协议报文。
- 点到多点类型（P2MP）：没有一种链路层协议会被默认为 P2MP 类型，因为 P2MP 必须由其他网络类型强制更改，常用的做法是把 NBMA 类型改为 P2MP 类型。该类型的网络以组播形式（224.0.0.5）发送协议报文
- 点到点类型（P2P）：当链路层协议为 PPP、HDLC 时，OSPF 路由协议默认的网络类型为 P2P。该类型的网络以组播形式（224.0.0.5）发送协议报文。

5.5 OSPF 路由协议报文及其封装

OSPF 路由协议共有以下 5 种类型的报文。

- Hello 报文：周期性发送，用于发现和维持邻居关系。
- DD（Database Description，数据库描述）报文：描述本地 LSDB 中每条 LSA 的摘要信息，用于两台路由器进行数据库同步。
- LSR（Link State Request，链路状态请求）报文：两台路由器之间互相交换 DD 报文之后，就会知道对方路由器有哪些 LSA 是本地 LSDB 所缺少的，这时需要发送 LSR 报文向对方请求所需要的 LSA，其内容包括所需要的 LSA 摘要。

- LSU（Link State Update，链路状态更新）报文：向对方路由器发送其所需要的 LSA。
- LSAck（Link State Acknowledgment，链路状态确认）报文：用于对收到的 LSA 进行确认。

OSPF 路由协议报文封装在 IP 报文中，其 IP 报文头的协议号为 89。OSPF 路由协议报文封装的格式如图 5-9 所示。

数据层帧头	IP Header	OSPF Packet	链路层帧尾

图 5-9　OSPF 路由协议报文封装的格式

5.6　DR/BDR 的选举

在广播网和 NBMA 网络中，任意两台路由器之间都要传递路由信息。如果网络中有 n 台路由器，则需要建立 $n(n-1)/2$ 个邻接关系。因此，任何一台路由器的路由变化都会导致多次传递，浪费带宽资源。为此，OSPF 路由协议定义了 DR（Designated Router，指定路由器），所有路由器都只将信息发送给 DR，由 DR 将网络链路状态发送出去，如图 5-10 所示。

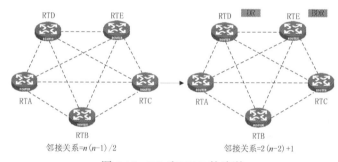

图 5-10　DR 和 BDR 的选举

BDR（Backup Designated Router，备份指定路由器）是对 DR 的备份，在选举 DR 的同时也会选举 BDR，BDR 也和本网段的所有其他路由器建立邻接关系并交换路由信息。当 DR 失效后，BDR 会立即成为 DR。DR 和 BDR 的选举规则如下。

- 首先比较 Hello 报文中携带的优先级，优先级最高的被选举为 DR，优先级次高的被选举为 BDR，优先级为 0 的不参与选举
- 在优先级一致的情况下，需要比较 Router ID，Router ID 越大优先级越高。
- 保持稳定原则，当 DR/BDR 已经选举完毕，即使一台具有更高优先级的路由器变为有效，也不会替换该网段中已经选举的 DR/BDR 成为新的 DR/BDR。

5.7　OSPF 的路由聚合

OSPF 的路由聚合是将 ABR 和 ASBR 中具有相同前缀的路由信息进行聚合，只将聚合后的路由信息发布到其他区域，从而减小路由表的规模，加快路由的运算速度。

1．ABR 路由聚合

ABR 向其他区域发送路由信息时，以网段为单位生成第三类 LSA，如果该区域中存在一些连续的网段，则可以将这些连续的网段聚合成一个网段。ABR 只发送聚合后的网段，而不再发送单独的网段，从而减少其他区域 LSDB 的规模。

如图 5-11 所示，Area 1 中有 192.168.0.0/24、192.168.1.0/24、192.168.2.0/24 和 192.168.3.0/24 这 4 条区域内路由，RTB 为 ABR，在 RTB 上配置路由聚合，将上面 4 个网段聚合为 192.168.0.0/22 网段，发送给 Area 0 中的路由器。

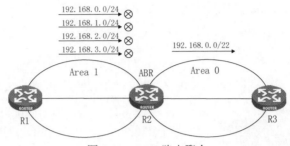

图 5-11   ABR 路由聚合

2. ASBR 路由聚合

如果是 ASBR，配置外部路由引入聚合后，会按照第五类的 LSA 进行聚合。如果是 NSSA 区域的 ASBR，则对引入的聚合地址将按照第七类的 LSA 进行聚合。如图 5-12 所示，在 Area 1 内的 R1 是 ASBR，引入了 172.16.0.0/24、172.16.1.0/24、172.16.2.0/24 和 172.16.3.0/24 这 4 条外部路由。R1 上可以配置路由聚合，将 4 条路由聚合成 1 条路由，即 172.16.0.0/22，并发布给 OSPF 区域中其他的路由器。

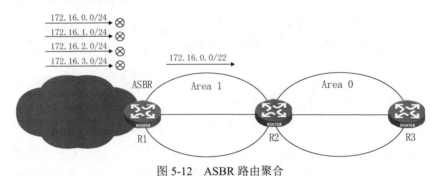

图 5-12   ASBR 路由聚合

5.8   优化 OSPF 路由协议的配置命令

1. 配置路由器的 Router ID

① `[H3C] ospf 进程号`   /*开启 OSPF 路由协议，默认进程号为 1
② `[H3C-ospf-1] area 区域号`   /*配置 OSPF 区域号，骨干区域为 0
③ `[H3C-ospf-1-area-0.0.0.0] network 网络号 通配符`   /*将网段宣称到 OSPF 路由中

配置 Router ID 的第一种方法如下所示。

① `[H3C] router id RID号`
  /*为路由器配置 Router ID，这种配置方法所有路由协议的 Router ID 被指定

配置 Router ID 的第二种方法如下所示。

② `[H3C] ospf 进程号 router-id RID号`
  /*为路由器配置 Router ID，这种配置方法仅仅在 OSPF 路由协议下的 Router ID 被指定，一般推荐使用这种方法

2．配置 OSPF 的接口参考带宽

① [H3C] ospf 进程号　　　　　　　　　　　/*开启 OSPF 路由协议

② [H3C-ospf-1] bandwidth-reference　　　/*配置接口参考带宽，默认参考带宽为100Mbps

3．配置 OSPF 网络类型的命令

① [H3C] int GigabitEthernet 0/0　　　　/*进入路由器的接口模式

② [H3C-GigabitEthernet0/0] ospf network-type { broadcast | nbma | p2mp | p2p }
　/*配置接口的网络类型

4．配置 OSPF 接口开销值和优先级的命令

① [H3C] int GigabitEthernet 0/0　　　　　　/*进入路由器的接口模式

② [H3C-GigabitEthernet0/0] ospf cost 开销值　　　　/*配置接口的开销值

③ [H3C-GigabitEthernet0/0] ospf dr-priority 优先级的值　/*配置 DR 的优先级

5．配置 OSPF 报文定时器命令

① [H3C-GigabitEthernet0/0] ospf timer hello 秒
　/*配置接口的 hello 时间，广播网络中默认为10s

② [H3C-GigabitEthernet0/0] ospf timer dead 秒
　/*配置接口的 dead 时间，广播网络中默认为40s，一般为 hello 时间的4倍

6．OSPF 引入默认路由的命令

① [H3C-ospf-1] default-route-advertise [always]
　/*引入默认路由，加上参数 always 可产生一个描述默认路由的第五类 LSA 发布出去

7．在 ABR 上配置路由聚合

① [H3C] ospf 进程号 router-id 自身的 RID　　　　　　/*开启 OSPF 路由协议

② [H3C-ospf-1] area 区域号　　　　　　　　　　　/*配置 OSPF 区域号

③ [H3C-ospf-1-area-0.0.0.1]abr-summary 聚合后网段 子网掩码 [advertise|not-advertise]
　/*参数 advertise 代表发布这条路由，not-advertise 代表不发布这条路由

操作示例：如图 5-13 所示，R1、R2 和 R3 之间运行 OSPF 路由协议，在 R2 上配置路由聚合，将 192.168.0.0/24、192.168.1.0/24、192.168.2.0/24 和 192.168.3.0/24 聚合为 192.168.0.0/22，然后发布给 Area 0。

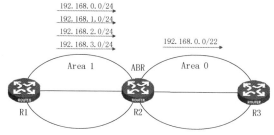

图 5-13　ABR 路由聚合配置示例

在 R2 上的配置如下。

```
[R2] ospf 1 router-id 2.2.2.2
[R2-ospf-1] area 1
[R2-ospf-1-area-0.0.0.1] abr-summary 192.168.0.0 22 advertise
/*配置 ABR 路由聚合并发布
```

8. 在 ASBR 上配置路由聚合

① [H3C] ospf 进程号 router-id 自身的 RID   /*开启 OSPF 路由协议
② [H3C-ospf-1] asbr-summary 聚合后网段 子网掩码   [not-advertise]
   /*参数 not-advertise 代表不向其他区域发布这条路由

操作示例：如图 5-14 所示，R1、R2 和 R3 之间运行 OSPF 路由协议，R1 为 ASBR 配置路由聚合，将 172.16.0.0/24、172.16.1.0/24、172.16.2.0/24 和 172.16.3.0/24 聚合为 172.16.0.0/22，然后发布出去。

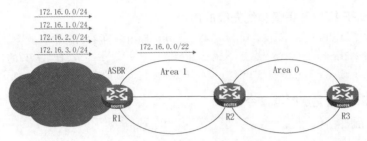

图 5-14 ASBR 路由聚合配置示例

在 R1 上的配置如下。

```
[R1] ospf 1 router-id 1.1.1.1
[R1-ospf-1] asbr-summary 172.16.0.0 255.255.252.0        /*配置 ASBR 路由聚合并发布
```

5.9 工作任务示例

某公司的网络拓扑结构如图 5-15 所示，公司的骨干网络由 4 台路由器组成。R1、R2、R3 和 R4 之间运行 OSPF 路由协议，R1 和 R2 之间属于 Area 1，R2 和 R3 之间属于 Area 0，R3 和 R4 之间属于 Area 2。R1 的 lo1、lo2、lo3、lo4 端口和 R4 的 lo1、lo2 端口用来模拟网段。

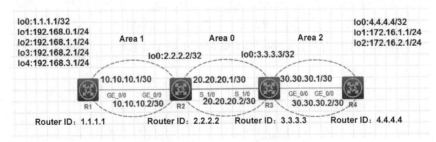

图 5-15 网络拓扑结构

要求配置 R1 的 Router ID 为 1.1.1.1，R2 的 Router ID 为 2.2.2.2，R3 的 Router ID 为 3.3.3.3，R4 的 Router ID 为 4.4.4.4；配置 R1 GE_0/0 的 OSPF 优先级为 100；优化 R3 和 R4 的 GE_0/0 之间 OSPF 收敛的时间，配置端口类型为 P2P；优化 R1 和 R2 之间的端口开销值为 15，配置 OSPF 端口的参考带宽为 1000Mbps；配置 R2 和 R3 之间 OSPF 的 Hello 定时器时间为 5s，Dead 定时器的时间为 20s；配置 OSPF 路由聚合，将 R2 学习的 lo1～lo4 网段聚合为 192.168.0.0/22 发布到 OSPF 网络中；R3 配置路由聚合，不发布 172.16.1.0/24 和 172.16.2.0/24 网段到 OSPF 网络中。

该公司局域网的 IP 地址规划如表 5-1 所示。

表 5-1   IP 地址规划

设 备 名 称	IP 地址	子 网 掩 码	网　　关
R1 的 GE_0/0	10.10.10.1	255.255.255.252	
R1 的 lo0	1.1.1.1	255.255.255.255	
R1 的 lo1	192.168.0.1	255.255.255.0	
R1 的 lo2	192.168.1.1	255.255.255.0	
R1 的 lo3	192.168.2.1	255.255.255.0	
R1 的 lo4	192.168.3.1	255.255.255.0	
R2 的 GE_0/0	10.10.10.2	255.255.255.252	
R2 的 S_1/0	20.20.20.1	255.255.255.252	
R2 的 lo0	2.2.2.2	255.255.255.255	
R3 的 GE_0/0	30.30.30.1	255.255.255.252	
R3 的 S_1/0	20.20.20.2	255.255.255.252	
R3 的 lo0	3.3.3.3	255.255.255.255	
R4 的 GE_0/0	30.30.30.2	255.255.255.252	
R4 的 lo0	4.4.4.4	255.255.255.255	
R4 的 lo1	172.16.1.1	255.255.255.0	
R4 的 lo2	172.16.2.1	255.255.255.0	

具体实施步骤

步骤 1：为 R1、R2、R3 和 R4 的端口配置 IP 地址。

为 R1 的端口配置的 IP 地址如下。

```
[H3C]sysname R1
[R1]int g0/0
[R1-GigabitEthernet0/0]ip address 10.10.10.1 30
[R1-GigabitEthernet0/0]quit
[R1]int lo0
[R1-LoopBack0]ip address 1.1.1.1 32
[R1-LoopBack0]int lo1
[R1-LoopBack1]ip address 192.168.0.1 24
[R1-LoopBack1]int lo2
[R1-LoopBack2]ip address 192.168.1.1 24
[R1-LoopBack2]int lo3
[R1-LoopBack3]ip address 192.168.2.1 24
[R1-LoopBack3]int lo4
[R1-LoopBack4]ip address 192.168.3.1 24
[R1-LoopBack4]quit
```

为 R2 的端口配置的 IP 地址如下。

```
<H3C>system-view
[H3C]sysname R2
[R2]int g0/0
[R2-GigabitEthernet0/0]ip address 10.10.10.2 30
[R2-GigabitEthernet0/0]quit
```

```
[R2]int s1/0
[R2-Serial1/0]ip address 20.20.20.1 30
[R2-Serial1/0]quit
[R2]int lo0
[R2-LoopBack0]ip address 2.2.2.2 32
[R2-LoopBack0]quit
```

为 R3 的端口配置的 IP 地址如下。

```
[H3C]sysname R3
[R3]int g0/0
[R3-GigabitEthernet0/0]ip address 30.30.30.1 30
[R3-GigabitEthernet0/0]quit
[R3]int s1/0
[R3-Serial1/0]ip address 20.20.20.2 30
[R3-Serial1/0]quit
[R3]int lo0
[R3-LoopBack0]ip address 3.3.3.3 32
[R3-LoopBack0]quit
```

为 R4 的端口配置的 IP 地址如下。

```
<H3C>system-view
[H3C]sysname R4
[R4]int g0/0
[R4-GigabitEthernet0/0]ip address 30.30.30.2 30
[R4-GigabitEthernet0/0]quit
[R4]int lo0
[R4-LoopBack0]ip address 4.4.4.4 32
[R4-LoopBack0]int lo1
[R4-LoopBack1]ip address 172.16.1.1 24
[R4-LoopBack1]int lo2
[R4-LoopBack2]ip address 172.16.2.1 24
[R4-LoopBack2]quit
```

步骤 2：为 R1、R2、R3 和 R4 配置 OSPF 路由协议，并且指定 Router ID。

为 R1 配置 OSPF 路由协议。

```
[R1]ospf 1 router-id 1.1.1.1
[R1-ospf-1]area 1
[R1-ospf-1-area-0.0.0.1]network 1.1.1.1 0.0.0.0
[R1-ospf-1-area-0.0.0.1]network 192.168.0.0 0.0.0.255
[R1-ospf-1-area-0.0.0.1]network 192.168.1.0 0.0.0.255
[R1-ospf-1-area-0.0.0.1]network 192.168.2.0 0.0.0.255
[R1-ospf-1-area-0.0.0.1]network 192.168.3.0 0.0.0.255
[R1-ospf-1-area-0.0.0.1]network 10.10.10.0 0.0.0.3
[R1-ospf-1-area-0.0.0.1]quit
[R1-ospf-1]quit
```

为 R2 配置 OSPF 路由协议。

```
[R2]ospf 1 router-id 2.2.2.2
[R2-ospf-1]area 1
```

```
[R2-ospf-1-area-0.0.0.1]network 10.10.10.0 0.0.0.3
[R2-ospf-1-area-0.0.0.1]quit
[R2-ospf-1]area 0
[R2-ospf-1-area-0.0.0.0]network 20.20.20.0 0.0.0.3
[R2-ospf-1-area-0.0.0.0]network 2.2.2.2 0.0.0.0
[R2-ospf-1-area-0.0.0.0]quit
[R2-ospf-1]quit
```

为 R3 配置 OSPF 路由协议。

```
[R3]ospf 1 router-id 3.3.3.3
[R3-ospf-1]area 0
[R3-ospf-1-area-0.0.0.0]network 20.20.20.0 0.0.0.3
[R3-ospf-1-area-0.0.0.0]network 3.3.3.3 0.0.0.0
[R3-ospf-1-area-0.0.0.0]quit
[R3-ospf-1]area 2
[R3-ospf-1-area-0.0.0.2]network 30.30.30.0 0.0.0.3
[R3-ospf-1-area-0.0.0.2]quit
[R3-ospf-1]quit
```

为 R4 配置 OSPF 路由协议。

```
[R4]ospf 1 router-id 4.4.4.4
[R4-ospf-1]area 2
[R4-ospf-1-area-0.0.0.2]network 4.4.4.4 0.0.0.0
[R4-ospf-1-area-0.0.0.2]network 30.30.30.0 0.0.0.3
[R4-ospf-1-area-0.0.0.2]network 172.16.1.0 0.0.0.255
[R4-ospf-1-area-0.0.0.2]network 172.16.2.0 0.0.0.255
[R4-ospf-1-area-0.0.0.2]quit
[R4-ospf-1]quit
```

步骤 3：查看 R2 的邻居表、OSPF 端口信息、OSPF 路由信息、路由表等。

```
[R2]dis ospf peer                        /*查看 R2 的邻居表
      OSPF Process 1 with Router ID 2.2.2.2    /*R2 的 Router ID 为 2.2.2.2
              Neighbor Brief Information
 Area: 0.0.0.0
 Router ID       Address       Pri Dead-Time State         Interface
 3.3.3.3         20.20.20.2    1   31         Full/ -       Ser1/0
/*点到点链路不选举 DR 和 BDR
 Area: 0.0.0.1
 Router ID       Address       Pri Dead-Time State         Interface
 1.1.1.1         10.10.10.1    1   34         Full/DR       GE0/0
/*广播链路要选举 DR 和 BDR，1.1.1.1（即 R1）是 10.10.10.0 网络的 DR
 [R2]dis ospf interface              /*查看 R2 的 OSPF 端口信息
      OSPF Process 1 with Router ID 2.2.2.2
              Interfaces
 Area: 0.0.0.0
 IP Address      Type    State     Cost   Pri   DR         BDR
 20.20.20.1      PTP     P-2-P     1562   1     0.0.0.0     0.0.0.0
 2.2.2.2         PTP     Loopback  0      1     0.0.0.0     0.0.0.0
/*链路状态为 PTP，不选举 DR 和 BDR
```

```
Area: 0.0.0.1
IP Address      Type       State    Cost  Pri  DR             BDR
10.10.10.2      Broadcast BDR      1     1    10.10.10.1     10.10.10.2
```
/*链路状态为 Broadcast，DR 为 10.10.10.1，BDR 为 10.10.10.2
```
[R2]dis ospf routing              /*查看 R2 的 OSPF 路由信息表
        OSPF Process 1 with Router ID 2.2.2.2
                Routing Table
Routing for network
Destination         Cost    Type    NextHop       AdvRouter      Area
192.168.3.1/32      1       Stub    10.10.10.1    1.1.1.1        0.0.0.1
4.4.4.4/32          1563    Inter   20.20.20.2    3.3.3.3        0.0.0.0
172.16.1.1/32       1563    Inter   20.20.20.2    3.3.3.3        0.0.0.0
172.16.2.1/32       1563    Inter   20.20.20.2    3.3.3.3        0.0.0.0
3.3.3.3/32          1562    Stub    20.20.20.2    3.3.3.3        0.0.0.0
30.30.30.0/30       1563    Inter   20.20.20.2    3.3.3.3        0.0.0.0
2.2.2.2/32          0       Stub    0.0.0.0       2.2.2.2        0.0.0.0
20.20.20.0/30       1562    Stub    0.0.0.0       2.2.2.2        0.0.0.0
192.168.0.1/32      1       Stub    10.10.10.1    1.1.1.1        0.0.0.1
1.1.1.1/32          1       Stub    10.10.10.1    1.1.1.1        0.0.0.1
10.10.10.0/30       1       Transit 0.0.0.0       1.1.1.1        0.0.0.1
192.168.1.1/32      1       Stub    10.10.10.1    1.1.1.1        0.0.0.1
192.168.2.1/32      1       Stub    10.10.10.1    1.1.1.1        0.0.0.1
```
/*查看 OSPF 的路由信息
```
Total nets: 13
Intra area: 9  Inter area: 4  ASE: 0  NSSA: 0
[R2]dis ip routing-table          /*查看 R2 的 IP 路由信息表


Destinations : 28    Routes : 28


Destination/Mask    Proto   Pre Cost        NextHop       Interface
0.0.0.0/32          Direct  0   0           127.0.0.1     InLoop0
1.1.1.1/32          O_INTRA 10  1           10.10.10.1    GE0/0
2.2.2.2/32          Direct  0   0           127.0.0.1     InLoop0
3.3.3.3/32          O_INTRA 10  1562        20.20.20.2    Ser1/0
4.4.4.4/32          O_INTER 10  1563        20.20.20.2    Ser1/0
10.10.10.0/30       Direct  0   0           10.10.10.2    GE0/0
10.10.10.0/32       Direct  0   0           10.10.10.2    GE0/0
10.10.10.2/32       Direct  0   0           127.0.0.1     InLoop0
10.10.10.3/32       Direct  0   0           10.10.10.2    GE0/0
20.20.20.0/30       Direct  0   0           20.20.20.1    Ser1/0
20.20.20.0/32       Direct  0   0           20.20.20.1    Ser1/0
20.20.20.1/32       Direct  0   0           127.0.0.1     InLoop0
20.20.20.2/32       Direct  0   0           20.20.20.2    Ser1/0
20.20.20.3/32       Direct  0   0           20.20.20.1    Ser1/0
30.30.30.0/30       O_INTER 10  1563        20.20.20.2    Ser1/0
127.0.0.0/8         Direct  0   0           127.0.0.1     InLoop0
127.0.0.0/32        Direct  0   0           127.0.0.1     InLoop0
127.0.0.1/32        Direct  0   0           127.0.0.1     InLoop0
127.255.255.255/32  Direct  0   0           127.0.0.1     InLoop0
```

```
172.16.1.1/32        O_INTER 10  1563        20.20.20.2        Ser1/0
172.16.2.1/32        O_INTER 10  1563        20.20.20.2        Ser1/0
192.168.0.1/32       O_INTRA 10  1           10.10.10.1        GE0/0
192.168.1.1/32       O_INTRA 10  1           10.10.10.1        GE0/0
192.168.2.1/32       O_INTRA 10  1           10.10.10.1        GE0/0
192.168.3.1/32       O_INTRA 10  1           10.10.10.1        GE0/0
224.0.0.0/4          Direct  0   0           0.0.0.0           NULL0
224.0.0.0/24         Direct  0   0           0.0.0.0           NULL0
255.255.255.255/32   Direct  0   0           127.0.0.1         InLoop0
/*查看 R2 的路由表信息，已学习全网路由
```

步骤 4：重置 OSPF 的 Area 1 的进程。

```
[R1]quit                          /*R1 进入用户模式
<R1>reset ospf process            /*R1 重置 OSPF 的进程
Reset OSPF process? [Y/N]:y       /*选择 "y" 重置进程
```

步骤 5：再次查看 R2 的 OSPF 邻居表，发现 1.1.1.1（即 R1）变为 10.10.10.0 网络的 BDR。

```
[R2]dis ospf peer                 /*查看 R2 的邻居表


        OSPF Process 1 with Router ID 2.2.2.2
            Neighbor Brief Information


  Area: 0.0.0.0
  Router ID      Address        Pri  Dead-Time   State         Interface
  3.3.3.3        20.20.20.2     1    36          Full/ -       Ser1/0

  Area: 0.0.0.1
  Router ID      Address        Pri  Dead-Time   State         Interface
  1.1.1.1        10.10.10.1     1    34          Full/BDR      GE0/0
```

步骤 6：配置 R1 端口 DR 的优先级为 100，重置 R1 和 R2 的 OSPF 进程。再次查看 R2 的 OSPF 邻居表。

```
[R1]int g0/0
[R1-GigabitEthernet0/0]ospf dr-priority 100   /*配置 R1 的 G0/0 端口优先级为 100
[R1-GigabitEthernet0/0]quit
[R1]quit
<R1>reset ospf process            /*R1 重置 OSPF 的进程
Reset OSPF process? [Y/N]:y       /*选择 "y" 重置进程

<R2>reset ospf process            /*R2 重置 OSPF 的进程
Reset OSPF process? [Y/N]:y       /*选择 "y" 重置进程
[R2]dis ospf peer                 /*再次查看 R2 的邻居表


        OSPF Process 1 with Router ID 2.2.2.2
            Neighbor Brief Information


  Area: 0.0.0.0
  Router ID      Address        Pri Dead-Time   State         Interface
  3.3.3.3        20.20.20.2     1   35          Full/ -       Ser1/0
```

```
Area: 0.0.0.1
Router ID       Address          Pri Dead-Time  State          Interface
1.1.1.1         10.10.10.1       100 38         Full/DR        GE0/0
```
/*1.1.1.1（即 R1）在 10.10.10.0 网络的优先级为 100，状态变为 DR

步骤 7：优化 R3 和 R4 的 G0/0 之间 OSPF 收敛的时间，配置端口类型为 P2P。

```
[R3-GigabitEthernet0/0]ospf network-type p2p
```
/*R3 的 G0/0 OSPF 的端口类型设置为 P2P

```
[R4]interface GigabitEthernet 0/0
[R4-GigabitEthernet0/0]ospf network-type p2p
```
/*R4 的 G0/0 OSPF 的端口类型设置为 P2P

```
[R4-GigabitEthernet0/0]quit

[R4]dis ospf interface        /*查看 R4 的 OSPF 端口信息，30.30.30.0 网络改为 P2P 类型


        OSPF Process 1 with Router ID 4.4.4.4
                Interfaces


Area: 0.0.0.2
IP Address      Type    State       Cost    Pri    DR          BDR
30.30.30.2      PTP     P-2-P       1       1      0.0.0.0     0.0.0.0
4.4.4.4         PTP     Loopback    0       1      0.0.0.0     0.0.0.0
172.16.1.1      PTP     Loopback    0       1      0.0.0.0     0.0.0.0
172.16.2.1      PTP     Loopback    0       1      0.0.0.0     0.0.0.0
```

步骤 8：将 R1 和 R2 之间的端口开销值优化为 15，配置 OSPF 端口的参考带宽为 1000Mbps，默认为 100Mbps。

```
[R1]interface GigabitEthernet 0/0
[R1-GigabitEthernet0/0]ospf cost 15              /*将 R1 的端口开销值配置为 15
[R1-GigabitEthernet0/0]bandwidth 1000000         /*将 R1 的参考带宽配置为 1000Mbps
[R1-GigabitEthernet0/0]dis ospf routing          /*查看 R1 的 OSPF 路由表


        OSPF Process 1 with Router ID 1.1.1.1
                Routing Table


Routing for network
Destination        Cost    Type    NextHop         AdvRouter       Area
192.168.3.1/32     0       Stub    0.0.0.0         1.1.1.1         0.0.0.1
4.4.4.4/32         1578    Inter   10.10.10.2      2.2.2.2         0.0.0.1
172.16.1.1/32      1578    Inter   10.10.10.2      2.2.2.2         0.0.0.1
172.16.2.1/32      1578    Inter   10.10.10.2      2.2.2.2         0.0.0.1
3.3.3.3/32         1577    Inter   10.10.10.2      2.2.2.2         0.0.0.1
30.30.30.0/30      1578    Inter   10.10.10.2      2.2.2.2         0.0.0.1
2.2.2.2/32         15      Inter   10.10.10.2      2.2.2.2         0.0.0.1
20.20.20.0/30      1577    Inter   10.10.10.2      2.2.2.2         0.0.0.1
192.168.0.1/32     0       Stub    0.0.0.0         1.1.1.1         0.0.0.1
1.1.1.1/32         0       Stub    0.0.0.0         1.1.1.1         0.0.0.1
```

```
10.10.10.0/30          15      Transit 0.0.0.0          1.1.1.1          0.0.0.1
192.168.1.1/32         0       Stub    0.0.0.0          1.1.1.1          0.0.0.1
192.168.2.1/32         0       Stub    0.0.0.0          1.1.1.1          0.0.0.1
/*R1 和 R2 之间 10.10.10.0 网络的开销值为 15
Total nets: 13
Intra area: 6  Inter area: 7  ASE: 0  NSSA: 0
```

步骤 9：设置 R2 和 R3 之间 OSPF 的 Hello 定时器时间为 5s，Dead 定时器的时间为 20s。

```
[R2]interface Serial 1/0
[R2-Serial1/0]ospf timer hello 5      /*设置 Hello 定时器的时间为 5s
[R2-Serial1/0]ospf timer dead 20      /*设置 Dead 定时器的时间为 20s
[R2-Serial1/0]quit


[R3]int s1/0
[R3-Serial1/0]ospf timer hello 5      /*设置 Hello 定时器的时间为 5s
[R3-Serial1/0]ospf timer dead 20      /*设置 Dead 定时器的时间为 20s
```

步骤 10：配置 OSPF 路由聚合，将 R2 学习的 lo1~lo4 网段聚合为 192.168.0.0/22 发布到 OSPF 网络中。

```
[R2]dis ip routing-table              /*查看 R2 的 IP 路由表

Destinations : 28      Routes : 28

Destination/Mask     Proto    Pre Cost        NextHop          Interface
0.0.0.0/32           Direct   0   0           127.0.0.1        InLoop0
1.1.1.1/32           O_INTRA  10  1           10.10.10.1       GE0/0
2.2.2.2/32           Direct   0   0           127.0.0.1        InLoop0
3.3.3.3/32           O_INTRA  10  1562        20.20.20.2       Ser1/0
4.4.4.4/32           O_INTER  10  1563        20.20.20.2       Ser1/0
10.10.10.0/30        Direct   0   0           10.10.10.2       GE0/0
10.10.10.0/32        Direct   0   0           10.10.10.2       GE0/0
10.10.10.2/32        Direct   0   0           127.0.0.1        InLoop0
10.10.10.3/32        Direct   0   0           10.10.10.2       GE0/0
20.20.20.0/30        Direct   0   0           20.20.20.1       Ser1/0
20.20.20.0/32        Direct   0   0           20.20.20.1       Ser1/0
20.20.20.1/32        Direct   0   0           127.0.0.1        InLoop0
20.20.20.2/32        Direct   0   0           20.20.20.2       Ser1/0
20.20.20.3/32        Direct   0   0           20.20.20.1       Ser1/0
30.30.30.0/30        O_INTER  10  1563        20.20.20.2       Ser1/0
127.0.0.0/8          Direct   0   0           127.0.0.1        InLoop0
127.0.0.0/32         Direct   0   0           127.0.0.1        InLoop0
127.0.0.1/32         Direct   0   0           127.0.0.1        InLoop0
127.255.255.255/32   Direct   0   0           127.0.0.1        InLoop0
172.16.1.1/32        O_INTER  10  1563        20.20.20.2       Ser1/0
172.16.2.1/32        O_INTER  10  1563        20.20.20.2       Ser1/0
192.168.0.1/32       O_INTRA  10  1           10.10.10.1       GE0/0
192.168.1.1/32       O_INTRA  10  1           10.10.10.1       GE0/0
192.168.2.1/32       O_INTRA  10  1           10.10.10.1       GE0/0
192.168.3.1/32       O_INTRA  10  1           10.10.10.1       GE0/0
```

```
224.0.0.0/4          Direct  0   0        0.0.0.0        NULL0
224.0.0.0/24         Direct  0   0        0.0.0.0        NULL0
255.255.255.255/32   Direct  0   0        127.0.0.1      InLoop0


[R2]ospf
[R2-ospf-1]area 1
[R2-ospf-1-area-0.0.0.1]abr-summary 192.168.0.0 22   /*聚合为192.168.0.0/22网段
[R2-ospf-1-area-0.0.0.1]dis ip routing-table


Destinations : 29      Routes : 29


Destination/Mask     Proto    Pre Cost     NextHop        Interface
0.0.0.0/32           Direct   0   0        127.0.0.1      InLoop0
1.1.1.1/32           O_INTRA  10  1        10.10.10.1     GE0/0
2.2.2.2/32           Direct   0   0        127.0.0.1      InLoop0
3.3.3.3/32           O_INTRA  10  1562     20.20.20.2     Ser1/0
4.4.4.4/32           O_INTER  10  1563     20.20.20.2     Ser1/0
10.10.10.0/30        Direct   0   0        10.10.10.2     GE0/0
10.10.10.0/32        Direct   0   0        10.10.10.2     GE0/0
10.10.10.2/32        Direct   0   0        127.0.0.1      InLoop0
10.10.10.3/32        Direct   0   0        10.10.10.2     GE0/0
20.20.20.0/30        Direct   0   0        20.20.20.1     Ser1/0
20.20.20.0/32        Direct   0   0        20.20.20.1     Ser1/0
20.20.20.1/32        Direct   0   0        127.0.0.1      InLoop0
20.20.20.2/32        Direct   0   0        20.20.20.2     Ser1/0
20.20.20.3/32        Direct   0   0        20.20.20.1     Ser1/0
30.30.30.0/30        O_INTER  10  1563     20.20.20.2     Ser1/0
127.0.0.0/8          Direct   0   0        127.0.0.1      InLoop0
127.0.0.0/32         Direct   0   0        127.0.0.1      InLoop0
127.0.0.1/32         Direct   0   0        127.0.0.1      InLoop0
127.255.255.255/32   Direct   0   0        127.0.0.1      InLoop0
172.16.1.1/32        O_INTER  10  1563     20.20.20.2     Ser1/0
172.16.2.1/32        O_INTER  10  1563     20.20.20.2     Ser1/0
192.168.0.0/22       O_SUM    255 0        0.0.0.0        NULL0
192.168.0.1/32       O_INTRA  10  1        10.10.10.1     GE0/0
192.168.1.1/32       O_INTRA  10  1        10.10.10.1     GE0/0
192.168.2.1/32       O_INTRA  10  1        10.10.10.1     GE0/0
192.168.3.1/32       O_INTRA  10  1        10.10.10.1     GE0/0
224.0.0.0/4          Direct   0   0        0.0.0.0        NULL0
224.0.0.0/24         Direct   0   0        0.0.0.0        NULL0
255.255.255.255/32   Direct   0   0        127.0.0.1      InLoop0
```
/*R2 路由表中多了一条聚合路由


```
[R3]dis ip routing-table
```
/*查看 R3 的 IP 路由表，将不再学习 192.168.0.0 至 192.168.3.0 网段，只会学习 192.168.0.0/22 聚合的路由


```
Destinations : 25      Routes : 25
```

```
Destination/Mask        Proto    Pre Cost        NextHop         Interface
0.0.0.0/32              Direct   0   0           127.0.0.1       InLoop0
1.1.1.1/32              O_INTER  10  1563        20.20.20.1      Ser1/0
2.2.2.2/32              O_INTRA  10  1562        20.20.20.1      Ser1/0
3.3.3.3/32              Direct   0   0           127.0.0.1       InLoop0
4.4.4.4/32              O_INTRA  10  1           30.30.30.2      GE0/0
10.10.10.0/30           O_INTER  10  1563        20.20.20.1      Ser1/0
20.20.20.0/30           Direct   0   0           20.20.20.2      Ser1/0
20.20.20.0/32           Direct   0   0           20.20.20.2      Ser1/0
20.20.20.1/32           Direct   0   0           20.20.20.1      Ser1/0
20.20.20.2/32           Direct   0   0           127.0.0.1       InLoop0
20.20.20.3/32           Direct   0   0           20.20.20.2      Ser1/0
30.30.30.0/30           Direct   0   0           30.30.30.1      GE0/0
30.30.30.0/32           Direct   0   0           30.30.30.1      GE0/0
30.30.30.1/32           Direct   0   0           127.0.0.1       InLoop0
30.30.30.3/32           Direct   0   0           30.30.30.1      GE0/0
127.0.0.0/8             Direct   0   0           127.0.0.1       InLoop0
127.0.0.0/32            Direct   0   0           127.0.0.1       InLoop0
127.0.0.1/32            Direct   0   0           127.0.0.1       InLoop0
127.255.255.255/32      Direct   0   0           127.0.0.1       InLoop0
172.16.1.1/32           O_INTRA  10  1           30.30.30.2      GE0/0
172.16.2.1/32           O_INTRA  10  1           30.30.30.2      GE0/0
192.168.0.0/22          O_INTER  10  1563        20.20.20.1      Ser1/0
224.0.0.0/4             Direct   0   0           0.0.0.0         NULL0
224.0.0.0/24            Direct   0   0           0.0.0.0         NULL0
255.255.255.255/32      Direct   0   0           127.0.0.1       InLoop0
```

步骤 11：为 R3 配置路由聚合，172.16.1.0/24 和 172.16.2.0/24 网段不发布到 OSPF 网络中。

```
[R3]ospf
[R3-ospf-1]area 2
[R3-ospf-1-area-0.0.0.2]abr-summary 172.16.0.0 16 not-advertise
/*聚合为 172.16.0.0/16 网段，并且不发布到 OSPF 网络中
[R3-ospf-1-area-0.0.0.2]quit
[R3-ospf-1]quit


[R2]dis ip routing-table
/*查看 R2 的路由表，将不再学习 172.16.1.0 和 172.16.2.0 网段，达到了过滤路由的目的
Destinations : 27     Routes : 27
Destination/Mask        Proto    Pre Cost        NextHop         Interface
0.0.0.0/32              Direct   0   0           127.0.0.1       InLoop0
1.1.1.1/32              O_INTRA  10  1           10.10.10.1      GE0/0
2.2.2.2/32              Direct   0   0           127.0.0.1       InLoop0
3.3.3.3/32              O_INTRA  10  1562        20.20.20.2      Ser1/0
4.4.4.4/32              O_INTER  10  1563        20.20.20.2      Ser1/0
10.10.10.0/30           Direct   0   0           10.10.10.2      GE0/0
10.10.10.0/32           Direct   0   0           10.10.10.2      GE0/0
10.10.10.2/32           Direct   0   0           127.0.0.1       InLoop0
10.10.10.3/32           Direct   0   0           10.10.10.2      GE0/0
20.20.20.0/30           Direct   0   0           20.20.20.1      Ser1/0
```

20.20.20.0/32	Direct	0	0	20.20.20.1	Ser1/0
20.20.20.1/32	Direct	0	0	127.0.0.1	InLoop0
20.20.20.2/32	Direct	0	0	20.20.20.2	Ser1/0
20.20.20.3/32	Direct	0	0	20.20.20.1	Ser1/0
30.30.30.0/30	O_INTER	10	1563	20.20.20.2	Ser1/0
127.0.0.0/8	Direct	0	0	127.0.0.1	InLoop0
127.0.0.0/32	Direct	0	0	127.0.0.1	InLoop0
127.0.0.1/32	Direct	0	0	127.0.0.1	InLoop0
127.255.255.255/32	Direct	0	0	127.0.0.1	InLoop0
192.168.0.0/22	O_SUM	255	0	0.0.0.0	NULL0
192.168.0.1/32	O_INTRA	10	1	10.10.10.1	GE0/0
192.168.1.1/32	O_INTRA	10	1	10.10.10.1	GE0/0
192.168.2.1/32	O_INTRA	10	1	10.10.10.1	GE0/0
192.168.3.1/32	O_INTRA	10	1	10.10.10.1	GE0/0
224.0.0.0/4	Direct	0	0	0.0.0.0	NULL0
224.0.0.0/24	Direct	0	0	0.0.0.0	NULL0
255.255.255.255/32	Direct	0	0	127.0.0.1	InLoop0

5.10 项目小结

在 OSPF 网络中，通过划分区域不仅可以减少区域中 LSA 的数量，还可以降低拓扑变化导致的路由震荡。如果要加快 OSPF 的收敛速度，那么将缩短 Hello 定时器的时间，但是要同时修改 Dead 定时器的时间，Dead 定时器的时间至少应为 Hello 定时器的时间的 4 倍。OSPF 路由以到达目的地的开销值为度量值，而到达目的地的开销值是路径上所有路由器端口开销值之和，所以可以通过设置路由器的端口开销值，达到控制路由选路的目的。在 OSPF 中引入默认路由时，如果设备上已经配置了一条默认路由，那么在引入默认路由的时候不需要使用参数 always。

习题

一、选择题

1. 在 OSPF 路由协议中，用来配置 Router ID 的命令是（   ）。

    A. [H3C]routerid router-id

    B. [H3C]router-id router-id

    C. [H3C]router-id router-id   ospf process-id

    D. [H3C]ospf process-id router-id router-id

2. 在 OSPF 路由协议中，通过 display ospf peer 命令，可以观察到（   ）。

    A. 本台路由器的 Router ID

    B. 邻居路由器的 Router ID

    C. 本台路由器用来参加 DR 选举的优先级

    D. 邻居失效时间

3. 如果在路由器上执行 display ip routing-table 100.1.1.1 命令，那么对此命令的描述正确的是（   ）。

    A. 可以查看匹配目标地址为 100.1.1.1 的路由项

  B. 可以查看匹配下一跳地址为 100.1.1.1 的路由项

  C. 有可能此命令的输出结果是两条默认路由

  D. 此命令不正确，因为没有包含掩码信息

4. 如果某路由协议是链路状态路由协议，那么此路由协议应该具有的特性是（ ）。

  A. 该路由协议关心网络中链路或端口的状态

  B. 运行该路由协议的路由器会根据收集到的链路状态信息形成一个包含各个目的网段的加权有向图

  C. 该路由协议算法可以有效防止环路

  D. 该路由协议周期性发送更新消息交换路由表

二、简答题

1. 简述 Router ID 的作用。

2. 简述 DR 和 BDR 的作用。点对点的链路是否要选择 DR 和 BDR，为什么？

3. 简述 DR 的选举规则。

OSPF 路由协议的高级特性

教学目标

1. 了解 OSPF 虚连接的概念。
2. 理解 OSPF 路由协议的 LSA 类型。
3. 理解 OSPF 路由协议的特殊区域。
4. 理解 OSPF 的安全特性。
5. 掌握 OSPF 安全特性和配置命令。

项目内容

某公司的局域网包括多台交换机、路由器和计算机。公司的路由器之间运行 OSPF 路由协议，为了缩小 LSDB，需要将 OSPF 路由协议划分成不同的区域并配置特殊区域。为了提高 OSPF 路由协议的安全性，需要配置 OSPF 路由协议报文验证。本项目主要介绍 OSPF 路由协议的高级特性。

相关知识

要理解和掌握 OSPF 路由协议的高级特性，需要先了解 OSPF 虚连接的概念、OSPF 路由协议的 LSA 类型、特殊区域，以及 OSPF 的安全特性和 OSPF 高级特性的配置命令与配置方法。

6.1 OSPF 虚连接的概念

在 OSPF 中划分区域时，为了保证路由的正常学习，需要遵循两个原则：骨干区域必须连续；所有非骨干区域必须与骨干区域相连接。如果骨干区域不连续，则会导致骨干区域路由无法正常学习。

在如图 6-1 所示的网络中，骨干区域被分割，R2 和 R3 都认为自己是 ABR。为了避免路由环路的出现，OSPF 路由协议规定 ABR 从骨干区域学到的路由不能再向骨干区域传播。因此，R2 不会向 R1 发送从 R4 学到的路由，R3 也不会向 R4 发送从 R1 学到的路由，这就导致 R1 和 R4 无法交换路由信息，路由学习不正常。

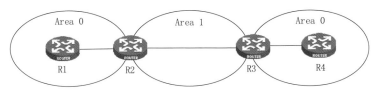

图 6-1　骨干区域被分割

如果非骨干区域没有与骨干区域相连接，也会导致 OSPF 无法正常学习路由。OSPF 路由协议规定，所有非骨干区域的路由转发必须通过骨干区域进行。如图 6-2 所示，R3 不会在两个非骨干区域之间交换路由，所以 R4 无法学习 Area 0 和 Area 1 中的路由，R1 和 R2 也无法学习 Area 2 中的路由。

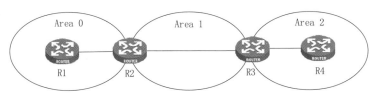

图 6-2　非骨干区域被分割

虚连接（Virtual Link）是指在两台 ARR 之间通过一个非骨干区域而建立一条逻辑连接通道，它的两端必须是 ABR，且在两端同时配置才有效。虚连接相当于在两个 ABR 之间形成一个点到点的逻辑连接。虚连接建立后，两台 ABR 之间通过单播方式直接传递 OSPF 路由协议的报文。如图 6-3 所示，R2 和 R3 为 ABR，在 R2 和 R3 上配置虚连接，这样可以解决区域被分割的问题。

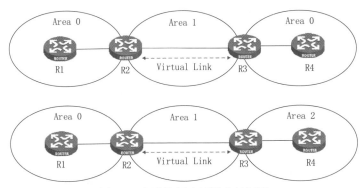

图 6-3　虚连接解决区域分割问题

6.2　OSPF 路由协议的 LSA 类型

OSPF 路由协议中定义了不同类型的 LSA，通过这些 LSA 可以实现 LSDB 的同步。常用的 LSA 有第一类 LSA（Type1 LSA）、第二类 LSA（Type2 LSA）、第三类 LSA（Type3 LSA）、第四类 LSA（Type4 LSA）、第五类 LSA（Type5 LSA）和第七类 LSA（Type7 LSA），下面重点介绍前五类 LSA。

1. 第一类 LSA

第一类 LSA 是最基本的 LSA，即 Router LSA，它描述了区域内部与路由器直连的链路的信息。每台路由器都会产生这种类型的 LSA，包括这台路由器所有直连的链路类型和链路开销值等信息，并向它的邻居发送。

如图 6-4 所示，R2 产生 3 条第一类 LSA，即 Link1、Link2 和 Link3，并发送给 R1、R3
和 R4。

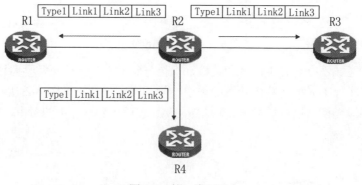

图 6-4　第一类 LSA

2. 第二类 LSA

第二类 LSA 由 DR 产生，即 Network LSA，它描述了到一个特定的广播网络或 NBMA 网络的所有路由器的链路状态。在多路访问网络中，不需要每台设备去描述多路访问端口，只需要 DR 来描述。假设有 n 台设备访问多路访问网络，如果用第一类 LSA 来描述则有 n 条第一类 LSA，如果用第二类 LSA 描述则需要 1 条。第一类 LSA 和第二类 LSA 结合使用可以解决区域内部通信的问题。第一类 LSA 和第二类 LSA 在区域内泛洪会使区域内每台路由器的 LSDB 同步，计算生成 OSPF 的路由。

如图 6-5 所示，在 192.168.1.0/24 网络中，R3 为 DR，因此 R3 会将产生的第二类 LSA 发送给 R1 和 R2，包括链路的网段信息和掩码信息。

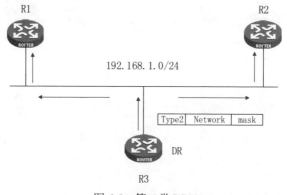

图 6-5　第二类 LSA

3. 第三类 LSA

第三类 LSA 由 ABR 产生，即 Summary LSA，其作用是将所连接区域内部的链路信息以子网的形式传播到相邻区域，简单来说就是将区域内的路由汇总由 ABR 发送给其他区域，发送的是路由条目。由于直接传递的是路由条目，而不是链路状态信息，所以路由器在处理第三类 LSA 时仅仅修改链路开销值，这就会出现在某些设计不合理的情况下，产生路由环路。

如图 6-6 所示，R2 和 R3 连接两个不同的 OSPF 区域，所以 R2 和 R3 是 ABR。R2 产生一条携带路由 172.16.1.0/24，Advertising router 字段为 R2 的第三类 LSA，并发送到 Area 0 中。当 R3 收到这条第三类 LSA 后，将 Advertising router 字段改为 R3，然后发送到 Area 2 中。这样路由 172.16.1.0/24 以第三类 LSA 的形式传播到整个 OSPF 区域中。

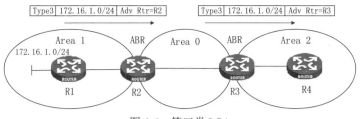

图 6-6　第三类 LSA

4. 第四类 LSA

第四类 LSA 由 ABR 产生，即 ASBR Summary LSA，描述的目标网络是一个 ASBR 的 Router ID。它不会主动产生，触发条件是 ABR 收到一条第五类 LSA，第四类 LSA 的意义在于让区域内部路由器知道如何到达 ASBR。

如图 6-7 所示，R1 引入的外部路由 172.16.1.0/24 为 ASBR，因此产生了第五类 LSA 向 OSPF 区域发送。当这条第五类 LSA 到达 R2 时，R2 会产生一条描述 R1 这个 ASBR Router ID 的第四类 LSA，Advertising router 字段为 R2，发送到 Area 0 中。当 R3 接收到这条第四类 LSA 时，修改 Advertising router 字段为 R3，继续发送到 Area 2 中，这样整个 OSPF 区域都知道 R1 的 Router ID，并且通过 R1 可以访问外部网段 172.16.1.0/24。

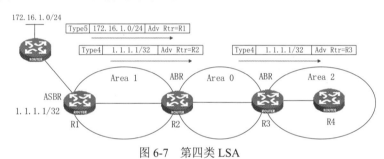

图 6-7　第四类 LSA

5. 第五类 LSA

第五类 LSA 由 ASBR 产生，即 AS External LSA，用于描述到 AS 外部的路由信息，AS 外部的路由信息一般通过路由引入 OSPF 中。第五类 LSA 和第三类 LSA 非常类似，传递的内容都是路由信息，而不是链路状态信息。同样，路由器在处理第五类 LSA 时，也不会运用 SPF 算法，而是直接加入路由表中，第五类 LSA 将在整个 OSPF 区域中扩散。

如图 6-8 所示，R1 引入的外部路由为 ASBR，产生一条第五类 LSA，描述了到 172.16.1.0/24 的外部路由信息，这条第五类 LSA 会传播到 Area 1、Area 0 和 Area 2，区域内的路由器都会收到这条 LSA。

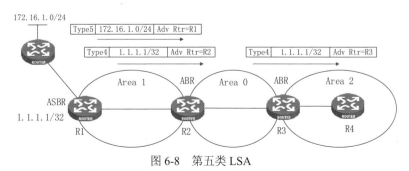

图 6-8　第五类 LSA

第五类 LSA 携带的外部路由信息中的外部路由可以分为以下两类。

- 第一类外部路由（E1）：是指接收路由的可信度较高，并且和 OSPF 路由协议自身路由的开销值具有可比性的外部路由，如 RIP 路由或静态路由。
- 第二类外部路由（E2）：是指接收路由的可信度较低的外部路由，如 BGP 路由等。

6.3 OSPF 路由协议的特殊区域

在 OSPF 路由协议中，除了常见的骨干区域和非骨干区域，还定义了一些特殊区域。这些区域可以控制外部路由，减少区域内 LSDB 的规模，降低区域内路由器的路由表的大小及设备的压力，同时还可以增强网络的安全性。

- Stub 区域：在这个区域内，不允许注入第四类 LSA 和第五类 LSA。
- Totally Stub 区域：是 Stub 区域的一种改进区域，不仅不允许注入第四类 LSA 和第五类 LSA，也不允许注入第三类 LSA。
- NSSA 区域：也是 Stub 区域的一种改进区域，不允许注入第五类 LSA，但是允许注入第七类 LSA。

1．Stub 区域

如图 6-9 所示，在 Stub 区域中，ABR 不允许注入第五类 LSA，当然也就不会有第四类 LSA，所以整个网络路由器的路由表规模和路由信息传递的数量都会大大减少。某区域配置为 Stub 区域后，为了保证自治系统外的路由依然可达，ABR 会产生一条 0.0.0.0/0 的第三类 LSA，将其发布到区域内的其他路由器上，告诉其他路由器如果要访问外部就需要通过这台 ABR。其他路由器收不到第四类 LSA 和第五类 LSA，所以不用记录外部路由，大大缩减了路由表。

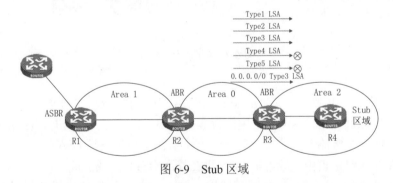

图 6-9 Stub 区域

在配置 OSPF 区域为 Stub 区域时需要注意以下几点。

- 骨干区域不能配置为 Stub 区域。
- 在 Stub 区域内不能存在 ASBR，即自治系统外部的路由不能在本区域内传播。
- 虚连接不能穿过 Stub 区域。
- 区域内如果有多个 ABR，可能会产生次优路由。

如果要使用 Stub 区域，区域内部的所有路由器都必须同时配置为 Stub 区域。因为在路由器交互 Hello 报文时会检查 Stub 属性是否已经设置，如果有一部分路由器没有配置 Stub 属性，那么将无法和其他路由器建立邻居关系。

2．Totally Stub 区域

如图 6-10 所示，Totally Stub 区域是 Stub 区域的一种改进区域，可以进一步缩减路由表，不仅不允许注入第四类 LSA 和第五类 LSA，也不允许注入第三类 LSA，进一步降低了 LSDB 的大小。ABR 也会产生一条 0.0.0.0/0 的第三类 LSA，将其发布到区域内的其他路由器上，并

告诉其他路由器如果要访问外部就需要通过这台 ABR。

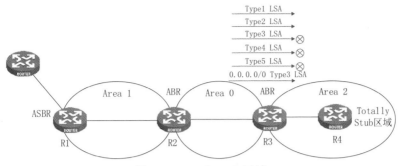

图 6-10　Totally Stub 区域

3. NSSA 区域

NSSA 区域（Not-So-Stubby Area）是 Stub 区域的变形。NSSA 区域也不允许注入第四类 LSA 和第五类 LSA，但是允许注入第七类 LSA。第七类 LSA 由 NSSA 区域的 ASBR 产生，在 NSSA 区域传播，当第七类 LSA 到达 NSSA 区域的 ABR 时，由 ABR 转换成第五类 LSA，并传播到其他区域。同样，ABR 会产生一条 0.0.0.0/0 的第七类 LSA，并在 NSSA 区域传播，如图 6-11 所示。

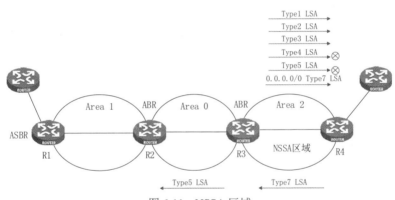

图 6-11　NSSA 区域

6.4　OSPF 路由协议的安全特性

OSFP 路由协议不保护通过网络的数据报文，仅仅对 OSPF 路由协议本身进行保护，并对 OSPF 路由进行过滤。常见的 OSPF 路由协议的安全特性有协议报文验证、禁止端口发送 OSPF 报文。

1. 协议报文验证

OSPF 路由协议可以在建立邻居关系时携带密码，以便在接收报文时进行验证。只有通过验证的报文才能接收，否则将不会接收报文，不能正常建立邻居关系。要配置 OSPF 报文验证，同一区域所有路由器上都需要配置区域验证模式，并且配置的验证模式必须相同；同一网段内的路由器需要配置相同的端口验证模式和密码。

- simple：发送设备会直接发送预设的密码给对方，接收设备收到报文后验证密码是否一致，如果一致则接收报文，否则丢弃报文。
- MD5：发送设备不会直接发送密码给对方，而是根据预设的密钥生成一个散列值，在链路上发送这个散列值。接收设备收到这个报文后，会根据自己的密钥也生成一个散列值，并与报文携带的散列值进行比较，如果一致则接收报文，否则丢弃报文。

2．禁止端口发送 OSPF 报文

为了使 OSPF 路由信息不被其他路由器学习，可以配置静默端口，禁止端口发送 OSPF 报文，如图 6-12 所示。

图 6-12　静默端口

6.5　OSPF 路由协议的高级特性的配置命令

1．配置 OSPF 虚连接

① [H3C] ospf 进程号 router-id　自身的 RID　　　　　　　/*开启 OSPF 路由协议
② [H3C-ospf-1] area　区域号
　/*配置 OSPF 区域号，不能是骨干区域
③ [H3C-ospf-1-area-0.0.0.1] vlink-peer 对方的 RID　　/*虚连接邻居的 RID

操作示例：如图 6-13 所示，在 R1、R2、R3 和 R4 之间运行 OSPF 路由协议，由于 Area 2 没有和骨干区域 Area 0 相连，所以 R4 无法学习其他区域的路由，需要配置 OSPF 虚连接来解决此问题。

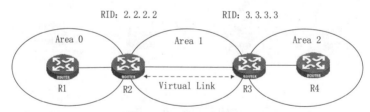

图 6-13　虚连接配置示例

在 R2 上配置虚连接。

```
[R2] ospf 1 router-id 2.2.2.2
[R2-ospf-1] area 1
[R2-ospf-1-area-0.0.0.1] vlink-peer  3.3.3.3     /*配置虚连接邻居的 RID
```

在 R3 上配置虚连接。

```
[R2] ospf 1 router-id 3.3.3.3
[R3-ospf-1] area 1
[R3-ospf-1-area-0.0.0.1] vlink-peer  2.2.2.2     /*配置虚连接邻居的 RID
```

2．配置 OSPF 的 Stub 区域

① [H3C] ospf 进程号 router-id　自身的 RID　　　　　　/*开启 OSPF 路由协议
② [H3C-ospf-1] area　区域号　　　　　　　　　　　/*配置 OSPF 区域号，不能是骨干区域
③ [H3C-ospf-1-area-0.0.0.1] stub　　　　　　　　　/*配置区域为 Stub 区域

操作示例：如图 6-14 所示，在 R1、R2、R3 和 R4 之间运行 OSPF 路由协议，为了缩减

LSDB 的规模，Area 2 需要配置 Stub 区域。

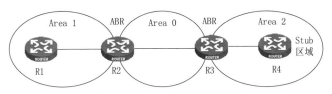

图 6-14　Stub 区域配置示例

在 R3 上配置 Stub 区域。

```
[R3] ospf 1 router-id 3.3.3.3
[R3-ospf-1] area 2
[R3-ospf-1-area-0.0.0.2] stub                    /*配置 Area 2 为 Stub 区域
```

在 R4 上配置 Stub 区域。

```
[R4] ospf 1 router-id 4.4.4.4
[R4-ospf-1] area 2
[R4-ospf-1-area-0.0.0.2] stub                    /*配置 Area 2 为 Stub 区域
```

3. 配置 OSPF 的 Totally Stub 区域

```
① [H3C] ospf 进程号 router-id 自身的 RID              /*开启 OSPF 路由协议
② [H3C-ospf-1] area 区域号                          /*配置 OSPF 区域号，不能是骨干区域
③ [H3C-ospf-1-area-0.0.0.1] stub no-summary        /*配置区域为 Totally Stub 区域
```

操作示例： 如图 6-15 所示，在 R1、R2、R3 和 R4 之间运行 OSPF 路由协议，为了进一步缩减 LSDB 的规模，Area 2 需要配置 Totally Stub 区域。

图 6-15　Totally Stub 区域配置示例

在 R3 上配置 Totally Stub 区域。

```
[R3] ospf 1 router-id 3.3.3.3
[R3-ospf-1] area 2
[R3-ospf-1-area-0.0.0.2] stub no-summary          /*配置 Area 2 为 Totally Stub 区域
```

在 R4 上配置 Totally Stub 区域。

```
[R4] ospf 1 router-id 4.4.4.4
[R4-ospf-1] area 2
[R4-ospf-1-area-0.0.0.2] stub                     /*配置 Area 2 为 Totally Stub 区域
```

4. 配置 OSPF 的 NSSA 区域

```
① [H3C] ospf 进程号 router-id 自身的 RID                   /*开启 OSPF 路由协议
② [H3C-ospf-1] area 区域号                               /*配置 OSPF 区域号，不能是骨干区域
③ [H3C-ospf-1-area-0.0.0.1] nssa default-route-advertise  /*配置区域为 NSSA 区域
```

操作示例： 如图 6-16 所示，在 R1、R2、R3 和 R4 之间运行 OSPF 路由协议，R4 引入的外部路由为 ASBR，为了缩减 LSDB 的规模，Area 2 需要配置 NSSA 区域。

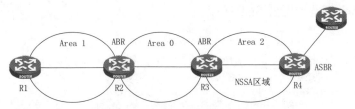

图 6-16　NSSA 区域配置示例

在 R3 上配置 NSSA 区域。

```
[R3] ospf 1 router-id 3.3.3.3
[R3-ospf-1] area 2
[R3-ospf-1-area-0.0.0.2] nssa default-route-advertise /*配置 Area 2 为 NSSA 区域
```

在 R4 上配置 NSSA 区域。

```
[R4] ospf 1 router-id 4.4.4.4
[R4-ospf-1] area 2
[R4-ospf-1-area-0.0.0.2] nssa                          /*配置 Area 2 为 NSSA 区域
```

5. 配置 OSPF 路由协议报文验证

① [H3C] ospf 进程号 router-id　自身的 RID　　　　　　　　　/*开启 OSPF 路由协议
② [H3C-ospf-1] area　区域号　　　　　　　　　　　　　　　/*配置 OSPF 区域号
③ [H3C-ospf-1-area-0.0.0.1] authentication-mode [simple|md5]
　　/*区域采用的验证模式
④ [H3C-GigabitEthernet0/0] ospf authentication-mode [simple|md5]
　　/*在端口模式下配置验证模式和密码

操作示例：如图 6-17 所示，在 R1 和 R2 之间运行 OSPF 路由协议，出于安全性考虑，需要在 Area 0 中开启 OSPF 路由协议报文验证，采用简单验证模式，验证密码为 123123。在 R1 和 R2 之间开启 OSPF 端口验证，验证密码为 654321。

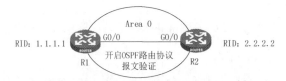

图 6-17　OSPF 路由协议报文验证配置示例

在 R1 上配置 OSPF 路由协议报文验证。

```
[R1]ospf 1 router-id 1.1.1.1
[R1-ospf-1]area 0
[R1-ospf-1-area-0.0.0.0]authentication-mode simple plain 123123
[R1-ospf-1-area-0.0.0.0]quit
[R1-ospf-1]quit
[R1]int GigabitEthernet 0/0
[R1-GigabitEthernet0/0]ospf authentication-mode simple plain 654321
```

在 R2 上配置 OSPF 路由协议报文验证。

```
[R2]ospf 1 router-id 2.2.2.2
[R2-ospf-1]area 0
[R2-ospf-1-area-0.0.0.0]authentication-mode simple plain 123123
```

```
[R2-ospf-1-area-0.0.0.0]quit
[R2-ospf-1]quit
[R2]int g0/0
[R2-GigabitEthernet0/0]ospf authentication-mode simple plain 654321
```

配置结束后，在 R1 上通过 dis ospf interface g0/0 查看端口状态，如图 6-18 所示。

```
[R1]dis ospf interface g0/0

              OSPF Process 1 with Router ID 1.1.1.1
                    Interfaces

Interface: 1.1.1.1 (GigabitEthernet0/0)
Cost: 1      State: BDR      Type: Broadcast    MTU: 1500
Priority: 1
Designated router: 1.1.1.2
Backup designated router: 1.1.1.1
Timers: Hello 10, Dead 40, Poll 40, Retransmit 5, Transmit Delay 1
FRR backup: Enabled
Enabled by network configuration
Simple authentication enabled.
[R1]
```

图 6-18　R1 的 G0/0 端口状态

6.6　工作任务示例

某公司的网络拓扑结构如图 6-19 所示，公司的骨干网络由 5 台路由器组成。在 R1、R2、R3、R4 和 R5 之间运行 OSPF 路由协议，R1 和 R2 之间属于 Area 1，R2 和 R3 之间属于 Area 0，R3 和 R4 之间属于 Area 2，R4 和 R5 之间属于 Area 3。R4 上的 100.100.100.1/24 和 R5 上的 120.120.120.1/24 网段不宣称到 OSPF 路由协议中，而是用作测试网段。

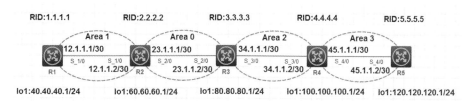

图 6-19　网络拓扑结构

要求配置路由器端口的基本 IP 地址，其中 lo0 端口的 IP 地址将作为 OSPF 路由协议的 Router ID 号，并且用来模拟网段；根据图示配置 OSPF 的多区域；配置虚连接技术使 R5 能够学到全网路由；将 R4 上所连接的 100.100.100.1/24 网段配置为直连路由引入，模拟第四类和第五类 LSA。Area 1 配置为 Stub 区域，查看 R1 的路由表是否还存在第四类 LSA 和第五类 LSA，即是否还存在 100.100.100.1 的路由信息；将 Area 3 配置为 Totally Stub 区域，查看 R5 的路由表中是否还存在第三类 LSA，即是否还存在 80.80.80.1 的路由信息；将 R5 的 Area 3 改为 NSSA 区域，引入 120.120.120.1 网段；R1 和 R2 的端口开启 OSPF 验证，并且使用 MD5 验证方式，密码为 123123。

该公司局域网的 IP 地址规划如表 6-1 所示。

表 6-1　IP 地址规划

设 备 名 称	IP 地 址	子 网 掩 码	网 关
R1 的 S_1/0	12.1.1.1	255.255.255.252	
R1 的 lo0	1.1.1.1	255.255.255.255	

续表

设 备 名 称	IP 地 址	子 网 掩 码	网 关
R1 的 lo1	40.40.40.1	255.255.255.0	
R2 的 S_1/0	12.1.1.2	255.255.255.252	
R2 的 S_2/0	23.1.1.1	255.255.255.252	
R2 的 lo0	2.2.2.2	255.255.255.255	
R2 的 lo1	60.60.60.1	255.255.255.0	
R3 的 S_2/0	23.1.1.2	255.255.255.252	
R3 的 S_3/0	34.1.1.1	255.255.255.252	
R3 的 lo0	3.3.3.3	255.255.255.255	
R3 的 lo1	80.80.80.1	255.255.255.0	
R4 的 S_3/0	34.1.1.2	255.255.255.252	
R4 的 S_4/0	45.1.1.1	255.255.255.252	
R4 的 lo0	4.4.4.4	255.255.255.255	
R4 的 lo1	100.100.100.1	255.255.255.0	
R5 的 S_4/0	45.1.1.2	255.255.255.252	
R5 的 lo0	5.5.5.5	255.255.255.255	
R5 的 lo1	120.120.120.1	255.255.255.0	

具体实施步骤

步骤 1：为 R1 配置 IP 地址，开启 OSPF 路由协议。

```
<H3C>system-view
[H3C]sysname R1                                    /*将设备命名为 R1
[R1]int lo0                                         /*配置 lo0 端口的 IP 地址
[R1-LoopBack0]ip address 1.1.1.1 32
[R1-LoopBack0]int lo1                              /*配置 lo1 端口的 IP 地址
[R1-LoopBack1]ip address 40.40.40.1 24
[R1-LoopBack1]int s1/0                             /*配置 S1/0 端口的 IP 地址
[R1-Serial1/0]ip address 12.1.1.1 30
[R1-Serial1/0]quit
[R1]ospf 1 router-id 1.1.1.1                       /*开启 OSPF 路由协议,Router ID 为 1.1.1.1
[R1-ospf-1]area 1                                  /*在 Area 1 运行
[R1-ospf-1-area-0.0.0.1]network 12.1.1.0 0.0.0.3   /*将网段宣称到 OSPF 路由中
[R1-ospf-1-area-0.0.0.1]network 40.40.40.0 0.0.0.255
[R1-ospf-1-area-0.0.0.1]network 1.1.1.1 0.0.0.0
[R1-ospf-1-area-0.0.0.1]quit
[R1-ospf-1]quit
```

步骤 2：为 R2 配置 IP 地址，开启 OSPF 路由协议。

```
<H3C>system-view
[H3C]sysname R2
[R2]int lo0
[R2-LoopBack0]ip address 2.2.2.2 32
[R2-LoopBack0]int lo1
[R2-LoopBack1]ip address 60.60.60.1 24
```

```
[R2-LoopBack1]int s1/0
[R2-Serial1/0]ip address 12.1.1.2 30
[R2-Serial1/0]int s2/0
[R2-Serial2/0]ip address 23.1.1.1 30
[R2-Serial2/0]quit
[R2]ospf 1 router-id 2.2.2.2
[R2-ospf-1]area 0
[R2-ospf-1-area-0.0.0.0]network 23.1.1.0 0.0.0.3
[R2-ospf-1-area-0.0.0.0]network 2.2.2.2 0.0.0.0
[R2-ospf-1-area-0.0.0.0]network 60.60.60.0 0.0.0.255
[R2-ospf-1-area-0.0.0.0]area 1
[R2-ospf-1-area-0.0.0.1]network 12.1.1.0 0.0.0.255
[R2-ospf-1-area-0.0.0.1]quit
[R2-ospf-1]quit
```

步骤 3：为 R3 配置 IP 地址，开启 OSPF 路由协议。

```
<H3C>system-view
[H3C]sysname R3
[R3]int lo0
[R3-LoopBack0]ip address 3.3.3.3 32
[R3-LoopBack0]int lo1
[R3-LoopBack1]ip address 80.80.80.1 24
[R3-LoopBack1]int s2/0
[R3-Serial2/0]ip address 23.1.1.2 30
[R3-Serial2/0]int s3/0
[R3-Serial3/0]ip address 34.1.1.1 30
[R3-Serial3/0]quit
[R3]ospf 1 router-id 3.3.3.3
[R3-ospf-1]area 0
[R3-ospf-1-area-0.0.0.0]network 23.1.1.0 0.0.0.3
[R3-ospf-1-area-0.0.0.0]network 3.3.3.3 0.0.0.0
[R3-ospf-1-area-0.0.0.0]network 80.80.80.0 0.0.0.255
[R3-ospf-1-area-0.0.0.0]area 2
[R3-ospf-1-area-0.0.0.2]network 34.1.1.0 0.0.0.3
[R3-ospf-1-area-0.0.0.2]quit
[R3-ospf-1]quit
```

步骤 4：为 R4 配置 IP 地址，开启 OSPF 路由协议。

```
<H3C>system-view
System View: return to User View with Ctrl+Z.
[H3C]sysname R4
[R4]int lo0
[R4-LoopBack0]ip address 4.4.4.4 32
[R4-LoopBack0]int lo1
[R4-LoopBack1]ip address 100.100.100.1 24
[R4-LoopBack1]int s3/0
[R4-Serial3/0]ip address 34.1.1.2 30
[R4-Serial3/0]int s4/0
[R4-Serial4/0]ip address 45.1.1.1 30
```

```
[R4-Serial4/0]quit
[R4]ospf 1 router-id 4.4.4.4
[R4-ospf-1]area 2
[R4-ospf-1-area-0.0.0.2]network 34.1.1.0 0.0.0.3
[R4-ospf-1-area-0.0.0.2]network 4.4.4.4 0.0.0.0
[R4-ospf-1-area-0.0.0.2]area 3
[R4-ospf-1-area-0.0.0.3]network 45.1.1.0 0.0.0.3 [R4-ospf-1-area-0.0.0.3]quit
[R4-ospf-1]quit
```

步骤 5：为 R5 配置 IP 地址，开启 OSPF 路由协议。

```
<H3C>system-view
[H3C]sysname R5
[R5]int lo0
[R5-LoopBack0]ip address 5.5.5.5 32
[R5-LoopBack0]int lo1
[R5-LoopBack1]ip address 120.120.120.1 24
[R5-LoopBack1]int s4/0
[R5-Serial4/0]ip address 45.1.1.2 30
[R5-Serial4/0]quit
[R5]ospf 1 router-id 5.5.5.5
[R5-ospf-1]area 3
[R5-ospf-1-area-0.0.0.3]network 45.1.1.0 0.0.0.3
[R5-ospf-1-area-0.0.0.3]network 5.5.5.5 0.0.0.0
[R5-ospf-1-area-0.0.0.3]quit
[R5-ospf-1]quit
```

在 R1 上查看路由表，发现学习不到 Area 3 中的路由信息（即 45.1.1.0/30 和 5.5.5.5），其他网段路由都可以学习。

```
[R1]dis ip routing-table

Destinations : 25     Routes : 25

Destination/Mask    Proto    Pre Cost    NextHop       Interface
0.0.0.0/32          Direct   0   0       127.0.0.1     InLoop0
1.1.1.1/32          Direct   0   0       127.0.0.1     InLoop0
2.2.2.2/32          O_INTER  10  1562    12.1.1.2      Ser1/0
3.3.3.3/32          O_INTER  10  3124    12.1.1.2      Ser1/0
4.4.4.4/32          O_INTER  10  4686    12.1.1.2      Ser1/0
12.1.1.0/30         Direct   0   0       12.1.1.1      Ser1/0
12.1.1.0/32         Direct   0   0       12.1.1.1      Ser1/0
12.1.1.1/32         Direct   0   0       127.0.0.1     InLoop0
12.1.1.2/32         Direct   0   0       12.1.1.2      Ser1/0
12.1.1.3/32         Direct   0   0       12.1.1.1      Ser1/0
23.1.1.0/30         O_INTER  10  3124    12.1.1.2      Ser1/0
34.1.1.0/30         O_INTER  10  4686    12.1.1.2      Ser1/0
40.40.40.0/24       Direct   0   0       40.40.40.1    Loop1
40.40.40.0/32       Direct   0   0       40.40.40.1    Loop1
40.40.40.1/32       Direct   0   0       127.0.0.1     InLoop0
40.40.40.255/32     Direct   0   0       40.40.40.1    Loop1
```

```
60.60.60.1/32        O_INTER 10   1562        12.1.1.2        Ser1/0
80.80.80.1/32        O_INTER 10   3124        12.1.1.2        Ser1/0
127.0.0.0/8          Direct  0    0           127.0.0.1       InLoop0
127.0.0.0/32         Direct  0    0           127.0.0.1       InLoop0
127.0.0.1/32         Direct  0    0           127.0.0.1       InLoop0
127.255.255.255/32   Direct  0    0           127.0.0.1       InLoop0
224.0.0.0/4          Direct  0    0           0.0.0.0         NULL0
224.0.0.0/24         Direct  0    0           0.0.0.0         NULL0
255.255.255.255/32   Direct  0    0           127.0.0.1       InLoop0.
```

步骤 6：在 R3 和 R4 上配置虚连接，使全网互通。

```
[R3]ospf
[R3-ospf-1]area 2
[R3-ospf-1-area-0.0.0.2]vlink-peer 4.4.4.4   /*配置虚连接，指定邻居的 Router ID
[R3-ospf-1-area-0.0.0.2]quit
[R4]ospf
[R4-ospf-1]area 2
[R4-ospf-1-area-0.0.0.2]vlink-peer 3.3.3.3   /*配置虚连接，指定邻居的 Router ID
[R4-ospf-1-area-0.0.0.2]quit
```

在 R1 上查看路由表，发现已经可以学习全网路由。

```
[R1]dis ip routing-table

Destinations : 27      Routes : 27

Destination/Mask    Proto   Pre Cost      NextHop       Interface
0.0.0.0/32          Direct  0   0         127.0.0.1     InLoop0
1.1.1.1/32          Direct  0   0         127.0.0.1     InLoop0
2.2.2.2/32          O_INTER 10  1562      12.1.1.2      Ser1/0
3.3.3.3/32          O_INTER 10  3124      12.1.1.2      Ser1/0
4.4.4.4/32          O_INTER 10  4686      12.1.1.2      Ser1/0
5.5.5.5/32          O_INTER 10  6248      12.1.1.2      Ser1/0
12.1.1.0/30         Direct  0   0         12.1.1.1      Ser1/0
12.1.1.0/32         Direct  0   0         12.1.1.1      Ser1/0
12.1.1.1/32         Direct  0   0         127.0.0.1     InLoop0
12.1.1.2/32         Direct  0   0         12.1.1.2      Ser1/0
12.1.1.3/32         Direct  0   0         12.1.1.1      Ser1/0
23.1.1.0/30         O_INTER 10  3124      12.1.1.2      Ser1/0
34.1.1.0/30         O_INTER 10  4686      12.1.1.2      Ser1/0
40.40.40.0/24       Direct  0   0         40.40.40.1    Loop1
40.40.40.0/32       Direct  0   0         40.40.40.1    Loop1
40.40.40.1/32       Direct  0   0         127.0.0.1     InLoop0
40.40.40.255/32     Direct  0   0         40.40.40.1    Loop1
45.1.1.0/30         O_INTER 10  6248      12.1.1.2      Ser1/0
60.60.60.1/32       O_INTER 10  1562      12.1.1.2      Ser1/0
80.80.80.1/32       O_INTER 10  3124      12.1.1.2      Ser1/0
127.0.0.0/8         Direct  0   0         127.0.0.1     InLoop0
127.0.0.0/32        Direct  0   0         127.0.0.1     InLoop0
127.0.0.1/32        Direct  0   0         127.0.0.1     InLoop0
```

```
127.255.255.255/32   Direct  0   0              127.0.0.1      InLoop0
224.0.0.0/4          Direct  0   0              0.0.0.0        NULL0
224.0.0.0/24         Direct  0   0              0.0.0.0        NULL0
255.255.255.255/32   Direct  0   0              127.0.0.1      InLoop0
```

步骤 7：将 R4 上所连接的 100.100.100.1/24 网段配置为直连重分发，模拟 LSA4 和 LSA5。

```
[R4]ospf
[R4-ospf-1]import-route direct
```

在 R1 上查看路由表，发现已经可以学习 100.100.100.1/24 网段。

```
[R1]dis ip routing-table

Destinations : 30     Routes : 30

Destination/Mask     Proto     Pre Cost      NextHop        Interface
0.0.0.0/32           Direct    0   0         127.0.0.1      InLoop0
1.1.1.1/32           Direct    0   0         127.0.0.1      InLoop0
2.2.2.2/32           O_INTER   10  1562      12.1.1.2       Ser1/0
3.3.3.3/32           O_INTER   10  3124      12.1.1.2       Ser1/0
4.4.4.4/32           O_INTER   10  4686      12.1.1.2       Ser1/0
5.5.5.5/32           O_INTER   10  6248      12.1.1.2       Ser1/0
12.1.1.0/30          Direct    0   0         12.1.1.1       Ser1/0
12.1.1.0/32          Direct    0   0         12.1.1.1       Ser1/0
12.1.1.1/32          Direct    0   0         127.0.0.1      InLoop0
12.1.1.2/32          Direct    0   0         12.1.1.2       Ser1/0
12.1.1.3/32          Direct    0   0         12.1.1.1       Ser1/0
23.1.1.0/30          O_INTER   10  3124      12.1.1.2       Ser1/0
34.1.1.0/30          O_INTER   10  4686      12.1.1.2       Ser1/0
34.1.1.1/32          O_ASE2    150 1         12.1.1.2       Ser1/0
40.40.40.0/24        Direct    0   0         40.40.40.1     Loop1
40.40.40.0/32        Direct    0   0         40.40.40.1     Loop1
40.40.40.1/32        Direct    0   0         127.0.0.1      InLoop0
40.40.40.255/32      Direct    0   0         40.40.40.1     Loop1
45.1.1.0/30          O_INTER   10  6248      12.1.1.2       Ser1/0
45.1.1.2/32          O_ASE2    150 1         12.1.1.2       Ser1/0
60.60.60.1/32        O_INTER   10  1562      12.1.1.2       Ser1/0
80.80.80.1/32        O_INTER   10  3124      12.1.1.2       Ser1/0
100.100.100.0/24     O_ASE2    150 1         12.1.1.2       Ser1/0
127.0.0.0/8          Direct    0   0         127.0.0.1      InLoop0
127.0.0.0/32         Direct    0   0         127.0.0.1      InLoop0
127.0.0.1/32         Direct    0   0         127.0.0.1      InLoop0
127.255.255.255/32   Direct    0   0         127.0.0.1      InLoop0
224.0.0.0/4          Direct    0   0         0.0.0.0        NULL0
224.0.0.0/24         Direct    0   0         0.0.0.0        NULL0
255.255.255.255/32   Direct    0   0         127.0.0.1      InLoop0

[R1]dis ospf routing    /*R1 上查看 OSPF 路由信息表

    OSPF Process 1 with Router ID 1.1.1.1
```

```
                 Routing Table

Routing for network
Destination      Cost    Type    NextHop        AdvRouter        Area
12.1.1.0/30      1562    Stub    0.0.0.0        1.1.1.1          0.0.0.1
80.80.80.1/32    3124    Inter   12.1.1.2       2.2.2.2          0.0.0.1
23.1.1.0/30      3124    Inter   12.1.1.2       2.2.2.2          0.0.0.1
60.60.60.1/32    1562    Inter   12.1.1.2       2.2.2.2          0.0.0.1
5.5.5.5/32       6248    Inter   12.1.1.2       2.2.2.2          0.0.0.1
4.4.4.4/32       4686    Inter   12.1.1.2       2.2.2.2          0.0.0.1
40.40.40.1/32    0       Stub    0.0.0.0        1.1.1.1          0.0.0.1
3.3.3.3/32       3124    Inter   12.1.1.2       2.2.2.2          0.0.0.1
34.1.1.0/30      4686    Inter   12.1.1.2       2.2.2.2          0.0.0.1
2.2.2.2/32       1562    Inter   12.1.1.2       2.2.2.2          0.0.0.1
1.1.1.1/32       0       Stub    0.0.0.0        1.1.1.1          0.0.0.1
45.1.1.0/30      6248    Inter   12.1.1.2       2.2.2.2          0.0.0.1


Routing for ASEs
Destination      Cost    Type    Tag      NextHop        AdvRouter
45.1.1.2/32      1       Type2   1        12.1.1.2       4.4.4.4
100.100.100.0/24 1       Type2   1        12.1.1.2       4.4.4.4
34.1.1.1/32      1       Type2   1        12.1.1.2       4.4.4.4
```
/*这 3 条路由都是外部路由，由 **LSA4** 和 **LSA5** 宣告
```
Total nets: 15
Intra area: 3  Inter area: 9  ASE: 3  NSSA: 0
```

步骤 8：将 Area 1 配置为 Stub 区域，查看 R1 的路由表是否还存在 LSA4 和 LSA5，即是否还存在 100.100.100.1 的路由信息。

```
[R1]ospf
[R1-ospf-1]area 1                          /*R1 进入 Area 1
[R1-ospf-1-area-0.0.0.1]stub               /*配置 Area 1 为 Stub 区域


[R2]ospf
[R2-ospf-1]area 1                          /*R2 进入 Area 1
[R2-ospf-1-area-0.0.0.1]stub               /*配置 Area 1 为 Stub 区域


[R1]dis ospf routing
```
/*查看 R1 的路由信息表，发现已经学习不到 LSA4 和 LSA5 的宣告，即学习不到 100.100.100.1/24 网段，但是会有 1 条 LSA3 的默认路由
```
        OSPF Process 1 with Router ID 1.1.1.1
                 Routing Table
Routing for network
Destination      Cost    Type    NextHop        AdvRouter        Area
0.0.0.0/0        1563    Inter   12.1.1.2       2.2.2.2          0.0.0.1
12.1.1.0/30      1562    Stub    0.0.0.0        1.1.1.1          0.0.0.1
80.80.80.1/32    3124    Inter   12.1.1.2       2.2.2.2          0.0.0.1
23.1.1.0/30      3124    Inter   12.1.1.2       2.2.2.2          0.0.0.1
60.60.60.1/32    1562    Inter   12.1.1.2       2.2.2.2          0.0.0.1
5.5.5.5/32       6248    Inter   12.1.1.2       2.2.2.2          0.0.0.1
```

```
4.4.4.4/32        4686    Inter   12.1.1.2        2.2.2.2        0.0.0.1
40.40.40.1/32     0       Stub    0.0.0.0         1.1.1.1        0.0.0.1
3.3.3.3/32        3124    Inter   12.1.1.2        2.2.2.2        0.0.0.1
34.1.1.0/30       4686    Inter   12.1.1.2        2.2.2.2        0.0.0.1
2.2.2.2/32        1562    Inter   12.1.1.2        2.2.2.2        0.0.0.1
1.1.1.1/32        0       Stub    0.0.0.0         1.1.1.1        0.0.0.1
45.1.1.0/30       6248    Inter   12.1.1.2        2.2.2.2        0.0.0.1


Total nets: 13
Intra area: 3  Inter area: 10  ASE: 0  NSSA: 0
```

步骤 9：将 Area 3 配置为 Totally Stub 区域，查看 R5 的路由表中是否还存在 LSA3，即是否还存在 80.80.80.1 的路由信息。

```
[R5]dis ospf routing
/*查看 R5 的 OSPF 路由信息，80.80.80.1/32 网段为 LSA3 的宣告，类型为（Inter）

        OSPF Process 1 with Router ID 5.5.5.5
                Routing Table


Routing for network
Destination       Cost    Type    NextHop         AdvRouter       Area
12.1.1.0/30       6248    Inter   45.1.1.1        4.4.4.4         0.0.0.3
80.80.80.1/32     3124    Inter   45.1.1.1        4.4.4.4         0.0.0.3
23.1.1.0/30       4686    Inter   45.1.1.1        4.4.4.4         0.0.0.3
60.60.60.1/32     4686    Inter   45.1.1.1        4.4.4.4         0.0.0.3
5.5.5.5/32        0       Stub    0.0.0.0         5.5.5.5         0.0.0.3
4.4.4.4/32        1562    Inter   45.1.1.1        4.4.4.4         0.0.0.3
40.40.40.1/32     6248    Inter   45.1.1.1        4.4.4.4         0.0.0.3
3.3.3.3/32        3124    Inter   45.1.1.1        4.4.4.4         0.0.0.3
34.1.1.0/30       3124    Inter   45.1.1.1        4.4.4.4         0.0.0.3
2.2.2.2/32        4686    Inter   45.1.1.1        4.4.4.4         0.0.0.3
1.1.1.1/32        6248    Inter   45.1.1.1        4.4.4.4         0.0.0.3
45.1.1.0/30       1562    Stub    0.0.0.0         5.5.5.5         0.0.0.3


Routing for ASEs
Destination       Cost    Type    Tag     NextHop         AdvRouter
45.1.1.2/32       1       Type2   1       45.1.1.1        4.4.4.4
100.100.100.0/24  1       Type2   1       45.1.1.1        4.4.4.4
34.1.1.1/32       1       Type2   1       45.1.1.1        4.4.4.4


Total nets: 15
 Intra area: 2  Inter area: 10  ASE: 3  NSSA: 0
[R4]ospf
[R4-ospf-1]area 3                          /*R4 进入 Area 3
[R4-ospf-1-area-0.0.0.3]stub no-summary    /*将 R4 配置为 Totally Stub 区域


[R5]ospf
[R5-ospf-1]area 3                          /*R5 进入 Area 3
[R5-ospf-1-area-0.0.0.3]stub               /*将 R5 配置为 Stub 区域
```

```
[R5-ospf-1-area-0.0.0.3]quit
[R5-ospf-1]quit


[R5]dis ospf routing
```
/*查看 R5 的 OSPF 路由信息，已经没有 LSA3 的宣告，产生了 1 条默认的 LSA3，大大缩减了路由表

```
        OSPF Process 1 with Router ID 5.5.5.5


Routing for network
Destination          Cost      Type     NextHop         AdvRouter         Area
0.0.0.0/0            1563      Inter    45.1.1.1        4.4.4.4           0.0.0.3
5.5.5.5/32           0         Stub     0.0.0.0         5.5.5.5           0.0.0.3
45.1.1.0/30          1562      Stub     0.0.0.0         5.5.5.5           0.0.0.3


Total nets: 3
Intra area: 2 Inter area: 1 ASE: 0 NSSA: 0
```

步骤 10：将 R5 的 Area 3 改为 NSSA 区域，R5 引入 120.120.120.1 网段，查看 R4 的路由表。

```
[R4]ospf
[R4-ospf-1]area 3
[R4-ospf-1-area-0.0.0.3]undo stub        /*删除 R4 中 Area 3 的 Stub 区域
[R4-ospf-1-area-0.0.0.3]nssa             /*将 Area 3 配置为 NSSA 区域


[R5]ospf
[R5-ospf-1]area 3
[R5-ospf-1-area-0.0.0.3]undo stub        /*删除 R5 中 Area 3 的 Stub 区域
[R5-ospf-1-area-0.0.0.3]nssa             /*将 Area 3 配置为 NSSA 区域
[R5-ospf-1-area-0.0.0.3]quit
[R5-ospf-1]import direct                 /*R5 引入直连路由（120.120.120.1/24）
[R5-ospf-1]


[R4-ospf-1]dis ip routing-table
```
/*查看 R4 的路由表，发现 120.120.120.1/24 网段为 LSA7

```
Destinations : 33      Routes : 33


Destination/Mask     Proto    Pre Cost      NextHop          Interface
0.0.0.0/32           Direct   0   0         127.0.0.1        InLoop0
1.1.1.1/32           O_INTER  10  4686      34.1.1.1         Ser3/0
2.2.2.2/32           O_INTRA  10  3124      34.1.1.1         Ser3/0
3.3.3.3/32           O_INTRA  10  1562      34.1.1.1         Ser3/0
4.4.4.4/32           Direct   0   0         127.0.0.1        InLoop0
5.5.5.5/32           O_INTRA  10  1562      45.1.1.2         Ser4/0
12.1.1.0/30          O_INTER  10  4686      34.1.1.1         Ser3/0
23.1.1.0/30          O_INTRA  10  3124      34.1.1.1         Ser3/0
34.1.1.0/30          Direct   0   0         34.1.1.2         Ser3/0
34.1.1.0/32          Direct   0   0         34.1.1.2         Ser3/0
34.1.1.1/32          Direct   0   0         34.1.1.1         Ser3/0
34.1.1.2/32          Direct   0   0         127.0.0.1        InLoop0
34.1.1.3/32          Direct   0   0         34.1.1.2         Ser3/0
```

40.40.40.1/32	O_INTER 10	4686	34.1.1.1	Ser3/0
45.1.1.0/30	Direct 0	0	45.1.1.1	Ser4/0
45.1.1.0/32	Direct 0	0	45.1.1.1	Ser4/0
45.1.1.1/32	Direct 0	0	127.0.0.1	InLoop0
45.1.1.2/32	Direct 0	0	45.1.1.2	Ser4/0
45.1.1.3/32	Direct 0	0	45.1.1.1	Ser4/0
60.60.60.1/32	O_INTRA 10	3124	34.1.1.1	Ser3/0
80.80.80.1/32	O_INTRA 10	1562	34.1.1.1	Ser3/0
100.100.100.0/24	Direct 0	0	100.100.100.1	Loop1
100.100.100.0/32	Direct 0	0	100.100.100.1	Loop1
100.100.100.1/32	Direct 0	0	127.0.0.1	InLoop0
100.100.100.255/32	Direct 0	0	100.100.100.1	Loop1
120.120.120.0/24	**O_NSSA2 150**	**1**	**45.1.1.2**	**Ser4/0**
127.0.0.0/8	Direct 0	0	127.0.0.1	InLoop0
127.0.0.0/32	Direct 0	0	127.0.0.1	InLoop0
127.0.0.1/32	Direct 0	0	127.0.0.1	InLoop0
127.255.255.255/32	Direct 0	0	127.0.0.1	InLoop0
224.0.0.0/4	Direct 0	0	0.0.0.0	NULL0
224.0.0.0/24	Direct 0	0	0.0.0.0	NULL0
255.255.255.255/32	Direct 0	0	127.0.0.1	InLoop0

步骤 11：R1 和 R2 的端口开启 OSPF 验证，使用 MD5 验证方式，密码为 123123。

```
[R1]int s1/0
[R1-Serial1/0]ospf authentication-mode md5 1 plain 123123 /*开启 MD5 端口验证
[R1-Serial1/0]quit

[R2]int s1/0
[R2-Serial1/0]ospf authentication-mode md5 1 plain 123123 /*开启 MD5 端口验证
[R2-Serial1/0]quit
```

6.7　项目小结

　　Stub 区域不接收第四类 LSA 和第五类 LSA，所以在 LSDB 中看不到第四类 LSA 和第五类 LSA，在路由表中会增加一条默认路由以到达外部路由。Totally Stub 区域不接收第三类 LSA、第四类 LSA 及第五类 LSA，在 LSDB 中会存在一条默认的第三类 LSA。与 Stub 区域不同，NSSA 区域虽然不接收第四类 LSA 和第五类 LSA，但是区域内可引入外部路由，生成第七类 LSA，区域内的 ABR 能将外部路由信息与第五类 LSA 的形式发送给其他区域。

习题

一、选择题

1. 第四类 LSA 是由（　　）设备产生的。

　　A．DR　　　　　　　B．BDR　　　　　　　C．ABR　　　　　　　D．ASBR

2. 在 OSPF 路由协议中，常见的特殊区域包括（　　　）。

　　A．Stub 区域　　　B．Totally Stub 区域　　C．NSSA 区域　　　　D．骨干区域

3. 在以下各种类型的 LSA 中，允许在骨干区域中存在的是（　　　）。

    A．第一类 LSA　　　　　　　　　　　B．第二类 LSA

    C．第三类 LSA　　　　　　　　　　　D．第四类 LSA

4. 关于 OSPF 中的第一类外部路由和第二类外部路由，以下说法正确的是（　　　）。

    A．第一类外部路由都是注入 IGP 路由产生的

    B．第一类外部路由都是注入 BGP 路由产生的

    C．在默认情况下，通过其他路由协议引入 OSPF 路由协议中的路由都是第二类外部路由

    D．同一网段的路由信息，如果同时通过第一类外部路由和第二类外部路由学习，在其他条件相同的情况下，会优选第一类外部路由信息

5. 关于 OSPF 路由协议中的 Stub 区域，下列说法正确的是（　　　）。

    A．骨干区域不能配置为 Stub 区域

    B．虚连接不能穿越 Stub 区域

    C．在 Stub 区域中不能存在 ASBR

    D．在 Stub 区域中不允许注入第七类 LSA

二、简答题

1. 在何种情况下需要配置 Stub 区域？在何种情况下需要配置 Totally Stub 区域？

2. 简述第一类 LSA、第二类 LSA、第三类 LSA、第四类 LSA、第五类 LSA 和第七类 LSA 的作用。

3. OSPF 验证有几种方式？各种验证方式有什么区别？

项目 **7**

路由过滤技术

教学目标

1. 了解路由过滤的概念。
2. 了解路由过滤的工具。
3. 理解 RIP 路由协议的过滤方式。
4. 理解 OSPF 路由协议的过滤方式。
5. 掌握 RIP 和 OSPF 路由过滤的配置和应用。

项目内容

某公司的局域网包括多台交换机、路由器和计算机。公司的路由器之间运行 RIP 和 OSPF 路由协议，为了提高网络的安全性，需要对 RIP 和 OSPF 路由信息进行过滤。本项目将介绍如何进行 RIP 和 OSPF 路由过滤。

相关知识

要理解与掌握 RIP 和 OSPF 路由过滤，需要先了解路由过滤的概念和工具、静默端口、Filter-policy 过滤器，以及 RIP、OSPF 路由过滤的配置命令和配置方法。

7.1 路由过滤的概念

路由器在运行路由协议后，为了控制报文的转发路径，有时需要对路由信息进行过滤，使其只接收或发布一定条件的路由信息，这就是路由过滤。无论是在企业网络还是在运营商网络中，路由过滤技术的应用都比较普遍。例如，某公司企业内网运行了路由协议，内部的路由信息不希望被外部知道，可以采用路由过滤方法把路由在网络边界上过滤掉。

如图 7-1 所示，R2 从 R1 学习 192.168.1.0/24、192.168.2.0/24 和 192.168.3.0/24 这 3 条路由，出于安全方面的考虑，并不想把所有的路由信息发送出去，所以在 R2 上进行了路由过滤，仅发送 192.168.2.0/24 路由信息，其他路由信息不发布。

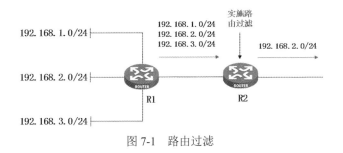

图 7-1 路由过滤

7.2 路由过滤的工具

路由过滤主要有两种方式:一种是在路由器上配置静默端口,使路由器不发送协议报文;另一种是使用过滤器,对路由信息进行过滤,常用的过滤器有如下几种。

- ACL(访问控制列表):使用 ACL 指定 IP 地址和子网掩码,用于匹配路由信息。
- Prefix-list(地址前缀列表):作用与 ACL 类似,但是更加灵活。使用地址前缀列表过滤路由信息时,其匹配对象为路由信息的目的地址。
- Filter-policy(过滤策略):可以在入口或出口设置过滤策略,对接收或发送的报文进行过滤。
- Route-policy(路由策略):是一种比较复杂的过滤器,不仅可以匹配路由信息的属性,还可以改变路由信息的属性。Route-policy 可以使用 ACL、地址前缀列表等过滤器来定义匹配规则。

ACL 和地址前缀列表仅对路由信息进行匹配,简单来说就是指明哪些路由信息符合过滤要求;Filter-policy 和 Route-policy 用来指明对符合过滤条件的路由信息执行过滤操作。

7.3 静默端口

静默端口又叫被动端口,在路由器上配置静默端口是一种简单的路由过滤方法。为了安全起见,可以在路由器上配置静默端口使路由器不发送协议报文。如图 7-2 所示,R2 的 G0/1 端口配置为静默端口,使 R2 不发送协议报文,这就意味着过滤掉了所有路由信息。

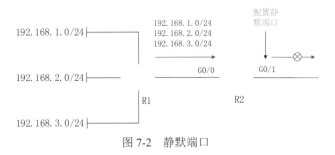

图 7-2 静默端口

7.4 Filter-policy 过滤器

在路由协议接收或发送路由信息时,通过在路由器的入口或出口使用 Filter-policy 过滤器,对接收和发送的路由信息进行过滤,Filter-policy 使用 ACL 或地址前缀列表来定义自己的匹配规则。如图 7-3 所示，R2 从 R1 上接收 192.168.1.0/24、192.168.2.0/24 和 192.168.3.0/24 这 3 条路由信息，可以在 R2 的 G0/1 端口的出方向上配置 Filter-policy 过滤路由信息，仅发送192.168.1.0/24 和 192.168.3.0/24 这 2 条路由信息，过滤掉 192.168.2.0/24 路由信息。

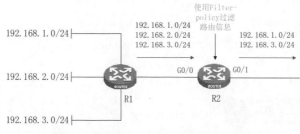

图 7-3　使用 Filter-policy 过滤路由信息

7.5　RIP 路由协议的过滤

对于 RIP 路由协议，因为接收的路由需要放到 RIP 路由表中，所以接收路由过滤是对进入 RIP 路由表的路由信息进行过滤；而发送路由过滤是对所发送的所有 RIP 路由信息进行过滤，如图 7-4 所示。

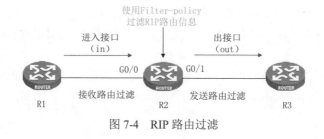

图 7-4　RIP 路由过滤

7.6　OSPF 路由协议的过滤

1．过滤计算出的路由

OSPF 是基于链路状态的路由协议，传递的是 LSA 而不是路由信息，所以不能简单地对LSA 进行过滤。过滤计算出的路由实际上是对 SPF 算法计算后的路由进行过滤，只有通过过滤的路由才被加入路由表中。

如图 7-5 所示，R2 收到 R1 的 LSA 更新报文，该报文包括 192.168.0.0/24、192.168.1.0/24、192.168.2.0/24 和 192.168.3.0/24 这 4 条路由信息。R2 将这 4 条 LSA 加入 LSDB 中，经过 SPF算法计算后，准备将这 4 条路由信息加入路由表时，之前定义的过滤规则有效，将过滤掉192.168.1.0/24、192.168.2.0/24 和 192.168.3.0/24 这 3 条路由信息，只有 192.168.0.0/24 这条路由进入路由表中。R2 将 LSA 发送给 R3 时，因为过滤规则是计算出的路由，不是过滤 LSA，所以这 4 条 LSA 都会发给 R3，即 R3 的 LSDB 包含这 4 条 LSA。R3 经过 SPF 算法计算后，路由表中有 192.168.0.0/24、192.168.1.0/24、192.168.2.0/24 和 192.168.3.0/24 这 4 条路由信息。

2．过滤第三类 LSA

OSPF 路由协议虽然在区域内传递的是链路状态信息，但是在区域之间传递的是第三类LSA，所以可以通过过滤第三类 LSA 达到过滤路由的目的。

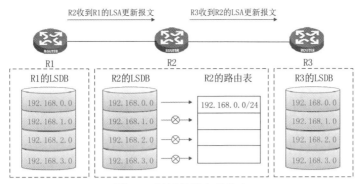

图 7-5 过滤计算出的路由

如图 7-6 所示，R2 为 ABR，并且连接 Area 0 和 Area 1，在 Area 1 中收到 R3 发送过来的 LSA 更新报文，包含 192.168.0.0/24、192.168.1.0/24、192.168.2.0/24、192.168.3.0/24 这 4 个网段的路由信息。R2 更新 Area 1 的 LSDB，将这 4 条 LSA 添加到 Area 1 的 LSDB 中。在这些 LSA 从 Area 1 向 Area 0 传递时，应使用过滤规则过滤掉 192.168.1.0/24、192.168.2.0/24 和 192.168.3.0/24 这 3 条 LSA，仅允许 192.168.0.0/24 这条 LSA 通过，这样 R2 的 Area 0 LSDB 只有 1 条 LSA，即 192.168.0.0。R2 将 Area 0 的 LSA 更新报文发送给 R1，则 R1 收到 192.168.0.0 的 LSA，更新 R1 的 LSDB，R2 通过 SPF 算法计算路由，R1 的路由表中只有 192.168.0.0/24 网段的路由信息。在 OSPF 路由协议中，通过过滤第三类 LSA，才能真正达到过滤路由的目的。

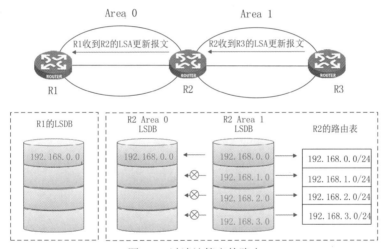

图 7-6 过滤计算出的路由

7.7 路由过滤的配置命令

1. 使用 Filter-policy 过滤 RIP 路由信息

① [H3C] rip   /*开启 RIP 路由协议
② [H3C-rip-1] filter-policy acl 编号 [import|export]
　　/*参数 import 代表对接收路由进行过滤，参数 export 代表对发送路由进行过滤

操作示例: 如图 7-7 所示,在 R1、R2 和 R3 之间运行 RIPv2 路由协议,R1 包含 192.168.1.0/24、192.168.2.0/24 和 192.168.3.0/24 网段。在 R2 上配置路由过滤,使 R3 只能学习 192.168.1.0/24 和 192.168.3.0/24 网段的信息。

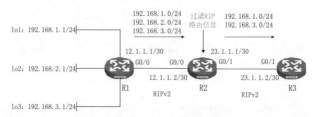

图 7-7   RIP 路由过滤示例

在 R1 上配置 RIPv2 路由协议。

```
<H3C>system-view
[H3C]sysname R1
[R1]int g0/0
[R1-GigabitEthernet0/0]ip address 12.1.1.1 30
[R1-GigabitEthernet0/0]quit
[R1]int lo1                                      /*lo1 端口用来模拟网段
[R1-LoopBack1]ip address 192.168.1.1 24
[R1-LoopBack1]quit
[R1]int lo2                                      /*lo2 端口用来模拟网段
[R1-LoopBack2]ip address 192.168.2.1 24
[R1-LoopBack2]quit
[R1]int lo3                                      /*lo3 端口用来模拟网段
[R1-LoopBack3]ip address 192.168.3.1 24
[R1-LoopBack3]quit
[R1]rip                                          /*开启 RIP 路由协议
[R1-rip-1]undo summary
[R1-rip-1]version 2                              /*使用 RIPv2 的版本
[R1-rip-1]network 12.1.1.0                       /*将网段宣称到 RIP 路由中
[R1-rip-1]network 192.168.1.0
[R1-rip-1]network 192.168.2.0
[R1-rip-1]network 192.168.3.0
[R1-rip-1]quit
```

在 R2 上配置 RIPv2 路由协议和路由过滤。

```
<H3C>system-view
[H3C]sysname R2
[R2]int g0/0
[R2-GigabitEthernet0/0]ip address 12.1.1.2 30
[R2-GigabitEthernet0/0]quit
[R2]int g0/1
[R2-GigabitEthernet0/1]ip address 23.1.1.1 30
[R2-GigabitEthernet0/1]quit
[R2]rip
[R2-rip-1]undo summary
[R2-rip-1]version 2
[R2-rip-1]network 12.1.1.0
[R2-rip-1]network 23.1.1.0
[R2-rip-1]quit
[R2]acl basic 2000                               /*定义基本访问控制列表 2000
[R2-acl-ipv4-basic-2000]rule deny source 192.168.2.0 0.0.0.255
```

```
/*拒绝192.168.2.0/24网段
[R2-acl-ipv4-basic-2000]rule permit source any        /*允许其他网段通过
[R2-acl-ipv4-basic-2000]quit
[R2]rip                                                /*进入RIP路由配置模式
[R2-rip-1]filter-policy 2000 export                   /*在发送路由时进行过滤
[R2-rip-1]quit
```

在 R3 上配置 RIPv2 路由协议。

```
<H3C>system-view
[H3C]sysname R3
[R3]int g0/1
[R3-GigabitEthernet0/1]ip address 23.1.1.2 30
[R3-GigabitEthernet0/1]quit
[R3]rip
[R3-rip-1]undo summary
[R3-rip-1]version 2
[R3-rip-1]network 23.1.1.0
[R3-rip-1]quit
```

如图 7-8 所示，在 R3 上查看路由表，可以观察到 R3 只学习了 192.168.1.0/24 和 192.168.3.0/24 网段的信息。

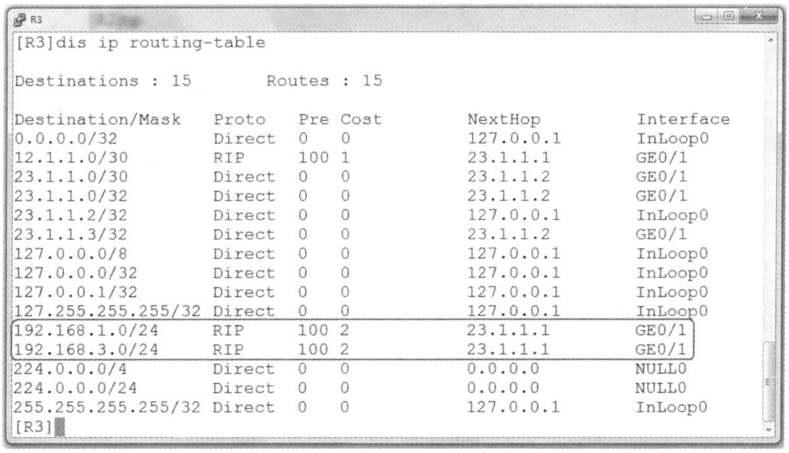

```
[R3]dis ip routing-table

Destinations : 15      Routes : 15

Destination/Mask    Proto    Pre Cost      NextHop        Interface
0.0.0.0/32          Direct   0   0         127.0.0.1      InLoop0
12.1.1.0/30         RIP      100 1         23.1.1.1       GE0/1
23.1.1.0/30         Direct   0   0         23.1.1.2       GE0/1
23.1.1.0/32         Direct   0   0         23.1.1.2       GE0/1
23.1.1.2/32         Direct   0   0         127.0.0.1      InLoop0
23.1.1.3/32         Direct   0   0         23.1.1.2       GE0/1
127.0.0.0/8         Direct   0   0         127.0.0.1      InLoop0
127.0.0.0/32        Direct   0   0         127.0.0.1      InLoop0
127.0.0.1/32        Direct   0   0         127.0.0.1      InLoop0
127.255.255.255/32  Direct   0   0         127.0.0.1      InLoop0
192.168.1.0/24      RIP      100 2         23.1.1.1       GE0/1
192.168.3.0/24      RIP      100 2         23.1.1.1       GE0/1
224.0.0.0/4         Direct   0   0         0.0.0.0        NULL0
224.0.0.0/24        Direct   0   0         0.0.0.0        NULL0
255.255.255.255/32  Direct   0   0         127.0.0.1      InLoop0
[R3]
```

图 7-8　在 R3 上查看路由表

2. 使用 Filter 过滤 OSPF 路由信息

OSPF 路由协议传递的是 LSA 而不是路由信息，所以不能简单地对 LSA 进行过滤，需要在 ABR 上过滤第三类 LSA 达到过滤路由的目的。配置命令如下。

① [H3C] ospf   /*开启 OSPF 路由协议
② [H3C-ospf-1] area 区域号   /*进入区域视图下
③ [H3C-ospf-1-area-0.0.0.1] filter acl 编号 [import|export]
　　/*参数 import 表示对 ABR 向本区域发布的第三类 LSA 进行过滤，参数 export 表示对 ABR 向其他区域发布的第三类 LSA 进行过滤

操作示例：如图 7-9 所示，在 R1、R2 和 R3 之间运行 OSPF 路由协议，R1 和 R2 之间属于 Area 0，R2 和 R3 之间属于 Area 1。R1 包含 192.168.1.0/24、192.168.2.0/24 和 192.168.3.0/24 网段。在 R2 上配置路由过滤，使 R3 只能学习 192.168.1.0/24 和 192.168.3.0/24 网段的信息。

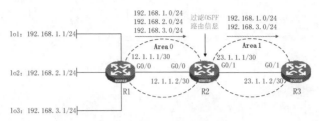

图 7-9　OSPF 路由过滤示例

在 R1 上配置 OSPF 路由协议。

```
<H3C>system-view
[H3C]sysname R1
[R1]int g0/0
[R1-GigabitEthernet0/0]ip address 12.1.1.1 30
[R1-GigabitEthernet0/0]quit
[R1]int lo1                                           /*lo1 端口用来模拟网段
[R1-LoopBack1]ip address 192.168.1.1 24
[R1-LoopBack1]quit
[R1]int lo2                                           /*lo2 端口用来模拟网段
[R1-LoopBack2]ip address 192.168.2.1 24
[R1-LoopBack2]quit
[R1]int lo3                                           /*lo3 端口用来模拟网段
[R1-LoopBack3]ip address 192.168.3.1 24
[R1-LoopBack3]quit
[R1]ospf                                              /*开启 OSPF 路由协议
[R1-ospf-1]area 0                                     /*进入 Area 0 配置视图
[R1-ospf-1-area-0.0.0.0]network 12.1.1.0 0.0.0.3         /*将网段宣称到 OSPF 路由中
[R1-ospf-1-area-0.0.0.0]network 192.168.1.0 0.0.0.255
[R1-ospf-1-area-0.0.0.0]network 192.168.2.0 0.0.0.255
[R1-ospf-1-area-0.0.0.0]network 192.168.3.0 0.0.0.255
[R1-ospf-1-area-0.0.0.0]quit
[R1-ospf-1]quit
```

在 R2 上配置 OSPF 路由协议和路由过滤。

```
<H3C>system-view
[H3C]sysname R2
[R2]int g0/0
[R2-GigabitEthernet0/0]ip address 12.1.1.2 30
[R2-GigabitEthernet0/0]quit
[R2]int g0/1
[R2-GigabitEthernet0/1]ip address 23.1.1.1 30
[R2-GigabitEthernet0/1]quit
[R2]ospf                                              /*开启 OSPF 路由协议
[R2-ospf-1]area 0                                     /*进入 Area 0 配置视图
[R2-ospf-1-area-0.0.0.0]network 12.1.1.0 0.0.0.3
[R2-ospf-1-area-0.0.0.0]quit
[R2-ospf-1]area 1                                     /*进入 Area 0 配置视图
[R2-ospf-1-area-0.0.0.1]network 23.1.1.0 0.0.0.3
[R2-ospf-1-area-0.0.0.1]quit
[R2-ospf-1]quit
```

```
[R2]acl basic 2000                                    /*定义基本访问控制列表 2000
[R2-acl-ipv4-basic-2000]rule deny source 192.168.2.0 0.0.0.255
/*拒绝 192.168.2.0/24 网段
[R2-acl-ipv4-basic-2000]rule permit source any        /*允许其他网段通过
[R2-acl-ipv4-basic-2000]quit
[R2]ospf
[R2-ospf-1]area 1                                     /*进入 Area 1 配置视图
[R2-ospf-1-area-0.0.0.1]filter 2000 import    /*在从 Area 0 进入 Area 1 时进行过滤
[R2-ospf-1-area-0.0.0.1]quit
[R2-ospf-1]quit
```

在 R3 上配置 OSPF 路由协议。

```
<H3C>system-view
[H3C]sysname R3
[R3]int g0/1
[R3-GigabitEthernet0/1]ip address 23.1.1.2 30
[R3-GigabitEthernet0/1]quit
[R3]ospf                                      /*开启 OSPF 路由协议
[R3-ospf-1]area 1                             /*进入 Area 1 配置视图
[R3-ospf-1-area-0.0.0.1]network 23.1.1.0 0.0.0.3
[R3-ospf-1-area-0.0.0.1]quit
[R3-ospf-1]quit
```

如图 7-10 所示，在 R3 上查看路由表，可以观察到 R3 只学习了 192.168.1.1/32 和 192.168.3.1/32 网段的信息。

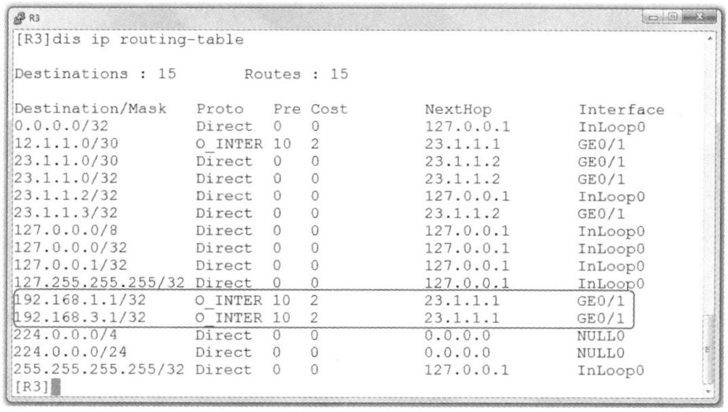

```
R3
[R3]dis ip routing-table

Destinations : 15       Routes : 15

Destination/Mask    Proto   Pre  Cost        NextHop         Interface
0.0.0.0/32          Direct  0    0           127.0.0.1       InLoop0
12.1.1.0/30         O_INTER 10   2           23.1.1.1        GE0/1
23.1.1.0/30         Direct  0    0           23.1.1.2        GE0/1
23.1.1.0/32         Direct  0    0           23.1.1.2        GE0/1
23.1.1.2/32         Direct  0    0           127.0.0.1       InLoop0
23.1.1.3/32         Direct  0    0           23.1.1.2        GE0/1
127.0.0.0/8         Direct  0    0           127.0.0.1       InLoop0
127.0.0.0/32        Direct  0    0           127.0.0.1       InLoop0
127.0.0.1/32        Direct  0    0           127.0.0.1       InLoop0
127.255.255.255/32  Direct  0    0           127.0.0.1       InLoop0
192.168.1.1/32      O_INTER 10   2           23.1.1.1        GE0/1
192.168.3.1/32      O_INTER 10   2           23.1.1.1        GE0/1
224.0.0.0/4         Direct  0    0           0.0.0.0         NULL0
224.0.0.0/24        Direct  0    0           0.0.0.0         NULL0
255.255.255.255/32  Direct  0    0           127.0.0.1       InLoop0
[R3]
```

图 7-10　在 R3 上查看路由表

7.8　工作任务示例

某公司的网络拓扑结构如图 7-11 所示，公司的骨干网络由 5 台路由器组成。R1、R2、R3 之间运行 OSPF 路由协议，R1 和 R2 之间属于 Area 1，R2 和 R3 之间属于 Area 0。R3、R4 和 R5 之间运行 RIPv2 路由协议。R1 的 lo0、lo1、lo2 端口用来模拟网段，R5 的 lo0、lo1 端口也用来模拟网段。

若你是公司的网络工程师，请使用路由引入技术实现全网互通；合理使用路由过滤技术，使 R2 的路由表中不能存在 20.20.20.0/24 网段；合理使用路由过滤技术，使 R3 的路由表中不能存在 10.10.10.0/24 网段；合理使用路由过滤技术，使 R3 的路由表中不能存在 172.16.1.0/24
网段。

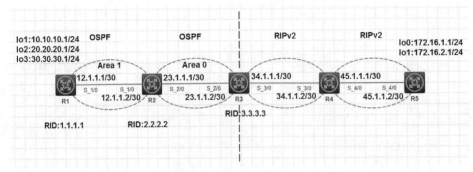

图 7-11　网络拓扑结构

该公司局域网的 IP 地址规划如表 7-1 所示。

表 7-1　IP 地址规划

设 备 名 称	IP 地 址	子 网 掩 码	网 关
R1 的 S_1/0	12.1.1.1	255.255.255.252	
R1 的 lo0	1.1.1.1	255.255.255.255	
R1 的 lo1	10.10.10.1	255.255.255.0	
R1 的 lo2	20.20.20.1	255.255.255.0	
R1 的 lo3	30.30.30.1	255.255.255.0	
R2 的 S_1/0	12.1.1.2	255.255.255.252	
R2 的 S_2/0	23.1.1.1	255.255.255.252	
R2 的 lo0	2.2.2.2	255.255.255.255	
R3 的 S_2/0	23.1.1.2	255.255.255.252	
R3 的 S_3/0	34.1.1.1	255.255.255.252	
R3 的 lo0	3.3.3.3	255.255.255.255	
R4 的 S_3/0	34.1.1.2	255.255.255.252	
R4 的 S_4/0	45.1.1.1	255.255.255.252	
R5 的 S_4/0	45.1.1.2	255.255.255.252	
R5 的 lo0	172.16.1.1	255.255.255.0	
R5 的 lo1	172.16.2.1	255.255.255.0	

具体实施步骤

步骤 1：在 R1 上配置基本 IP 地址，开启 OSPF 路由协议。

```
[H3C]sysname R1
[R1]int s1/0
[R1-Serial1/0]ip address 12.1.1.1 30
[R1-Serial1/0]quit
[R1]int lo0
[R1-LoopBack0]ip address 1.1.1.1 32
[R1-LoopBack0]int lo1
[R1-LoopBack1]ip address 10.10.10.1 24
```

```
[R1-LoopBack1]int lo2
[R1-LoopBack2]ip address 20.20.20.1 24
[R1-LoopBack2]int lo3
[R1-LoopBack3]ip address 30.30.30.1 24
[R1-LoopBack3]quit
[R1]ospf 1 router-id 1.1.1.1
[R1-ospf-1]area 1
[R1-ospf-1-area-0.0.0.1]network 1.1.1.1 0.0.0.0
[R1-ospf-1-area-0.0.0.1]network 10.10.10.0 0.0.0.255
[R1-ospf-1-area-0.0.0.1]network 20.20.20.0 0.0.0.255
[R1-ospf-1-area-0.0.0.1]network 30.30.30.0 0.0.0.255
[R1-ospf-1-area-0.0.0.1]network 12.1.1.0 0.0.0.3
[R1-ospf-1-area-0.0.0.1]quit
[R1-ospf-1]quit
```

步骤 2：在 R2 上配置基本 IP 地址，开启 OSPF 路由协议。

```
[H3C]sysname R2
[R2]int s1/0
[R2-Serial1/0]ip address 12.1.1.2 30
[R2-Serial1/0]int s2/0
[R2-Serial2/0]ip address 23.1.1.1 30
[R2-Serial2/0]int lo0
[R2-LoopBack0]ip address 2.2.2.2 32
[R2-LoopBack0]quit
[R2]ospf 1 router-id 2.2.2.2
[R2-ospf-1]area 0
[R2-ospf-1-area-0.0.0.0]network 23.1.1.0 0.0.0.3
[R2-ospf-1-area-0.0.0.0]network 2.2.2.2 0.0.0.0
[R2-ospf-1-area-0.0.0.0]area 1
[R2-ospf-1-area-0.0.0.1]network 12.1.1.0 0.0.0.3
[R2-ospf-1-area-0.0.0.1]quit
[R2-ospf-1]quit
```

步骤 3：在 R3 上配置基本 IP 地址，开启 OSPF 和 RIPv2 路由协议。

```
<H3C>system-view
[H3C]sysname R3
[R3]int lo0
[R3-LoopBack0]ip address 3.3.3.3 32
[R3-LoopBack0]int s2/0
[R3-Serial2/0]ip address 23.1.1.2 30
[R3-Serial2/0]int s3/0
[R3-Serial3/0]ip address 34.1.1.1 30
[R3-Serial3/0]quit
[R3]ospf 1 router-id 3.3.3.3
[R3-ospf-1]area 0
[R3-ospf-1-area-0.0.0.0]network 3.3.3.3 0.0.0.0
[R3-ospf-1-area-0.0.0.0]network 23.1.1.0 0.0.0.3
[R3-ospf-1-area-0.0.0.0]quit
[R3-ospf-1]quit
```

```
[R3]rip
[R3-rip-1]version 2
[R3-rip-1]undo summary
[R3-rip-1]network 34.1.1.0
[R3-rip-1]quit
[R3]
```

步骤 4：在 R4 上配置基本 IP 地址，开启 RIPv2 路由协议。

```
[H3C]sysname R4
[R4]int s3/0
[R4-Serial3/0]ip address 34.1.1.2 30
[R4-Serial3/0]int s4/0
[R4-Serial4/0]ip address 45.1.1.1 30
[R4-Serial4/0]quit
[R4]rip
[R4-rip-1]version 2
[R4-rip-1]undo summary
[R4-rip-1]network 34.1.1.0
[R4-rip-1]network 45.1.1.0
[R4-rip-1]quit
```

步骤 5：在 R5 上配置基本 IP 地址，开启 RIPv2 路由协议。

```
[H3C]sysname R5
[R5]int s4/0
[R5-Serial4/0]ip address 45.1.1.2 30
[R5-Serial4/0]int lo0
[R5-LoopBack0]ip address 172.16.1.1 24
[R5-LoopBack0]int lo1
[R5-LoopBack1]ip address 172.16.2.1 24
[R5-LoopBack1]quit
[R5]rip
[R5-rip-1]version 2
[R5-rip-1]undo summary
[R5-rip-1]network 45.1.1.0
[R5-rip-1]network 172.16.1.0
[R5-rip-1]network 172.16.2.0
[R5-rip-1]quit
```

在 R1 上查看路由表，没有学习 RIP 的路由，所以需要做路由引入。

```
[R1]dis ip routing-table

Destinations : 29      Routes : 29

Destination/Mask    Proto    Pre Cost      NextHop         Interface
0.0.0.0/32          Direct   0   0         127.0.0.1       InLoop0
1.1.1.1/32          Direct   0   0         127.0.0.1       InLoop0
2.2.2.2/32          O_INTER 10  1562       12.1.1.2        Ser1/0
3.3.3.3/32          O_INTER 10  3124       12.1.1.2        Ser1/0
10.10.10.0/24       Direct   0   0         10.10.10.1      Loop1
```

10.10.10.0/32	Direct	0	0	10.10.10.1	Loop1
10.10.10.1/32	Direct	0	0	127.0.0.1	InLoop0
10.10.10.255/32	Direct	0	0	10.10.10.1	Loop1
12.1.1.0/30	Direct	0	0	12.1.1.1	Ser1/0
12.1.1.0/32	Direct	0	0	12.1.1.1	Ser1/0
12.1.1.1/32	Direct	0	0	127.0.0.1	InLoop0
12.1.1.2/32	Direct	0	0	12.1.1.2	Ser1/0
12.1.1.3/32	Direct	0	0	12.1.1.1	Ser1/0
20.20.20.0/24	Direct	0	0	20.20.20.1	Loop2
20.20.20.0/32	Direct	0	0	20.20.20.1	Loop2
20.20.20.1/32	Direct	0	0	127.0.0.1	InLoop0
20.20.20.255/32	Direct	0	0	20.20.20.1	Loop2
23.1.1.0/30	**O_INTER 10**		**3124**	**12.1.1.2**	**Ser1/0**
30.30.30.0/24	Direct	0	0	30.30.30.1	Loop3
30.30.30.0/32	Direct	0	0	30.30.30.1	Loop3
30.30.30.1/32	Direct	0	0	127.0.0.1	InLoop0
30.30.30.255/32	Direct	0	0	30.30.30.1	Loop3
127.0.0.0/8	Direct	0	0	127.0.0.1	InLoop0
127.0.0.0/32	Direct	0	0	127.0.0.1	InLoop0
127.0.0.1/32	Direct	0	0	127.0.0.1	InLoop0
127.255.255.255/32	Direct	0	0	127.0.0.1	InLoop0
224.0.0.0/4	Direct	0	0	0.0.0.0	NULL0
224.0.0.0/24	Direct	0	0	0.0.0.0	NULL0
255.255.255.255/32	Direct	0	0	127.0.0.1	InLoop0

步骤 6：在 R3 上做路由引入，使全网互通。

```
[R3]ospf
[R3-ospf-1]import-route rip              /*在 OSPF 路由中引入 RIP 路由
[R3-ospf-1]quit
[R3]rip
[R3-rip-1]import-route ospf 1 cost 2     /*在 RIP 路由中引入 OSPF 路由
```

在 R1 上查看路由表，发现已经学习到全网路由。

```
[R1]dis ip routing-table

Destinations : 32       Routes : 32
```

Destination/Mask	Proto	Pre	Cost	NextHop	Interface
0.0.0.0/32	Direct	0	0	127.0.0.1	InLoop0
1.1.1.1/32	Direct	0	0	127.0.0.1	InLoop0
2.2.2.2/32	**O_INTER 10**		**1562**	**12.1.1.2**	**Ser1/0**
3.3.3.3/32	**O_INTER 10**		**3124**	**12.1.1.2**	**Ser1/0**
10.10.10.0/24	Direct	0	0	10.10.10.1	Loop1
10.10.10.0/32	Direct	0	0	10.10.10.1	Loop1
10.10.10.1/32	Direct	0	0	127.0.0.1	InLoop0
10.10.10.255/32	Direct	0	0	10.10.10.1	Loop1
12.1.1.0/30	Direct	0	0	12.1.1.1	Ser1/0
12.1.1.0/32	Direct	0	0	12.1.1.1	Ser1/0
12.1.1.1/32	Direct	0	0	127.0.0.1	InLoop0

```
12.1.1.2/32            Direct  0    0        12.1.1.2          Ser1/0
12.1.1.3/32            Direct  0    0        12.1.1.1          Ser1/0
20.20.20.0/24          Direct  0    0        20.20.20.1        Loop2
20.20.20.0/32          Direct  0    0        20.20.20.1        Loop2
20.20.20.1/32          Direct  0    0        127.0.0.1         InLoop0
20.20.20.255/32        Direct  0    0        20.20.20.1        Loop2
23.1.1.0/30            O_INTER 10   3124     12.1.1.2          Ser1/0
30.30.30.0/24          Direct  0    0        30.30.30.1        Loop3
30.30.30.0/32          Direct  0    0        30.30.30.1        Loop3
30.30.30.1/32          Direct  0    0        127.0.0.1         InLoop0
30.30.30.255/32        Direct  0    0        30.30.30.1        Loop3
45.1.1.0/30            O_ASE2  150  1        12.1.1.2          Ser1/0
127.0.0.0/8            Direct  0    0        127.0.0.1         InLoop0
127.0.0.0/32           Direct  0    0        127.0.0.1         InLoop0
127.0.0.1/32           Direct  0    0        127.0.0.1         InLoop0
127.255.255.255/32     Direct  0    0        127.0.0.1         InLoop0
172.16.1.0/24          O_ASE2  150  1        12.1.1.2          Ser1/0
172.16.2.0/24          O_ASE2  150  1        12.1.1.2          Ser1/0
224.0.0.0/4            Direct  0    0        0.0.0.0           NULL0
224.0.0.0/24           Direct  0    0        0.0.0.0           NULL0
255.255.255.255/32     Direct  0    0        127.0.0.1         InLoop0
```

步骤 7：在 R2 上配置路由过滤 Filter-policy，使路由表中不能存在 20.20.20.0/24 网段。

```
[R2]dis ip routing-table

Destinations : 27     Routes : 27

Destination/Mask       Proto  Pre  Cost     NextHop           Interface
0.0.0.0/32             Direct  0    0        127.0.0.1         InLoop0
1.1.1.1/32             O_INTRA 10   1562     12.1.1.1          Ser1/0
2.2.2.2/32             Direct  0    0        127.0.0.1         InLoop0
3.3.3.3/32             O_INTRA 10   1562     23.1.1.2          Ser2/0
10.10.10.1/32          O_INTRA 10   1562     12.1.1.1          Ser1/0
12.1.1.0/30            Direct  0    0        12.1.1.2          Ser1/0
12.1.1.0/32            Direct  0    0        12.1.1.2          Ser1/0
12.1.1.1/32            Direct  0    0        12.1.1.1          Ser1/0
12.1.1.2/32            Direct  0    0        127.0.0.1         InLoop0
12.1.1.3/32            Direct  0    0        12.1.1.2          Ser1/0
20.20.20.1/32          O_INTRA 10   1562     12.1.1.1          Ser1/0
23.1.1.0/30            Direct  0    0        23.1.1.1          Ser2/0
23.1.1.0/32            Direct  0    0        23.1.1.1          Ser2/0
23.1.1.1/32            Direct  0    0        127.0.0.1         InLoop0
23.1.1.2/32            Direct  0    0        23.1.1.2          Ser2/0
23.1.1.3/32            Direct  0    0        23.1.1.1          Ser2/0
30.30.30.1/32          O_INTRA 10   1562     12.1.1.1          Ser1/0
45.1.1.0/30            O_ASE2  150  1        23.1.1.2          Ser2/0
127.0.0.0/8            Direct  0    0        127.0.0.1         InLoop0
127.0.0.0/32           Direct  0    0        127.0.0.1         InLoop0
127.0.0.1/32           Direct  0    0        127.0.0.1         InLoop0
```

```
127.255.255.255/32   Direct   0   0          127.0.0.1      InLoop0
172.16.1.0/24        O_ASE2  150  1          23.1.1.2       Ser2/0
172.16.2.0/24        O_ASE2  150  1          23.1.1.2       Ser2/0
224.0.0.0/4          Direct   0   0          0.0.0.0        NULL0
224.0.0.0/24         Direct   0   0          0.0.0.0        NULL0
255.255.255.255/32   Direct   0   0          127.0.0.1      InLoop0


[R2]acl basic 2000                            /*定义基本访问控制列表 2000
[R2-acl-ipv4-basic-2000]rule deny source 20.20.20.1 0   /*拒绝 20.20.20.1 网段通过
[R2-acl-ipv4-basic-2000]rule permit source any          /*允许其他网段通过
[R2-acl-ipv4-basic-2000]quit
[R2]ospf
[R2-ospf-1]filter-policy 2000 import          /*将地址前缀列表应用在进入 OSPF 方向上
[R2-ospf-1]quit
[R2]dis ip routing-table     /*在 R2 上查看路由表，发现已经没有 20.20.20.1/32 网段


Destinations : 26      Routes : 26


Destination/Mask    Proto    Pre Cost       NextHop        Interface
0.0.0.0/32          Direct   0   0          127.0.0.1      InLoop0
1.1.1.1/32          O_INTRA  10  1562       12.1.1.1       Ser1/0
2.2.2.2/32          Direct   0   0          127.0.0.1      InLoop0
3.3.3.3/32          O_INTRA  10  1562       23.1.1.2       Ser2/0
10.10.10.1/32       O_INTRA  10  1562       12.1.1.1       Ser1/0
12.1.1.0/30         Direct   0   0          12.1.1.2       Ser1/0
12.1.1.0/32         Direct   0   0          12.1.1.2       Ser1/0
12.1.1.1/32         Direct   0   0          12.1.1.1       Ser1/0
12.1.1.2/32         Direct   0   0          127.0.0.1      InLoop0
12.1.1.3/32         Direct   0   0          12.1.1.2       Ser1/0
23.1.1.0/30         Direct   0   0          23.1.1.1       Ser2/0
23.1.1.0/32         Direct   0   0          23.1.1.1       Ser2/0
23.1.1.1/32         Direct   0   0          127.0.0.1      InLoop0
23.1.1.2/32         Direct   0   0          23.1.1.2       Ser2/0
23.1.1.3/32         Direct   0   0          23.1.1.1       Ser2/0
30.30.30.1/32       O_INTRA  10  1562       12.1.1.1       Ser1/0
45.1.1.0/30         O_ASE2  150  1          23.1.1.2       Ser2/0
127.0.0.0/8         Direct   0   0          127.0.0.1      InLoop0
127.0.0.0/32        Direct   0   0          127.0.0.1      InLoop0
127.0.0.1/32        Direct   0   0          127.0.0.1      InLoop0
127.255.255.255/32  Direct   0   0          127.0.0.1      InLoop0
172.16.1.0/24       O_ASE2  150  1          23.1.1.2       Ser2/0
172.16.2.0/24       O_ASE2  150  1          23.1.1.2       Ser2/0
224.0.0.0/4         Direct   0   0          0.0.0.0        NULL0
224.0.0.0/24        Direct   0   0          0.0.0.0        NULL0
255.255.255.255/32  Direct   0   0          127.0.0.1      InLoop0
```

步骤 8：在 R2 上配置 Filter 过滤 LSA3 包，使 R3 的路由表中不能存在 10.10.10.0/24 网段。

```
[R3]dis ip routing-table     /*在过滤前，R3 的路由表中存在 10.10.10.1/32 网段
```

```
Destinations : 28        Routes : 28

Destination/Mask    Proto    Pre Cost        NextHop        Interface
0.0.0.0/32          Direct   0   0           127.0.0.1      InLoop0
1.1.1.1/32          O_INTER  10  3124        23.1.1.1       Ser2/0
2.2.2.2/32          O_INTRA  10  1562        23.1.1.1       Ser2/0
3.3.3.3/32          Direct   0   0           127.0.0.1      InLoop0
10.10.10.1/32       O_INTER  10  3124        23.1.1.1       Ser2/0
12.1.1.0/30         O_INTER  10  3124        23.1.1.1       Ser2/0
20.20.20.1/32       O_INTER  10  3124        23.1.1.1       Ser2/0
23.1.1.0/30         Direct   0   0           23.1.1.2       Ser2/0
23.1.1.0/32         Direct   0   0           23.1.1.2       Ser2/0
23.1.1.1/32         Direct   0   0           23.1.1.1       Ser2/0
23.1.1.2/32         Direct   0   0           127.0.0.1      InLoop0
23.1.1.3/32         Direct   0   0           23.1.1.2       Ser2/0
30.30.30.1/32       O_INTER  10  3124        23.1.1.1       Ser2/0
34.1.1.0/30         Direct   0   0           34.1.1.1       Ser3/0
34.1.1.0/32         Direct   0   0           34.1.1.1       Ser3/0
34.1.1.1/32         Direct   0   0           127.0.0.1      InLoop0
34.1.1.2/32         Direct   0   0           34.1.1.2       Ser3/0
34.1.1.3/32         Direct   0   0           34.1.1.1       Ser3/0
45.1.1.0/30         RIP      100 1           34.1.1.2       Ser3/0
127.0.0.0/8         Direct   0   0           127.0.0.1      InLoop0
127.0.0.0/32        Direct   0   0           127.0.0.1      InLoop0
127.0.0.1/32        Direct   0   0           127.0.0.1      InLoop0
127.255.255.255/32  Direct   0   0           127.0.0.1      InLoop0
172.16.1.0/24       RIP      100 2           34.1.1.2       Ser3/0
172.16.2.0/24       RIP      100 2           34.1.1.2       Ser3/0
224.0.0.0/4         Direct   0   0           0.0.0.0        NULL0
224.0.0.0/24        Direct   0   0           0.0.0.0        NULL0
255.255.255.255/32  Direct   0   0           127.0.0.1      InLoop0

[R2]acl basic 2000 /*创建访问控制列表 2000，拒绝 10.10.10.1/32，允许其他的数据通过
[R2-acl-ipv4-basic-2000]rule deny source 10.10.10.1 0
[R2-acl-ipv4-basic-2000]rule permit source any
[R2-acl-ipv4-basic-2000]quit

[R2]ospf
[R2-ospf-1]area 0
[R2-ospf-1-area-0.0.0.0]filter 2000 import
```

再次查看 R3 的路由表，观察发现已经没有 10.10.10.1/32 网段。

```
[R3]dis ip routing-table

Destinations : 27        Routes : 27

Destination/Mask    Proto    Pre Cost        NextHop        Interface
0.0.0.0/32          Direct   0   0           127.0.0.1      InLoop0
1.1.1.1/32          O_INTER  10  3124        23.1.1.1       Ser2/0
```

2.2.2.2/32	O_INTRA	10	1562	23.1.1.1	Ser2/0
3.3.3.3/32	Direct	0	0	127.0.0.1	InLoop0
12.1.1.0/30	O_INTER	10	3124	23.1.1.1	Ser2/0
20.20.20.1/32	O_INTER	10	3124	23.1.1.1	Ser2/0
23.1.1.0/30	Direct	0	0	23.1.1.2	Ser2/0
23.1.1.0/32	Direct	0	0	23.1.1.2	Ser2/0
23.1.1.1/32	Direct	0	0	23.1.1.1	Ser2/0
23.1.1.2/32	Direct	0	0	127.0.0.1	InLoop0
23.1.1.3/32	Direct	0	0	23.1.1.2	Ser2/0
30.30.30.1/32	O_INTER	10	3124	23.1.1.1	Ser2/0
34.1.1.0/30	Direct	0	0	34.1.1.1	Ser3/0
34.1.1.0/32	Direct	0	0	34.1.1.1	Ser3/0
34.1.1.1/32	Direct	0	0	127.0.0.1	InLoop0
34.1.1.2/32	Direct	0	0	34.1.1.2	Ser3/0
34.1.1.3/32	Direct	0	0	34.1.1.1	Ser3/0
45.1.1.0/30	RIP	100	1	34.1.1.2	Ser3/0
127.0.0.0/8	Direct	0	0	127.0.0.1	InLoop0
127.0.0.0/32	Direct	0	0	127.0.0.1	InLoop0
127.0.0.1/32	Direct	0	0	127.0.0.1	InLoop0
127.255.255.255/32	Direct	0	0	127.0.0.1	InLoop0
172.16.1.0/24	**RIP**	**100**	**2**	**34.1.1.2**	**Ser3/0**
172.16.2.0/24	**RIP**	**100**	**2**	**34.1.1.2**	**Ser3/0**
224.0.0.0/4	Direct	0	0	0.0.0.0	NULL0
224.0.0.0/24	Direct	0	0	0.0.0.0	NULL0
255.255.255.255/32	Direct	0	0	127.0.0.1	InLoop0

步骤 9：在 R4 上使用 Filter-policy 过滤技术，使 R3 的路由表中不能存在 172.16.1.0/24 网段。

```
[R4]acl basic 2000
[R4-acl-ipv4-basic-2000]rule deny source 172.16.1.0 0.0.0.255
[R4-acl-ipv4-basic-2000]rule permit source any
[R4-acl-ipv4-basic-2000]quit
[R4]rip
[R4-rip-1]filter-policy 2000 export   /*对 RIP 发送路由时进行过滤
[R4-rip-1]quit

[R3]dis ip routing-table /*在 R3 上查看路由表，发现已经没有 172.16.1.0/24 网段

Destinations : 26    Routes : 26

Destination/Mask    Proto   Pre Cost     NextHop        Interface
```

Destination/Mask	Proto	Pre	Cost	NextHop	Interface
0.0.0.0/32	Direct	0	0	127.0.0.1	InLoop0
1.1.1.1/32	O_INTER	10	3124	23.1.1.1	Ser2/0
2.2.2.2/32	O_INTRA	10	1562	23.1.1.1	Ser2/0
3.3.3.3/32	Direct	0	0	127.0.0.1	InLoop0
12.1.1.0/30	O_INTER	10	3124	23.1.1.1	Ser2/0
20.20.20.1/32	O_INTER	10	3124	23.1.1.1	Ser2/0
23.1.1.0/30	Direct	0	0	23.1.1.2	Ser2/0
23.1.1.0/32	Direct	0	0	23.1.1.2	Ser2/0

```
23.1.1.1/32           Direct   0    0        23.1.1.1      Ser2/0
23.1.1.2/32           Direct   0    0        127.0.0.1     InLoop0
23.1.1.3/32           Direct   0    0        23.1.1.2      Ser2/0
30.30.30.1/32         O_INTER  10   3124     23.1.1.1      Ser2/0
34.1.1.0/30           Direct   0    0        34.1.1.1      Ser3/0
34.1.1.0/32           Direct   0    0        34.1.1.1      Ser3/0
34.1.1.1/32           Direct   0    0        127.0.0.1     InLoop0
34.1.1.2/32           Direct   0    0        34.1.1.2      Ser3/0
34.1.1.3/32           Direct   0    0        34.1.1.1      Ser3/0
45.1.1.0/30           RIP      100  1        34.1.1.2      Ser3/0
127.0.0.0/8           Direct   0    0        127.0.0.1     InLoop0
127.0.0.0/32          Direct   0    0        127.0.0.1     InLoop0
127.0.0.1/32          Direct   0    0        127.0.0.1     InLoop0
127.255.255.255/32    Direct   0    0        127.0.0.1     InLoop0
172.16.2.0/24         RIP      100  2        34.1.1.2      Ser3/0
224.0.0.0/4           Direct   0    0        0.0.0.0       NULL0
224.0.0.0/24          Direct   0    0        0.0.0.0       NULL0
255.255.255.255/32    Direct   0    0        127.0.0.1     InLoop0
```

7.9 项目小结

利用路由过滤技术可以控制路由在网络中的传播,常用的过滤器有 ACL、Prefix-list、Filter-policy 和 Route-policy,ACL 和 Prefix-list 可用于路由信息的识别。在过滤 OSPF 路由信息时,要使用过滤第三类 LSA 的方式才能真正达到过滤路由的目的。

习题

一、选择题

1. 关于 OSPF 路由协议中的第三类 LSA,以下说法正确的是（　　　）。
   A. 第三类 LSA 是由 ABR 产生的
   B. 第三类 LSA 传递的实际上是路由条目,而不是链路状态描述
   C. 第三类 LSA 在某些情况下可以被过滤掉
   D. 第三类 LSA 在传递过程中如果经过多个 ABR,那么所有字段都不发生任何改变

2. 下面关于路由过滤的描述,正确的是（　　　）。
   A. 路由过滤是为了控制路由的传播
   B. 路由过滤是为了控制路由的生成
   C. 路由过滤具有保护网络安全的作用
   D. 路由过滤具有节省链路开销的作用

3. 下面关于路由过滤的方法,可行的是（　　　）。
   A. 通过过滤路由协议报文
   B. 通过过滤路由协议报文中携带的路由信息
   C. 对于 OSPF 路由,可以在 ABR 上过滤第五类 LSA
   D. 对于 OSPF 路由,可以过滤 LSDB 计算出的路由信息

4．在路由器上配置静默端口，要求路由器不发送 OSPF 路由协议报文的命令是（   ）。

A．[R1]silent-interface serial2/0

B．[R1-ospf-1]silent-interface serial2/0

C．[R1-ospf-1-area-0.0.0.1]silent-interface serial2/0

D．[R1-Serial2/0]silent-interface

二、简答题

1．简述在 OSPF 路由中过滤第三类 LSA 的工作过程。

2．步骤 5 中是否可以将 Filter-policy 配置在 R3 上，如果可以，请写出配置命令。

3．简述 RIP 路由的过滤方式，以及这几种过滤方式的区别。

4．简述 OSPF 路由的过滤方式，以及这几种过滤方式的区别。

路由策略技术

1. 了解路由策略的概念。
2. 理解路由策略的工作过程。
3. 理解 if-match 和 apply 子句。
4. 掌握路由策略的配置和应用。

项目内容

某公司的局域网包括多台交换机、路由器和计算机。公司的路由器之间运行 RIP 和 OSPF 路由协议,为了提高网络的安全性,并且在路由引入时避免环路,需要使用路由策略技术。本项目将介绍利用路由策略技术来改变路由属性和过滤路由信息。

相关知识

要理解和掌握路由策略技术,需要先了解路由策略的概念和工作过程、if-match 和 apply 子句、路由策略的配置命令和配置方法。

8.1 路由策略的概念

路由策略(Route-policy)不仅可以过滤路由,还可以对路由属性进行改变,它是一种复杂的过滤器,不仅可以匹配路由信息的某些属性,还可以在条件满足时改变路由信息的属性。为了实现路由策略,需要定义一组匹配规则,如源地址、目的地址、地址列表、Tag 值等,规则设置好之后,可以将它们应用于路由的发布、接收和引入等。

Route-policy 是实现路由策略的工具,一个 Route-policy 可以由多个带索引号的节点(Node)组成,每个节点是匹配检查的一个单元。在匹配过程中,系统按节点索引号升序依次检查各个节点。每个节点由一组 if-match 和 apply 子句组成:if-match 子句定义匹配规则,匹配对象是路由信息的一些属性;apply 子句指定动作,也就是在通过节点的匹配后,对路由信息的一些属性进行设置。节点的匹配模式有允许(Permit)和拒绝(Deny):允许模式表示路由信息通过该节点后执行 apply 子句的内容,拒绝模式表示不执行 apply 子句。

8.2 路由策略的工作过程

如图 8-1 所示，路由策略的不同节点之间是"或"的关系，如果通过了其中一个节点，就不再对其他节点进行匹配。同一个节点中的不同 if-match 子句是"与"的关系，只有满足节点内所有 if-match 子句指定的匹配条件，才能通过该节点的匹配。

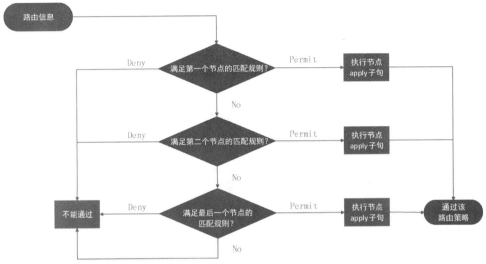

图 8-1 路由策略的工作过程

如果节点的匹配模式是允许模式，当路由信息满足该节点的匹配规则时，那么将执行该节点的 apply 子句，不进入下一个节点的测试；如果路由信息没有通过该节点的过滤，那么将进入下一个节点继续测试。

如果节点的匹配模式是拒绝模式，当路由信息满足该节点的匹配规则时，那么将被拒绝通过该节点，不进入下一个节点的测试；如果路由信息不满足该节点的匹配规则，那么将进入下一个节点继续测试。

8.3 if-match 和 apply 子句

if-match 子句的作用是定义匹配规则，匹配对象是路由信息属性。如表 8-1 所示，常用的路由信息属性包括目的 IP 地址、下一跳地址、出接口、标记和开销。

表 8-1 if-match 子句的匹配规则

if-match 子句的匹配规则	描　　述
ACL	路由信息的目的 IP 地址范围的匹配条件
ip next-hop	路由信息的下一跳地址的匹配条件
interface	路由信息的出接口的匹配条件
tag	RIP、OSPF 路由信息的标记域的匹配条件
cost	路由信息的路由开销的匹配条件

apply 子句的作用是执行动作，可以设置下一跳地址、优先级、标记、开销等，如表 8-2 所示。对于 OSPF 路由协议，还可以设定路由开销类型，可以设置 Type1（E1）路由或 Type2（E2）

路由。

表 8-2　apply 子句的执行动作

apply 子句的执行动作	描　　述
ip-address next-hop	设定通过过滤后路由信息的下一跳地址
preference	设定通过过滤后路由协议的优先级
tag	设定通过过滤后 RIP、OSPF 路由信息的标记域
cost	设定通过过滤后路由信息的路由开销
cost-type	设定通过过滤后路由信息的路由开销类型

8.4　路由策略的配置命令

① [H3C] route-policy 策略名称 [permit | deny] node 节点编号
　/*创建路由策略，定义名称、节点编号和匹配模式
② [H3C-route-policy-策略名称-节点编号] if-match 匹配规则
　/*设定路由信息的条件
③ [H3C-route-policy-策略名称-节点编号] apply 执行动作
　/*指定过滤后的动作

　　操作示例： 如图 8-2 所示，在 R1 和 R2 之间运行 RIPv2 路由协议，在 R2 和 R3 之间运行 OSPF 路由协议。R1 包含 10.0.0.0/24、10.0.1.0/24 和 10.0.2.0/24 这 3 个网段。在 R2 上配置路由策略，过滤掉 10.0.1.0/24 网段，并且 R3 能够学习 10.0.0.0/24 网段标记值为 10 和 10.0.2.0/24 网段开销值为 50。

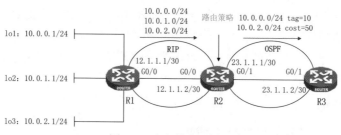

图 8-2　路由策略示例

　　在 R1 上配置 RIPv2 路由协议。

```
<H3C>system-view
[H3C]sysname R1
[R1]int g0/0
[R1-GigabitEthernet0/0]ip address 12.1.1.1 30
[R1-GigabitEthernet0/0]quit
[R1]int lo1                                    /*lo1 端口用来模拟网段
[R1-LoopBack1]ip address 10.0.0.1 24
[R1-LoopBack1]quit
[R1]int lo2                                    /*lo2 端口用来模拟网段
[R1-LoopBack2]ip address 10.0.1.1 24
[R1-LoopBack2]quit
[R1]int lo3                                    /*lo3 端口用来模拟网段
[R1-LoopBack3]ip address 10.0.2.1 24
```

```
[R1-LoopBack3]quit
[R1]rip                                    /*开启 RIP 路由协议
[R1-rip-1]version 2
[R1-rip-1]undo summary
[R1-rip-1]network 10.0.0.0                 /*将网段宣称到 RIP 路由中
[R1-rip-1]network 10.0.1.0
[R1-rip-1]network 10.0.2.0
[R1-rip-1]network 12.1.1.0
[R1-rip-1]quit
```

在 R2 上配置 RIPv2、OSPF 路由协议和路由策略。

```
<H3C>system-view
[H3C]sysname R2
[R2]int g0/0
[R2-GigabitEthernet0/0]ip address 12.1.1.2 30
[R2-GigabitEthernet0/0]quit
[R2]int g0/1
[R2-GigabitEthernet0/1]ip address 23.1.1.1 30
[R2-GigabitEthernet0/1]quit
[R2]rip                                    /*开启 RIP 路由协议
[R2-rip-1]version 2
[R2-rip-1]undo summary
[R2-rip-1]network 12.1.1.0                 /*将网段宣称到 RIP 路由中
[R2-rip-1]quit
[R2]ospf                                   /*开启 OSPF 路由协议
[R2-ospf-1]area 0                          /*进入 Area 0 配置视图
[R2-ospf-1-area-0.0.0.0]network 23.1.1.0 0.0.0.255  /*将网段宣称到 OSPF 路由中
[R2-ospf-1-area-0.0.0.0]quit
[R2-ospf-1]quit
[R2]acl basic 2000                         /*定义基本访问控制列表 2000
[R2-acl-ipv4-basic-2000]rule permit source 10.0.0.0 0.0.0.255
/*允许 10.0.0.0/24 网段
[R2-acl-ipv4-basic-2000]quit
[R2]acl basic 2001                         /*定义基本访问控制列表 2001
[R2-acl-ipv4-basic-2001]rule permit source 10.0.2.0 0.0.0.255
/*允许 10.0.2.0/24 网段
[R2-acl-ipv4-basic-2001]quit
[R2]route-policy sxvtc permit node 10
/*配置路由策略,名称为 sxvtc,节点为 10
[R2-route-policy-sxvtc-10]if-match ip address acl 2000
/*如果 IP 地址符合 ACL 2000 定义的网段
[R2-route-policy-sxvtc-10]apply tag 10     /*则标记值设为 10
[R2-route-policy-sxvtc-10]quit
[R2]route-policy sxvtc permit node 20
/*配置路由策略,名称为 sxvtc,节点为 20
[R2-route-policy-sxvtc-20]if-match ip address acl 2001
/*如果 IP 地址符合 ACL 2001 定义的网段
[R2-route-policy-sxvtc-20]apply cost 50    /*则开销值设为 50
[R2-route-policy-sxvtc-20]quit
```

```
[R2]rip
[R2-rip-1]import ospf                          /*在 RIP 路由协议中引入 OSPF 路由
[R2-rip-1]quit
[R2]ospf
[R2-ospf-1]import rip route-policy sxvtc
/*在 OSPF 路由协议中引入 RIP 路由，引入时使用的路由策略的名称为 sxvtc
[R2-ospf-1]quit
```

在 R3 上配置 OSPF 路由协议。

```
<H3C>system-view
[H3C]sysname R3
[R3]int g0/1
[R3-GigabitEthernet0/1]ip address 23.1.1.2 30
[R3-GigabitEthernet0/1]quit
[R3]ospf                                        /*开启 OSPF 路由协议
[R3-ospf-1]area 0                               /*进入 Area 0 配置视图
[R3-ospf-1-area-0.0.0.0]network 23.1.1.0 0.0.0.255   /*将网段宣称到 OSPF 路由中
[R3-ospf-1-area-0.0.0.0]quit
[R3-ospf-1]quit
```

配置完成后，在 R3 上查看路由表，通过观察可以发现，R3 已经学习了 10.0.0.0/24 和 10.0.2.0/24 这两个网段，如图 8-3 所示。

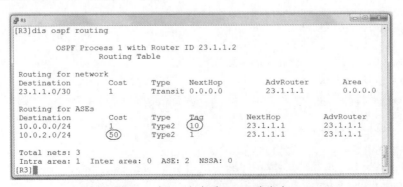

图 8-3　在 R3 上查看路由表

在 R3 上查看 OSPF 路由表，通过观察可以发现，R3 学习 10.0.0.0/24 的标记值为 10，10.0.2.0/24 的开销值为 50，如图 8-4 所示。

图 8-4　在 R3 上查看 OSPF 路由表

8.5　工作任务示例

某公司的网络拓扑结构如图 8-5 所示，公司的骨干网络由 6 台路由器组成。R1、R2、R3 和 R4 之间运行 RIPv2 协议，R3、R4、R5 和 R6 之间运行 OSPF 路由协议，R3、R4 和 R5 之间属于 Area 0，R5 和 R6 之间属于 Area 1。R1 上的 lo0、lo1、lo2 和 lo3 端口用来模拟网段，R6 的 lo0、lo1 端口也用来模拟网段。

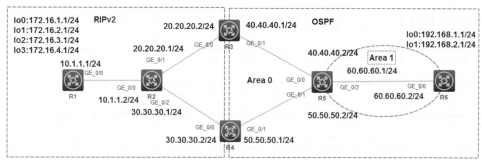

图 8-5　网络拓扑结构

若你是公司的网络工程师，需要在 R2 上配置路由过滤，不允许 172.16.3.0/24 网段通过；在 R5 上配置路由过滤，不允许 Area 0 学习 192.168.1.0/24 网段；在 R4 上合理配置路由策略，只允许将 172 开头的网段引入 OSPF 网络中，并打标记值 100；为了避免路由环路，需要在 R3 上配置路由策略，将 OSPF 路由引入 RIPv2 路由中，禁止标记值为 100 的路由。

该公司局域网的 IP 地址规划如表 8-3 所示。

表 8-3　IP 地址规划

设　备　名　称	IP　地　址	子　网　掩　码	网　　关
R1 的 GE_0/0	10.1.1.1	255.255.255.0	
R1 的 lo0	172.16.1.1	255.255.255.0	
R1 的 lo1	172.16.2.1	255.255.255.0	
R1 的 lo2	172.16.3.1	255.255.255.0	
R1 的 lo3	172.16.4.1	255.255.255.0	
R2 的 GE_0/0	10.1.1.2	255.255.255.0	
R2 的 GE_0/1	20.20.20.1	255.255.255.0	
R2 的 GE_0/2	30.30.30.1	255.255.255.0	
R3 的 GE_0/0	20.20.20.2	255.255.255.0	
R3 的 GE_0/1	40.40.40.1	255.255.255.0	
R4 的 GE_0/0	30.30.30.2	255.255.255.0	
R4 的 GE_0/1	50.50.50.1	255.255.255.0	
R5 的 GE_0/0	40.40.40.2	255.255.255.0	
R5 的 GE_0/1	50.50.50.2	255.255.255.0	
R5 的 GE_0/2	60.60.60.1	255.255.255.0	
R6 的 GE_0/0	60.60.60.2	255.255.255.0	
R6 的 lo0	192.168.1.1	255.255.255.0	
R6 的 lo1	192.168.2.1	255.255.255.0	

具体实施步骤

步骤 1：在 R1 上配置基本 IP 地址，开启 RIPv2 路由协议。

```
<H3C>system-view
[H3C]sysname R1
[R1]int lo0
[R1-LoopBack0]ip address 172.16.1.1 24
[R1-LoopBack0]int lo1
[R1-LoopBack1]ip address 172.16.2.1 24
[R1-LoopBack1]int lo2
[R1-LoopBack2]ip address 172.16.3.1 24
[R1-LoopBack2]int lo3
[R1-LoopBack3]ip address 172.16.4.1 24
[R1-LoopBack3]int g0/0
[R1-GigabitEthernet0/0]ip address 10.1.1.1 24
[R1-GigabitEthernet0/0]quit
[R1]rip
[R1-rip-1]version 2
[R1-rip-1]undo summary
[R1-rip-1]network 172.16.1.0
[R1-rip-1]network 172.16.2.0
[R1-rip-1]network 172.16.3.0
[R1-rip-1]network 172.16.4.0
[R1-rip-1]network 10.1.1.0
[R1-rip-1]quit
```

步骤 2：在 R2 上配置基本 IP 地址，开启 RIPv2 路由协议。

```
<H3C>system-view
[H3C]sysname R2
[R2]int GigabitEthernet 0/0
[R2-GigabitEthernet0/0]ip address 10.1.1.2 24
[R2-GigabitEthernet0/0]int g0/1
[R2-GigabitEthernet0/1]ip address 20.20.20.1 24
[R2-GigabitEthernet0/1]int g0/2
[R2-GigabitEthernet0/2]ip address 30.30.30.1 24
[R2-GigabitEthernet0/2]quit
[R2]rip
[R2-rip-1]version 2
[R2-rip-1]undo summary
[R2-rip-1]network 10.1.1.0
[R2-rip-1]network 20.20.20.0
[R2-rip-1]network 30.30.30.0
[R2-rip-1]quit
```

步骤 3：在 R3 上配置基本 IP 地址，开启 RIPv2 和 OSPF 路由协议。

```
<H3C>system-view
[H3C]sysname R3
```

```
[R3]int GigabitEthernet 0/0
[R3-GigabitEthernet0/0]ip address 20.20.20.2 24
[R3-GigabitEthernet0/0]int g0/1
[R3-GigabitEthernet0/1]ip address 40.40.40.1 24
[R3-GigabitEthernet0/1]quit
[R3]rip
[R3-rip-1]version 2
[R3-rip-1]undo summary
[R3-rip-1]network 20.20.20.0
[R3-rip-1]quit
[R3]ospf
[R3-ospf-1]area 0
[R3-ospf-1-area-0.0.0.0]network 40.40.40.0 0.0.0.255
[R3-ospf-1-area-0.0.0.0]quit
[R3-ospf-1]quit
```

步骤 4：在 R4 上配置基本 IP 地址，开启 RIPv2 和 OSPF 路由协议。

```
[H3C]sysname R4
[R4]int GigabitEthernet 0/0
[R4-GigabitEthernet0/0]ip address 30.30.30.2 24
[R4-GigabitEthernet0/0]int g0/1
[R4-GigabitEthernet0/1]ip address 50.50.50.1 24
[R4-GigabitEthernet0/1]quit
[R4]rip
[R4-rip-1]version 2
[R4-rip-1]undo summary
[R4-rip-1]network 30.30.30.0
[R4-rip-1]quit
[R4]ospf
[R4-ospf-1]area 0
[R4-ospf-1-area-0.0.0.0]network 50.50.50.0 0.0.0.255
[R4-ospf-1-area-0.0.0.0]quit
[R4-ospf-1]quit
```

步骤 5：在 R5 上配置基本 IP 地址，开启 OSPF 路由协议。

```
[H3C]sysname R5
[R5]int g0/0
[R5-GigabitEthernet0/0]ip address 40.40.40.2 24
[R5-GigabitEthernet0/0]int g0/1
[R5-GigabitEthernet0/1]ip address 50.50.50.2 24
[R5-GigabitEthernet0/1]int g0/2
[R5-GigabitEthernet0/2]ip address 60.60.60.1 24
[R5-GigabitEthernet0/2]quit
[R5]ospf
[R5-ospf-1]area 0
[R5-ospf-1-area-0.0.0.0]network 40.40.40.0 0.0.0.255
[R5-ospf-1-area-0.0.0.0]network 50.50.50.0 0.0.0.255
[R5-ospf-1-area-0.0.0.0]quit
[R5-ospf-1]area 1
```

```
[R5-ospf-1-area-0.0.0.1]network 60.60.60.0 0.0.0.255
[R5-ospf-1-area-0.0.0.1]quit
[R5-ospf-1]quit
```

步骤 6：在 R6 上配置基本 IP 地址，开启 OSPF 路由协议。

```
<H3C>system-view
[H3C]sysname R6
[R6]int GigabitEthernet 0/0
[R6-GigabitEthernet0/0]ip address 60.60.60.2 24
[R6-GigabitEthernet0/0]int lo0
[R6-LoopBack0]ip address 192.168.1.1 24
[R6-LoopBack0]int lo1
[R6-LoopBack1]ip address 192.168.2.1 24
[R6-LoopBack1]quit
[R6]ospf
[R6-ospf-1]area 1
[R6-ospf-1-area-0.0.0.1]network 60.60.60.0 0.0.0.255
[R6-ospf-1-area-0.0.0.1]network 192.168.1.0 0.0.0.255
[R6-ospf-1-area-0.0.0.1]network 192.168.2.0 0.0.0.255
[R6-ospf-1-area-0.0.0.1]quit
[R6-ospf-1]quit
```

在 R3 上查看路由表，发现已经可以学习全网路由。请思考：为什么 R3 没有做路由配置就可以学习全网路由？

```
[R3]dis ip routing-table

Destinations : 26      Routes : 26

Destination/Mask     Proto    Pre Cost     NextHop        Interface
0.0.0.0/32           Direct   0   0        127.0.0.1      InLoop0
10.1.1.0/24          RIP      100 1        20.20.20.1     GE0/0
20.20.20.0/24        Direct   0   0        20.20.20.2     GE0/0
20.20.20.0/32        Direct   0   0        20.20.20.2     GE0/0
20.20.20.2/32        Direct   0   0        127.0.0.1      InLoop0
20.20.20.255/32      Direct   0   0        20.20.20.2     GE0/0
30.30.30.0/24        RIP      100 1        20.20.20.1     GE0/0
40.40.40.0/24        Direct   0   0        40.40.40.1     GE0/1
40.40.40.0/32        Direct   0   0        40.40.40.1     GE0/1
40.40.40.1/32        Direct   0   0        127.0.0.1      InLoop0
40.40.40.255/32      Direct   0   0        40.40.40.1     GE0/1
50.50.50.0/24        O_INTRA  10  2        40.40.40.2     GE0/1
60.60.60.0/24        O_INTER  10  2        40.40.40.2     GE0/1
127.0.0.0/8          Direct   0   0        127.0.0.1      InLoop0
127.0.0.0/32         Direct   0   0        127.0.0.1      InLoop0
127.0.0.1/32         Direct   0   0        127.0.0.1      InLoop0
127.255.255.255/32   Direct   0   0        127.0.0.1      InLoop0
172.16.1.0/24        RIP      100 2        20.20.20.1     GE0/0
172.16.2.0/24        RIP      100 2        20.20.20.1     GE0/0
172.16.3.0/24        RIP      100 2        20.20.20.1     GE0/0
```

172.16.4.0/24	RIP	100	2	20.20.20.1	GE0/0
192.168.1.1/32	O_INTER	10	2	40.40.40.2	GE0/1
192.168.2.1/32	O_INTER	10	2	40.40.40.2	GE0/1
224.0.0.0/4	Direct	0	0	0.0.0.0	NULL0
224.0.0.0/24	Direct	0	0	0.0.0.0	NULL0
255.255.255.255/32	Direct	0	0	127.0.0.1	InLoop0

步骤 7：在 R2 上配置路由过滤 Filter-policy，不允许 172.16.3.0/24 网段的数据通过。

```
[R2]acl basic 2000
[R2-acl-ipv4-basic-2000]rule deny source 172.16.3.0 0.0.0.255
```
/*定义拒绝的网段 172.16.3.0/24
```
[R2-acl-ipv4-basic-2000]rule permit source any
```
/*其他网段都允许通过
```
[R2-acl-ipv4-basic-2000]quit
[R2]rip
[R2-rip-1]filter-policy 2000 import        /*在进入的方向做过滤
[R2-rip-1]quit

[R3]dis ip routing-table /*在R3上再次查看路由表，发现已经学习不到172.16.3.0/24网段

Destinations : 25      Routes : 25
```

Destination/Mask	Proto	Pre	Cost	NextHop	Interface
0.0.0.0/32	Direct	0	0	127.0.0.1	InLoop0
10.1.1.0/24	RIP	100	1	20.20.20.1	GE0/0
20.20.20.0/24	Direct	0	0	20.20.20.2	GE0/0
20.20.20.0/32	Direct	0	0	20.20.20.2	GE0/0
20.20.20.2/32	Direct	0	0	127.0.0.1	InLoop0
20.20.20.255/32	Direct	0	0	20.20.20.2	GE0/0
30.30.30.0/24	RIP	100	1	20.20.20.1	GE0/0
40.40.40.0/24	Direct	0	0	40.40.40.1	GE0/1
40.40.40.0/32	Direct	0	0	40.40.40.1	GE0/1
40.40.40.1/32	Direct	0	0	127.0.0.1	InLoop0
40.40.40.255/32	Direct	0	0	40.40.40.1	GE0/1
50.50.50.0/24	O_INTRA	10	2	40.40.40.2	GE0/1
60.60.60.0/24	O_INTER	10	2	40.40.40.2	GE0/1
127.0.0.0/8	Direct	0	0	127.0.0.1	InLoop0
127.0.0.0/32	Direct	0	0	127.0.0.1	InLoop0
127.0.0.1/32	Direct	0	0	127.0.0.1	InLoop0
127.255.255.255/32	Direct	0	0	127.0.0.1	InLoop0
172.16.1.0/24	**RIP**	**100**	**2**	**20.20.20.1**	**GE0/0**
172.16.2.0/24	**RIP**	**100**	**2**	**20.20.20.1**	**GE0/0**
172.16.4.0/24	**RIP**	**100**	**2**	**20.20.20.1**	**GE0/0**
192.168.1.1/32	**O_INTER**	**10**	**2**	**40.40.40.2**	**GE0/1**
192.168.2.1/32	O_INTER	10	2	40.40.40.2	GE0/1
224.0.0.0/4	Direct	0	0	0.0.0.0	NULL0
224.0.0.0/24	Direct	0	0	0.0.0.0	NULL0
255.255.255.255/32	Direct	0	0	127.0.0.1	InLoop0

步骤 8：在 R5 上配置路由过滤，不允许 Area 0 学习 192.168.1.1/32 网段。

```
/*在没有做过滤之前，在R3上是可以学习192.168.1.1/32网段的
[R5]acl basic 2000
[R5-acl-ipv4-basic-2000]rule deny source 192.168.1.1 0.0.0.0
/*定义拒绝的网段192.168.1.1/32
[R5-acl-ipv4-basic-2000]rule permit source any
/*其他网段都允许通过
[R5-acl-ipv4-basic-2000]quit
[R5]ospf
[R5-ospf-1]area 0
[R5-ospf-1-area-0.0.0.0]filter 2000 import
[R5-ospf-1-area-0.0.0.0]quit
[R5-ospf-1]quit

[R3]dis ip routing-table   /*在R3上查看路由表，发现已经学习不到192.168.1.1/32网段

Destinations : 24      Routes : 24

Destination/Mask    Proto    Pre Cost      NextHop          Interface
0.0.0.0/32          Direct   0   0         127.0.0.1        InLoop0
10.1.1.0/24         RIP      100 1         20.20.20.1       GE0/0
20.20.20.0/24       Direct   0   0         20.20.20.2       GE0/0
20.20.20.0/32       Direct   0   0         20.20.20.2       GE0/0
20.20.20.2/32       Direct   0   0         127.0.0.1        InLoop0
20.20.20.255/32     Direct   0   0         20.20.20.2       GE0/0
30.30.30.0/24       RIP      100 1         20.20.20.1       GE0/0
40.40.40.0/24       Direct   0   0         40.40.40.1       GE0/1
40.40.40.0/32       Direct   0   0         40.40.40.1       GE0/1
40.40.40.1/32       Direct   0   0         127.0.0.1        InLoop0
40.40.40.255/32     Direct   0   0         40.40.40.1       GE0/1
50.50.50.0/24       O_INTRA  10  2         40.40.40.2       GE0/1
60.60.60.0/24       O_INTER  10  2         40.40.40.2       GE0/1
127.0.0.0/8         Direct   0   0         127.0.0.1        InLoop0
127.0.0.0/32        Direct   0   0         127.0.0.1        InLoop0
127.0.0.1/32        Direct   0   0         127.0.0.1        InLoop0
127.255.255.255/32  Direct   0   0         127.0.0.1        InLoop0
172.16.1.0/24       RIP      100 2         20.20.20.1       GE0/0
172.16.2.0/24       RIP      100 2         20.20.20.1       GE0/0
172.16.4.0/24       RIP      100 2         20.20.20.1       GE0/0
192.168.2.1/32      O_INTER  10  2         40.40.40.2       GE0/1
224.0.0.0/4         Direct   0   0         0.0.0.0          NULL0
224.0.0.0/24        Direct   0   0         0.0.0.0          NULL0
255.255.255.255/32  Direct   0   0         127.0.0.1        InLoop0
```

步骤 9：在 R4 上配置路由策略，只允许将 172 开头的网络引入 OSPF 网络中，并打上标记值 100。

```
[R6]dis ip routing-table
/*查看R6的路由表，因为没有做路由引入，所以现在还没有学习RIP的路由
```

```
Destinations : 22        Routes : 22

Destination/Mask      Proto    Pre Cost      NextHop          Interface
0.0.0.0/32            Direct   0   0         127.0.0.1        InLoop0
40.40.40.0/24         O_INTER  10  2         60.60.60.1       GE0/0
50.50.50.0/24         O_INTER  10  2         60.60.60.1       GE0/0
60.60.60.0/24         Direct   0   0         60.60.60.2       GE0/0
60.60.60.0/32         Direct   0   0         60.60.60.2       GE0/0
60.60.60.2/32         Direct   0   0         127.0.0.1        InLoop0
60.60.60.255/32       Direct   0   0         60.60.60.2       GE0/0
127.0.0.0/8           Direct   0   0         127.0.0.1        InLoop0
127.0.0.0/32          Direct   0   0         127.0.0.1        InLoop0
127.0.0.1/32          Direct   0   0         127.0.0.1        InLoop0
127.255.255.255/32    Direct   0   0         127.0.0.1        InLoop0
192.168.1.0/24        Direct   0   0         192.168.1.1      Loop0
192.168.1.0/32        Direct   0   0         192.168.1.1      Loop0
192.168.1.1/32        Direct   0   0         127.0.0.1        InLoop0
192.168.1.255/32      Direct   0   0         192.168.1.1      Loop0
192.168.2.0/24        Direct   0   0         192.168.2.1      Loop1
192.168.2.0/32        Direct   0   0         192.168.2.1      Loop1
192.168.2.1/32        Direct   0   0         127.0.0.1        InLoop0
192.168.2.255/32      Direct   0   0         192.168.2.1      Loop1
224.0.0.0/4           Direct   0   0         0.0.0.0          NULL0
224.0.0.0/24          Direct   0   0         0.0.0.0          NULL0
255.255.255.255/32    Direct   0   0         127.0.0.1        InLoop0

[R4]acl basic 2000
[R4-acl-ipv4-basic-2000]rule permit source 172.16.0.0 0.0.255.255
/*定义允许通过的网段172.16.0.0/16，其他的网段都不允许通过
[R4-acl-ipv4-basic-2000]quit
[R4]route-policy riptoospf permit node 10                 /*定义路由策略
[R4-route-policy-riptoospf-10]if-match ip address acl 2000
/*如果IP地址符合ACL 2000定义的网段
[R4-route-policy-riptoospf-10]apply tag 100               /*则设置标记值为100
[R4-route-policy-riptoospf-10]quit
[R4]ospf
[R4-ospf-1]import-route rip route-policy riptoospf
/*做路由引入的时候加上路由策略

[R6]dis ip routing-table  /*查看R6的路由表，现在可以学习RIP的172网段的路由

Destinations : 25      Routes : 25

Destination/Mask      Proto    Pre Cost      NextHop          Interface
0.0.0.0/32            Direct   0   0         127.0.0.1        InLoop0
40.40.40.0/24         O_INTER  10  2         60.60.60.1       GE0/0
50.50.50.0/24         O_INTER  10  2         60.60.60.1       GE0/0
60.60.60.0/24         Direct   0   0         60.60.60.2       GE0/0
```

137

60.60.60.0/32	Direct	0	0	60.60.60.2	GE0/0
60.60.60.2/32	Direct	0	0	127.0.0.1	InLoop0
60.60.60.255/32	Direct	0	0	60.60.60.2	GE0/0
127.0.0.0/8	Direct	0	0	127.0.0.1	InLoop0
127.0.0.0/32	Direct	0	0	127.0.0.1	InLoop0
127.0.0.1/32	Direct	0	0	127.0.0.1	InLoop0
127.255.255.255/32	Direct	0	0	127.0.0.1	InLoop0
172.16.1.0/24	**O_ASE2**	**150**	**1**	**60.60.60.1**	**GE0/0**
172.16.2.0/24	**O_ASE2**	**150**	**1**	**60.60.60.1**	**GE0/0**
172.16.4.0/24	**O_ASE2**	**150**	**1**	**60.60.60.1**	**GE0/0**
192.168.1.0/24	Direct	0	0	192.168.1.1	Loop0
192.168.1.0/32	Direct	0	0	192.168.1.1	Loop0
192.168.1.1/32	Direct	0	0	127.0.0.1	InLoop0
192.168.1.255/32	Direct	0	0	192.168.1.1	Loop0
192.168.2.0/24	Direct	0	0	192.168.2.1	Loop1
192.168.2.0/32	Direct	0	0	192.168.2.1	Loop1
192.168.2.1/32	Direct	0	0	127.0.0.1	InLoop0
192.168.2.255/32	Direct	0	0	192.168.2.1	Loop1
224.0.0.0/4	Direct	0	0	0.0.0.0	NULL0
224.0.0.0/24	Direct	0	0	0.0.0.0	NULL0
255.255.255.255/32	Direct	0	0	127.0.0.1	InLoop0

[R6]dis ospf routing   /*查看 R6 的 OSPF 路由表, 可以发现 172 网段的标记值为 100

```
        OSPF Process 1 with Router ID 192.168.2.1
                Routing Table


Routing for network
Destination      Cost    Type     NextHop        AdvRouter      Area
60.60.60.0/24    1       Transit  0.0.0.0        60.60.60.1     0.0.0.1
50.50.50.0/24    2       Inter    60.60.60.1     60.60.60.1     0.0.0.1
40.40.40.0/24    2       Inter    60.60.60.1     60.60.60.1     0.0.0.1
192.168.1.1/32   0       Stub     0.0.0.0        192.168.2.1    0.0.0.1
192.168.2.1/32   0       Stub     0.0.0.0        192.168.2.1    0.0.0.1


Routing for ASEs
Destination      Cost    Type     Tag    NextHop        AdvRouter
172.16.1.0/24    1       Type2    100    60.60.60.1     50.50.50.1
172.16.2.0/24    1       Type2    100    60.60.60.1     50.50.50.1
172.16.4.0/24    1       Type2    100    60.60.60.1     50.50.50.1


Total nets: 8
Intra area: 3  Inter area: 2  ASE: 3  NSSA: 0
```

步骤 10: 为了避免路由环路, 在 R3 上配置路由策略, 将 OSPF 路由协议引入 RIPv2 路由中, 禁止标记值为 100 的路由。

```
[R3]route-policy ospftorip deny node 10        /*定义路由策略, 条件为拒绝
[R3-route-policy-ospftorip-10]if-match tag 100 /*如果标记值为 100 就被拒绝通过
[R3-route-policy-ospftorip-10]quit
```

```
[R3]route-policy ospftorip permit node 20        /*定义路由策略，其他都允许通过
[R3-route-policy-ospftorip-20]quit
[R3]rip
[R3-rip-1]import-route ospf route-policy ospftorip
/*做路由引入的时候加上路由策略
[R3-rip-1]quit
[R1]dis ip routing-table /*查看 R1 的路由表，可以学习 OSPF 中的路由，如 192.168.2.1

Destinations : 33      Routes : 33

Destination/Mask      Proto   Pre Cost     NextHop          Interface
0.0.0.0/32            Direct  0   0        127.0.0.1        InLoop0
10.1.1.0/24           Direct  0   0        10.1.1.1         GE0/0
10.1.1.0/32           Direct  0   0        10.1.1.1         GE0/0
10.1.1.1/32           Direct  0   0        127.0.0.1        InLoop0
10.1.1.255/32         Direct  0   0        10.1.1.1         GE0/0
20.20.20.0/24         RIP     100 1        10.1.1.2         GE0/0
30.30.30.0/24         RIP     100 1        10.1.1.2         GE0/0
50.50.50.0/24         RIP     100 2        10.1.1.2         GE0/0
60.60.60.0/24         RIP     100 2        10.1.1.2         GE0/0
127.0.0.0/8           Direct  0   0        127.0.0.1        InLoop0
127.0.0.0/32          Direct  0   0        127.0.0.1        InLoop0
127.0.0.1/32          Direct  0   0        127.0.0.1        InLoop0
127.255.255.255/32    Direct  0   0        127.0.0.1        InLoop0
172.16.1.0/24         Direct  0   0        172.16.1.1       Loop0
172.16.1.0/32         Direct  0   0        172.16.1.1       Loop0
172.16.1.1/32         Direct  0   0        127.0.0.1        InLoop0
172.16.1.255/32       Direct  0   0        172.16.1.1       Loop0
172.16.2.0/24         Direct  0   0        172.16.2.1       Loop1
172.16.2.0/32         Direct  0   0        172.16.2.1       Loop1
172.16.2.1/32         Direct  0   0        127.0.0.1        InLoop0
172.16.2.255/32       Direct  0   0        172.16.2.1       Loop1
172.16.3.0/24         Direct  0   0        172.16.3.1       Loop2
172.16.3.0/32         Direct  0   0        172.16.3.1       Loop2
172.16.3.1/32         Direct  0   0        127.0.0.1        InLoop0
172.16.3.255/32       Direct  0   0        172.16.3.1       Loop2
172.16.4.0/24         Direct  0   0        172.16.4.1       Loop3
172.16.4.0/32         Direct  0   0        172.16.4.1       Loop3
172.16.4.1/32         Direct  0   0        127.0.0.1        InLoop0
172.16.4.255/32       Direct  0   0        172.16.4.1       Loop3
192.168.2.1/32        RIP     100 2        10.1.1.2         GE0/0
224.0.0.0/4           Direct  0   0        0.0.0.0          NULL0
224.0.0.0/24          Direct  0   0        0.0.0.0          NULL0
255.255.255.255/32    Direct  0   0        127.0.0.1        InLoop0

[R1]ping -r -a 172.16.1.1 192.168.2.1   /*查看来回的路径
Ping 192.168.2.1 (192.168.2.1) from 172.16.1.1. 56 data bytes, press CTRL_C
to break
56 bytes from 192.168.2.1. icmp_seq=0 ttl=252 time=14.060 ms
```

```
RR:     20.20.20.1
        40.40.40.1
        60.60.60.1
        60.60.60.2
        50.50.50.2
        30.30.30.2
        10.1.1.2
        10.1.1.1
56 bytes from 192.168.2.1. icmp_seq=1 ttl=252 time=2.417 ms    (same route)
56 bytes from 192.168.2.1. icmp_seq=2 ttl=252 time=3.364 ms    (same route)
56 bytes from 192.168.2.1. icmp_seq=3 ttl=252 time=3.208 ms    (same route)
56 bytes from 192.168.2.1. icmp_seq=4 ttl=252 time=2.141 ms    (same route)

--- Ping statistics for 192.168.2.1 ---
5 packets transmitted, 5 packets received, 0.0% packet loss
round-trip min/avg/max/std-dev = 2.141/5.038/14.060/4.535 ms
 [R1]%Nov 13 09.25.04.238 2016 R1 PING/6/PING_STATISTICS: Ping statistics for
192.168.2.1. 5 packets transmitted, 5 packets received, 0.0% packet loss, round-
trip min/avg/max/std-dev = 2.141/5.038/14.060/4.535 ms.
```

8.6 项目小结

路由过滤配置比较灵活，在配置路由过滤之前，需要规划好 if-match 和 apply 子句。如果路由信息都不符合路由过滤中的 if-match 子句，则默认不能通过，即路由信息被过滤掉。如果路由过滤定义了一个及一个以上的节点，则节点中应该至少有一个节点的匹配模式为允许，否则所有路由信息都不能通过。

习题

一、选择题

1. 路由策略的作用包括（   ）。
    A. 路由过滤
    B. 报文过滤
    C. 改变路由的属性
    D. 改变报文的内容
2. Route-policy 常应用在（   ）场合。
    A. 路由引入时实行路由过滤
    B. IGP 路由学习时进行过滤控制
    C. 路由引入时改变路由的属性
    D. BGP 路由学习时进行过滤控制
3. 关于 Route-policy，下列说法正确的是（   ）。
    A. 一个 Route-policy 的不同节点是"或"的关系
    B. 同一个节点中的不同 if-match 子句是"与"的关系
    C. 节点的匹配模式包括允许模式和拒绝模式

D．如果所有节点都是拒绝模式，则没有路由信息能够通过 Route-policy

4．下列可以由 apply 子句执行的动作是（　　）。

A．开销值

B．出接口

C．标记

D．IP 目的地址

二、简答题

1．简述路由策略的作用。

2．简述路由策略常用的规则。

3．简述 Route-policy 与 Filter-policy 的区别。

Private VLAN 技术

1. 了解 VLAN 技术概述。
2. 理解 Private VLAN 的概念。
3. 理解 Private VLAN 的基本原理。
4. 掌握 Private VLAN 的配置和应用。

项目内容

某公司的局域网包括多台交换机、路由器和计算机。由于业务的发展，公司合并了一些子公司，现在公司网络存在 VLAN 号重复的情况，为了保障公司的业务可以正常运转，同时为了避免带来安全隐患，在不改变原来各个子公司的 VLAN 号的前提下，需要避免子公司之间的数据互通。本项目主要介绍利用 Private VLAN 技术实现 VLAN 之间的屏蔽和隔离。

相关知识

要理解和掌握 Private VLAN 技术，需要先了解 VLAN 的端口类型、Private VLAN 的概念和基本原理，以及 Private VLAN 技术的配置命令和配置方法。

9.1 VLAN 技术概述

以太网交换机根据 MAC 地址表转发数据帧。MAC 地址表中包含端口和端口所连接终端主机 MAC 地址的映射关系。交换机从端口接收到以太网帧后，通过查看 MAC 地址表来决定从哪个端口转发出去。如果端口收到的是广播帧，则交换机把广播帧从除源端口外的所有端口转发出去。

虚拟局域网（Virtual Local Area Network）通常简称为 VLAN，它是将由多台支持 VLAN 功能的交换机构成的局域网在逻辑上划分为多个独立的网段，从而实现虚拟工作组的一种交换技术。在 VLAN 技术中，通过给以太网帧附加一个标签（Tag）来标记这个以太网帧能够在哪个 VLAN 中传播。这样，交换机在转发数据帧时，不仅要通过查找 MAC 地址来决定转发到哪个端口，还要检查端口上的 VLAN 标签是否匹配。

VLAN 技术缩小了广播范围，可以控制广播风暴的产生，将不同用户群划分在不同的 VLAN 中，从而提高交换式网络的整体性能和安全性。一个 VLAN 可以根据部门职能、对象组或应用将不同地理位置的网络用户划分为一个逻辑网段，在不改动网络物理连接的情况下可以将工作站在工作组或子网之间任意移动。利用 VLAN 技术，大大减轻了网络管理和维护工作的负担，降低了网络维护费用。VLAN 的划分方式有以下几种。

- 根据端口划分 VLAN：这种划分是把一台或多台交换机上的几个端口划分成一个逻辑组，这是最简单、最有效的划分方法。这种划分方法只需要网络管理员对网络设备的交换端口进行重新分配即可，不用考虑该端口所连接的设备。在默认状态下，所有端口都属于 VLAN 1。
- 根据 MAC 地址划分 VLAN：根据主机的 MAC 地址来划分，即对每个 MAC 地址的主机都配置它属于哪个组。这种划分方法的优点是当用户的物理位置移动时，即从一台交换机换到其他的交换机时，VLAN 不用重新配置；其缺点是初始化时，所有的用户都必须进行配置，若有几百个甚至上千个用户，配置将十分困难。
- 根据协议划分 VLAN：根据端口接收到帧所属的协议类型来划分 VLAN，如 IPv4 划分一个 VLAN，IPv6 划分一个 VLAN。这种划分方法的优点是当用户的物理位置移动时，即从一台交换机换到其他的交换机时，VLAN 不用重新配置；其缺点是效率低。
- 根据 IP 子网划分 VLAN：将 IP 包的源地址作为依据划分 VLAN。这种划分方法的优点是当用户的物理位置移动时，即从一台交换机换到其他的交换机时，VLAN 不用重新配置；这种划分方法的缺点是对交换芯片要求较高。

9.2　VLAN 的端口类型

1．Access 端口类型

交换机内部的数据帧都带有 VLAN 标签，不同 VLAN 的区分需要借助标签（Tag）值。端口所属的 VLAN 称为默认 VLAN，又称为 PVID，可以理解为 VLAN 的编号。在默认情况下，所有端口的默认 VLAN 都为 VLAN 1。Access 端口通常用于连接客户计算机，以提供网络接入服务。这种端口只属于某一个 VLAN，并且只能向该 VLAN 发送或接收数据帧。Access 端口在收到以太网帧后打上 VLAN 标签，出端口时剥离 VLAN 标签，对主机透明。

如图 9-1 所示，以 PC1 和 PC3 通信为例，PC1 发送原始数据帧到 SW1 的 G0/1 端口，SW1 的 G0/1 端口为 Access 类型，并且属于 VLAN 10，因此为数据帧打上了 10 号标签（Tag=10），数据帧经过 G0/24 端口的传输到达 SW2 的 G0/1 端口，SW2 的 G0/1 端口为 Access 类型，并且也属于 VLAN 10，即 PVID 为 10，因此剥离掉 10 号标签（Tag=10），数据帧变为原始数据帧发给 PC3，这样就实现了 PC1 和 PC3 的相互通信。若 SW2 的 G0/2 端口接收到 PC1 发送的数据帧，因为 G0/2 端口属于 VLAN 20，即 PVID 为 20，无法剥离 10 号标签（Tag=10），它只能剥离 20 号标签（Tag=20），所以会丢弃该数据帧，使 PC1 和 PC4 无法通信。

2．Trunk 端口类型

Trunk 端口通常用于交换机级联端口，承载 VLAN 在交换机之间的通信流量。Trunk 端口可以接收和发送多个 VLAN 的数据帧，并且在接收和发送过程中不对帧中的标签做任何操作，但也有一个特殊的情况，就是在发送默认 VLAN 帧时，Trunk 端口要剥离帧中的标签；同样，在接收到不带标签的帧时，要打上默认的 VLAN 标签。

如图 9-2 所示，以 PC1 和 PC3 通信为例，PC1 发送原始数据帧到 SW1 的 G0/1 端口，SW1 的 G0/1 端口为 Access 类型，并且属于 VLAN 10，因此为数据帧打上了 10 号标签（Tag=10），然后转发给 SW1 的 G0/24Trunk 端口，Trunk 端口的 PVID 是 10 号标签（Tag=10），所以剥离 10 号标签，不带标签的数据帧从 SW1 的 G0/24 端口传输到 SW2 的 G0/24 端口，SW2 的 G0/24

端口是 Trunk 端口，又打上 10 号标签（Tag=10），转发给 G0/1 端口，G0/1 端口为 Access 端口类型，并且属于 VLAN 10，所以又剥离 10 号标签（Tag=10）发给 PC3，PC3 接收到原始数据帧，实现了 PC1 和 PC3 的通信。PC2 发送的数据帧打上 20 号标签（Tag=20），到达 SW1 的 G0/24 端口，因为标签和 Trunk 端口的 PVID 不同，所以 G0/24 端口不会剥离 20 号标签（Tag=20），带有 20 号标签的数据帧从 SW1 传递到 SW2 的 G0/24 端口，SW2 转发给 G0/2 端口，G0/2 端口属于 VLAN 20，可以剥离 20 号标签（Tag=20），所以剥离 20 号标签后发给 PC4，这样 PC2 和 PC4 可以相互通信。

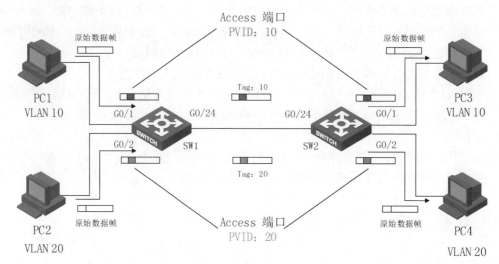

图 9-1　Access 端口类型

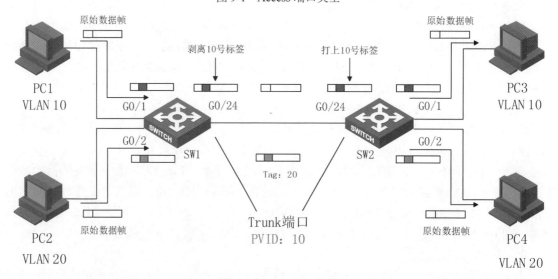

图 9-2　Trunk 端口类型

3．Hybrid 端口类型

Hybrid 端口既可以用于交换机之间的互连，也可以用于交换机与主机的互连。Hybrid 端口不仅可以接收和发送多个 VLAN 的数据帧，还可以指定对某个 VLAN 的数据帧做剥离标签操作。Hybrid 端口同样具有默认 VLAN（PVID），在接收到一个不带标签的数据帧时，对其打上默认 VLAN 标签进行转发。在需要发出一个数据帧时，Hybrid 端口根据其端口上设定的需要剥离 VLAN 标签（Untag）进行操作。

　　当网络中大部分主机之间需要隔离，但是这些隔离的主机又需要与另一台主机通信时，可以使用 Hybrid 端口。如图 9-3 所示，PC1 要与 PC3 传输数据，PC1 属于 VLAN 10，PC3 属于 VLAN 30。PC1 将数据帧发送到 SW1 的 G0/1 端口，SW1 的 G0/1 端口为原始数据帧打上 10 号标签（Tag=10），然后转发给 G0/24 端口。G0/24 端口为 Trunk 端口类型且 PVID 为 1，不会剥离 10 号标签（Tag=10）。数据帧从 SW1 的 G0/24 端口传输到 SW2 的 G0/24 端口，SW2 的 G0/24 端口也不会对数据帧进行操作，将数据帧转发给 G0/1 端口。SW2 的 G0/1 端口为 Hybrid 端口，PVID 为 30，可以剥离 10 号标签、20 号标签和 30 号标签（Untag=10、20、30），现在收到的数据帧是 10 号标签（tag=10），可以剥离，所以 SW2 的 G0/1 端口剥离 10 号标签（Tag=10），转发给 PC3，PC3 收到原始数据帧，这样 PC1 和 PC3 就可以相互通信。同样，PC2 也可以和 PC3 相互通信，但 PC1 和 PC2 是无法通信的。

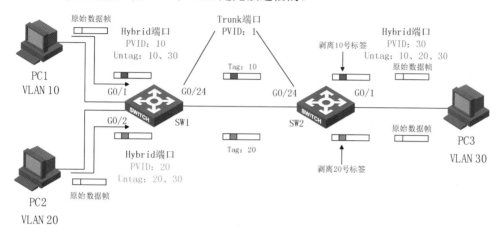

图 9-3　Hybrid 端口类型

9.3　Private VLAN 的概念

　　根据 802.1q 的规定，交换机最多可以划分 4094 个 VLAN，在某些情况下，4094 个 VLAN 并不够用。例如，很多运营商采用 LAN 接入小区宽带，基于用户安全和管理计费方面的考虑，运营商一般要求接入用户相互隔离，VLAN 则是天然的隔离手段。对于运营商的设备来说，如果为每个用户分配一个 VLAN，4094 个 VLAN 远远不够用，而且每个 VLAN 需要配置三层接口，这将耗费大量的 IP 地址。因此，需要一种技术能够实现接入层用户相互隔离，又能将接入层的 VLAN ID 屏蔽掉，只可见汇聚层的 VLAN ID，Private VLAN 技术应运而生。

　　Private VLAN（私有 VLAN）采用二层 VLAN 结构（见图 9-4），它在同一台设备上配置 Primary VLAN 和 Secondary VLAN 两类 VLAN，既能保证接入用户之间相互隔离，又能将接入的 VLAN ID 屏蔽掉，从而节省了 VLAN 资源。

　　Primary VLAN：用于连接上行设备，一个 Primary VLAN 可以和多个 Secondary VLAN 相对应。上行连接的设备只需要知道 Primary VLAN，而不必关心 Secondary VLAN，Primary VLAN 下面的 Secondary VLAN 对上行设备不可见。

　　Secondary VLAN：用于连接用户，Secondary VLAN 之间的二层报文互相隔离。如果希望实现同一个 Primary VLAN 下 Secondary VLAN 用户之间报文的互通，可以通过配置上行设备的本地代理 ARP 功能来实现三层报文的互通。

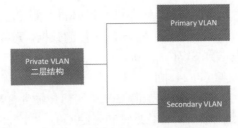

图 9-4　Private VLAN 二层结构

9.4　Private VLAN 的基本原理

Private VLAN 的功能利用 Hybrid 端口的灵活性和 VLAN 之间的 MAC 地址同步来实现。Hybrid 类型的端口在转发数据时，可以根据需要进行多个 VLAN 数据流量的发送和接收，也可以根据需要决定发送数据帧时是否携带 802.1q 标签。因为 Hybrid 端口比较灵活，所以既可以用于交换机之间的连接，也可以用于连接计算机。

如图 9-5 所示，SW2 的 G0/10、G0/20 和 G0/24 端口类型为 Hybrid，G0/10 端口允许 VLAN 10 和 VLAN 100 的数据帧通过，G0/20 端口允许 VLAN 20 和 VLAN 100 的数据帧通过，G0/24 端口允许 VLAN 10、VLAN 20 和 VLAN 100 的数据帧通过，配置完成后，PC1 可以和 SW1 互通，PC2 也可以和 SW1 互通，但 PC1 和 PC2 之间不通。

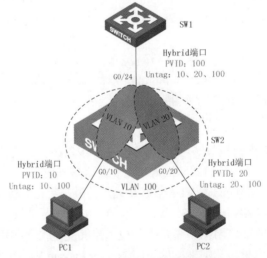

图 9-5　Private VLAN 的基本原理示意图

这个例子存在一个较为严重的问题，若 PC1 发送 ARP 请求到 G0/10 端口解析 SW1（网关）的 MAC 地址。首先，PC1 的 MAC 地址被学习到 SW2 的 VLAN 10 广播域中，SW2 没有 SW1 的 MAC 地址表项，只能在 VLAN 10 的广播域内广播；其次，SW1 的 G0/24 端口收到 SW2 的广播，返回 ARP 请求到达 SW2 的 G0/24 端口（源 MAC：MAC_SW1，目的 MAC：MAC_PC1），SW1 的 MAC 地址被学习到 SW2 的 VLAN 100 广播域中；最后，SW2 会以"MAC_PC1+VLAN 100"为条件查找 MAC 地址表，由于找不到相应的表项，该报文会在 VLAN 100 内广播，最终从 G0/10 和 G0/20 端口发送出去，PC1 和 PC2 都收到了 SW1 的 MAC 地址。这种方式每次上行和下行转发报文都要通过广播才能到达目的地。当端口较多时，这种方式会占用大量的带宽资源，大大降低了交换机的转发性能，而且很不安全。

通过 MAC 地址同步可以解决这个问题，Private VLAN 的 MAC 地址同步的机制如下。

- Secondary VLAN 到 Primary VLAN 的同步，即下行端口在 Secondary VLAN 学习的 MAC 地址都同步到 Primary VLAN 中，而出端口保持不变。
- Primary VLAN 到 Secondary VLAN 的同步，即上行端口在 Primary VLAN 学习的 MAC 地址同步到所有的 Secondary VLAN 中，而出端口保持不变。

当 Primary VLAN 下面配置了很多 Secondary VLAN 时，MAC 地址同步后，将导致 MAC 地址表过于庞大，进而影响设备的转发性能。同时，考虑到用户的下行流量远远大于上行流量，下行流量需要进行单播，上行流量可以进行广播。

9.5　Private VLAN 的配置命令

```
① [H3C] vlan  vlan编号                    /*创建VLAN
② [H3C-vlan编号] private-vlan  primary    /*设定VLAN的类型为Primary
③ [H3C-vlan编号] private-vlan  secondary  vlan编号
   /*配置Primary VLAN 和Secondary  VLAN之间的映射关系
④ [H3C] interface  端口编号               /*进入上行端口，即连接交换机的端口
⑤ [H3C-端口编号] port  private-vlan  Primary vlan的编号  promiscuous
   /*配置端口工作在promiscuous（混杂）模式
⑥ [H3C] interface  端口编号               /*进入下行端口，即连接计算机的端口
⑦ [H3C-端口编号] port  private-vlan  host    /*配置端口工作在host（主机）模式
```

若要 Secondary VLAN 之间能够互通，就需要在上层交换机开启本地代理功能 local-proxy-arp enable。

操作示例：如图 9-6 所示，SW2 的 G0/10、G0/20 和 G0/24 端口类型为 Hybrid，PC1 属于 VLAN 10，PC2 属于 VLAN 20。SW2 的 VLAN 100 为 Primary VLAN，VLAN 10 和 VLAN 20 为 Secondary VLAN。若你是网络工程师，请使用 Private VLAN 技术使 PC1 和 PC2 无法通信，但都可以和上层交换机 SW1 通信。

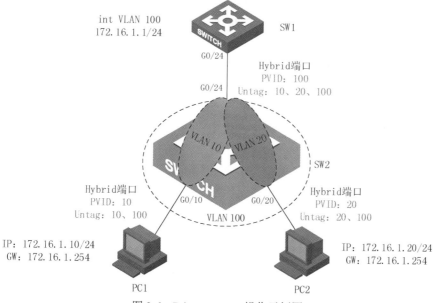

图 9-6　Private VLAN 操作示例图

在 SW2 上配置 Private VLAN。

```
<H3C>system-view
[H3C]sysname SW2
[SW2]vlan 10
[SW2-vlan10]port GigabitEthernet 1/0/10
[SW2-vlan10]vlan 20
[SW2-vlan20]port GigabitEthernet 1/0/20
[SW2-vlan20]vlan 100
[SW2-vlan100]private-vlan primary              /*配置 VLAN 100 为 Primary VLAN
[SW2-vlan100]private-vlan secondary 10 20
/*配置 Primary VLAN 与 Secondary VLAN 之间的映射关系
[SW2-vlan100]quit
[SW2]int GigabitEthernet 1/0/10
[SW2-GigabitEthernet1/0/10]port private-vlan host  /*配置 G1/0/10 端口为下行端口
[SW2-GigabitEthernet1/0/10]quit
[SW2]int GigabitEthernet 1/0/20
[SW2-GigabitEthernet1/0/20]port private-vlan host  /*配置 G1/0/20 端口为下行端口
[SW2-GigabitEthernet1/0/20]quit
[SW2]int GigabitEthernet 1/0/24
[SW2-GigabitEthernet1/0/24]port link-type hybrid
/*配置 G1/0/24 端口为 Hybrid 类型
[SW2-GigabitEthernet1/0/24]port hybrid pvid vlan 100
/*配置 G1/0/24 端口的 PVID 为 100
[SW2-GigabitEthernet1/0/24]port private-vlan 100 promiscuous
/*配置 G1/0/24 端口为上行端口
[SW2-GigabitEthernet1/0/24]quit
```

在 SW1 上配置 VLAN 100 的 IP 地址和 Trunk 端口。

```
<H3C>system-view
[H3C]sysname SW1
[SW1]vlan 100
[SW1-vlan100]quit
[SW1]int vlan 100                                    /*配置 VLAN 100 的端口地址
[SW1-Vlan-interface100]ip address 172.16.1.1 24
[SW1-Vlan-interface100]quit
[SW1]int GigabitEthernet 1/0/24
[SW1-GigabitEthernet1/0/24]port link-type trunk
/*配置 G1/0/24 端口为 Trunk 类型
[SW1-GigabitEthernet1/0/24]port trunk pvid vlan 100
/*配置 G1/0/24 端口的 PVID 为 100
[SW1-GigabitEthernet1/0/24]port trunk permit vlan all /*允许所有 VLAN 的数据通过
[SW1-GigabitEthernet1/0/24]quit
```

上述配置完成后，接着配置 PC1 和 PC2 的 IP 地址信息，并测试 PC1 和 PC2 与网关的通信情况。如图 9-7 所示，PC1 和 PC2 都可以与网关通信。

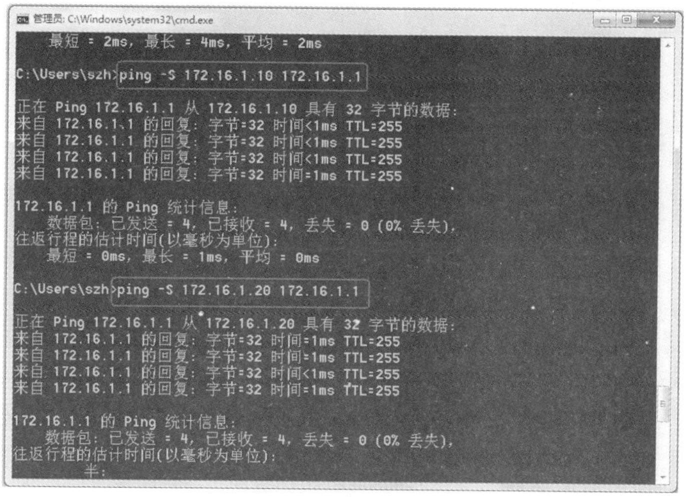

图 9-7　PC1 和 PC2 都可以与网关通信

如图 9-8 所示，PC1 和 PC2 虽然可以通信，但是它们并不能直接通信。如果需要 PC1 和 PC2 能够通信，则在 SW1 上开启本地代理功能，并配置如下命令。

```
[SW1]int vlan 100
[SW1-Vlan-interface100]local-proxy-arp enable        /*开启本地代理功能
[SW1-Vlan-interface100]quit
```

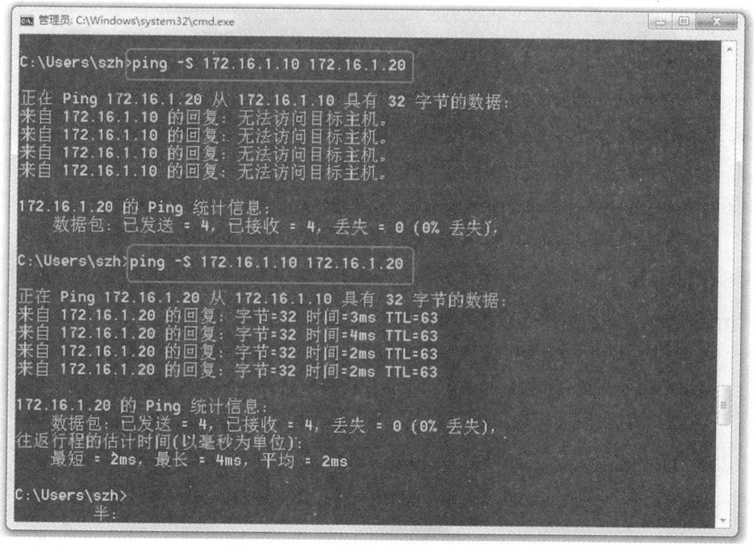

图 9-8　PC1 和 PC2 的通信情况

在 SW1 上开启本地代理功能后，PC1 和 PC2 可以相互通信。

9.6　工作任务示例

某公司的网络拓扑结构如图 9-9 所示。随着公司业务的不断发展，A 公司收购了 B 公司。A 公司原有网络划分了多个 VLAN，B 公司原有网络也划分了多个 VLAN，并且存在 VLAN 号重复的情况，如两个公司都存在 VLAN 30。公司希望保持原有的 VLAN，避免带来安全隐患，同时避免它们之间可以互通。若你是公司的网络工程师，请通过 Private VLAN 技术来实现。

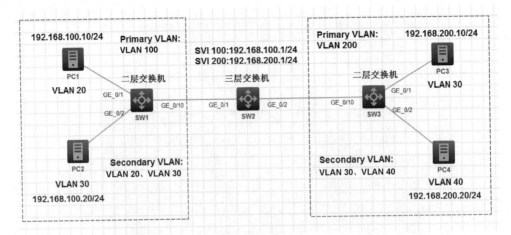

图 9-9　网络拓扑结构

该公司局域网的 IP 地址规划如表 9-1 所示。

表 9-1　IP 地址规划

设 备 名 称	IP 地 址	子 网 掩 码	网 关
SW2 的 SVI 100	192.168.100.1	255.255.255.0	
SW2 的 SVI 200	192.168.200.1	255.255.255.0	
PC1	192.168.100.10	255.255.255.0	192.168.100.1
PC2	192.168.100.20	255.255.255.0	192.168.100.1
PC3	192.168.200.10	255.255.255.0	192.168.200.1
PC4	192.168.200.20	255.255.255.0	192.168.200.1

具体实施步骤

步骤 1：在 SW1 上配置 VLAN 20、VLAN 30、VLAN 100，将 VLAN 100 配置为 Primary VLAN，配置 Primary VLAN 和 Secondary VLAN 之间的映射关系。

```
<H3C>system-view
[H3C]sysname SW1
[SW1]vlan 20
[SW1-vlan20]vlan 30
[SW1-vlan30]vlan 100
[SW1-vlan100]private-vlan primary          /*将 VLAN 100 配置为 Primary VLAN
[SW1-vlan100]private-vlan secondary 20 30
/*配置 Primary VLAN 和 Secondary VLAN 之间的映射关系
[SW1-vlan100]quit
```

步骤 2：SW1 的 G1/0/1 端口加入 VLAN 20 中，G1/0/2 端口加入 VLAN 30 中，将下行端口设置为 host 模式。SW1 的 G1/0/10 端口加入 VLAN 100 中，将上行端口设置为 promiscuous 模式。

```
[SW1]int GigabitEthernet 1/0/1
[SW1-GigabitEthernet1/0/1]port access vlan 20
[SW1-GigabitEthernet1/0/1]port private-vlan host  /*将 G1/0/1 端口设置为下行端口
[SW1-GigabitEthernet1/0/1]quit
[SW1]interface GigabitEthernet 1/0/2
```

```
[SW1-GigabitEthernet1/0/2]port access vlan 30
[SW1-GigabitEthernet1/0/2]port private-vlan host   /*将 G1/0/2 端口设置为下行端口
[SW1-GigabitEthernet1/0/2]quit
[SW1]interface GigabitEthernet 1/0/10
[SW1-GigabitEthernet1/0/10]port access vlan 100
[SW1-GigabitEthernet1/0/10]port private-vlan 100 promiscuous
/*将 G1/0/10 端口设置为上行端口
[SW1-GigabitEthernet1/0/10]quit
```

步骤 3：在 SW3 上配置 VLAN 30、VLAN 40、VLAN 200，将 VLAN 200 配置为 Primary VLAN，配置 Primary VLAN 和 Secondary VLAN 之间的映射关系。

```
<H3C>system-view
[H3C]sysname SW3
[SW3]vlan 30
[SW3-vlan30]vlan 40
[SW3-vlan40]vlan 200
[SW3-vlan200]private-vlan primary   /*将 VLAN 200 配置为 Primary VLAN
[SW3-vlan200]private-vlan secondary  30 40
/*配置 Primary VLAN 和 Secondary VLAN 之间的映射关系
[SW3-vlan200]quit
```

步骤 4：SW3 的 G1/0/1 端口加入 VLAN 30 中，G1/0/2 端口加入 VLAN 40 中，将下行端口设置为 host 模式。SW3 的 G1/0/10 端口加入 VLAN 200 中，将上行端口设置为 promiscuous 模式。

```
[SW3]int GigabitEthernet 1/0/1
[SW3-GigabitEthernet1/0/1]port access vlan 30
[SW3-GigabitEthernet1/0/1]port private-vlan host   /*将 G1/0/1 端口设置为下行端口
[SW3-GigabitEthernet1/0/1]int g1/0/2
[SW3-GigabitEthernet1/0/2]port access vlan 40
[SW3-GigabitEthernet1/0/2]port private-vlan host   /*将 G1/0/2 端口设置为下行端口
[SW3-GigabitEthernet1/0/2]quit
[SW3]int GigabitEthernet 1/0/10
[SW3-GigabitEthernet1/0/10]port access vlan 200
[SW3-GigabitEthernet1/0/10]port private-vlan 200 promiscuous
/*将 G1/0/10 端口设置为上行端口
[SW3-GigabitEthernet1/0/10]quit
```

步骤 5：在 SW2 上配置 VLAN 100 和 VLAN 200，并将相应的端口加入 VLAN 100 和 VLAN 200 中。

```
<H3C>system-view
[H3C]sysname SW2
[SW2]vlan 100
[SW2-vlan100]port GigabitEthernet 1/0/1
[SW2-vlan100]vlan 200
[SW2-vlan200]port GigabitEthernet 1/0/2
[SW2-vlan200]quit
[SW2]int vlan 100
[SW2-Vlan-interface100]ip address 192.168.100.1 24
[SW2-Vlan-interface100]quit
[SW2]int vlan 200
```

```
[SW2-Vlan-interface200]ip address 192.168.200.1 24
[SW2-Vlan-interface200]quit
```

步骤 6：为 PC1 配置 IP 地址 192.168.100.10/24（见图 9-10），为 PC2 配置 IP 地址 192.168.100.20/24（见图 9-11），为 PC3 配置 IP 地址 192.168.200.10/24（见图 9-12），为 PC4 配置 IP 地址 192.168.200.20/24（见图 9-13）。

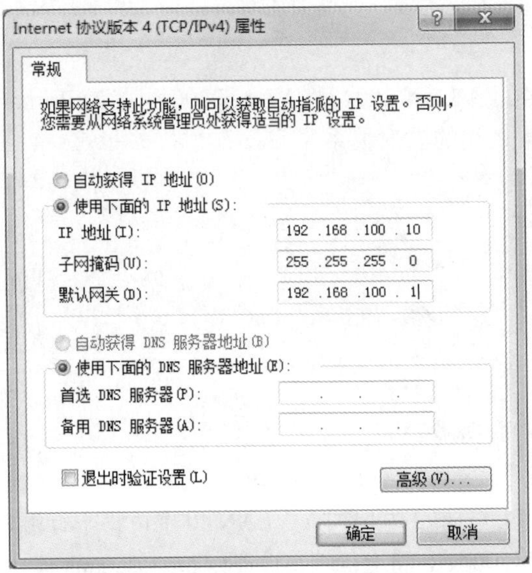

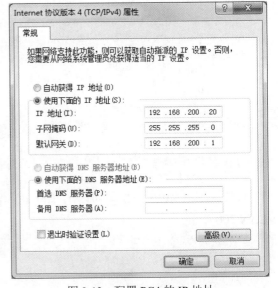

图 9-10　配置 PC1 的 IP 地址 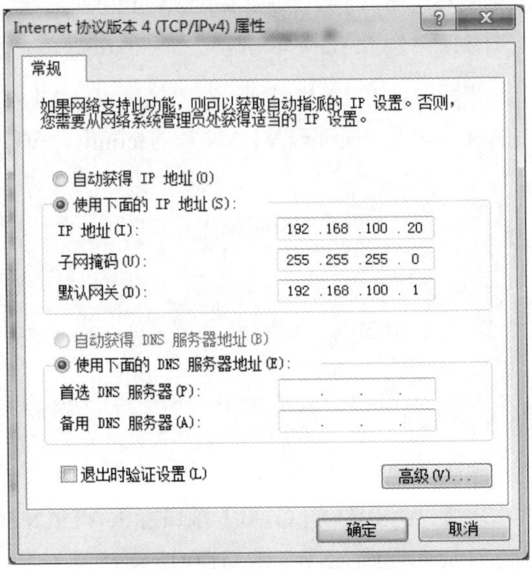　　　　　图 9-11　配置 PC2 的 IP 地址

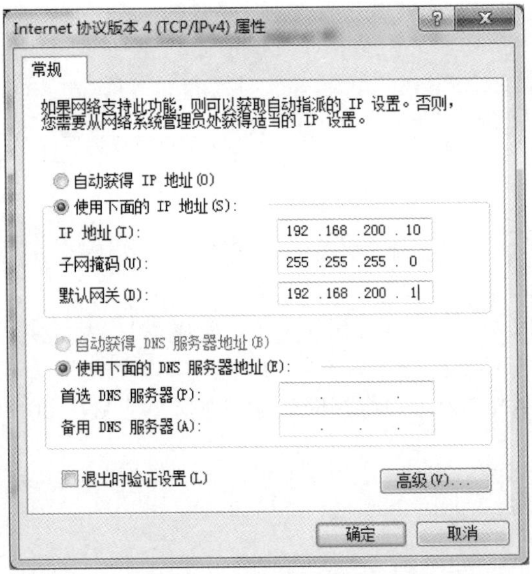

图 9-12　配置 PC3 的 IP 地址　　　　　图 9-13　配置 PC4 的 IP 地址

步骤 7：测试 PC1、PC2 与 192.168.100.1 和 192.168.200.1 的连通性，PC3、PC4 与 192.168.100.1 和 192.168.200.1 的连通性，以及 PC1 与 PC2、PC3 与 PC4 的连通性。

如图 9-14 所示，PC1 可以与 192.168.100.1 及 192.168.200.1 相互通信。

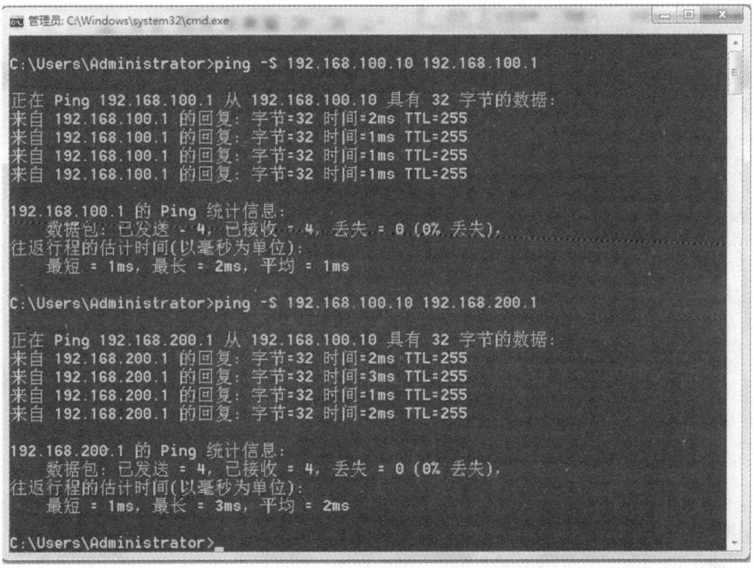

图 9-14 PC1 与网关的通信情况

如图 9-15 所示，PC1 无法与 PC2 相互通信。

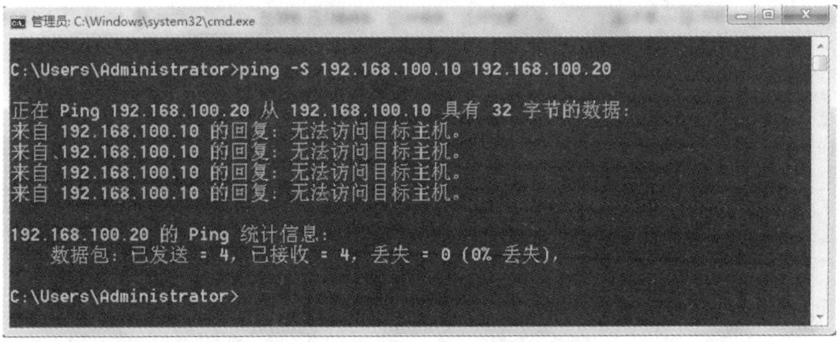

图 9-15 PC1 与 PC2 的通信情况

如图 9-16 所示，PC3 可以与 192.168.100.1 及 192.168.200.1 相互通信。

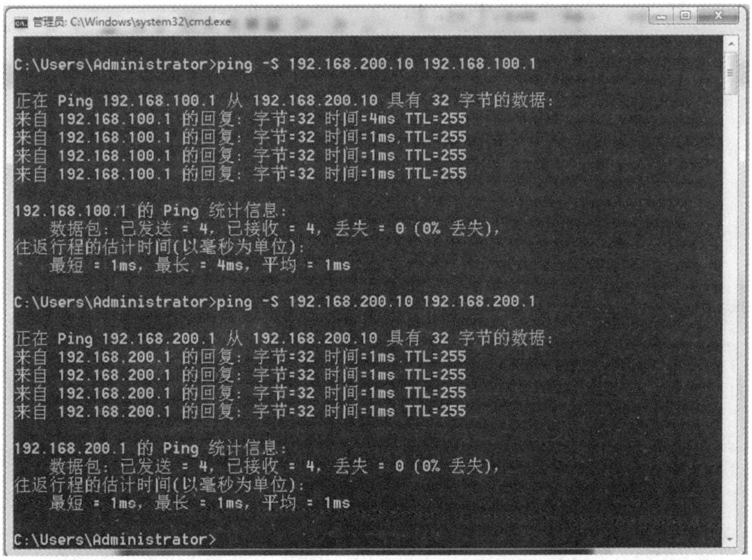

图 9-16 PC3 与网关的通信情况

如图 9-17 所示，PC3 无法与 PC4 相互通信。

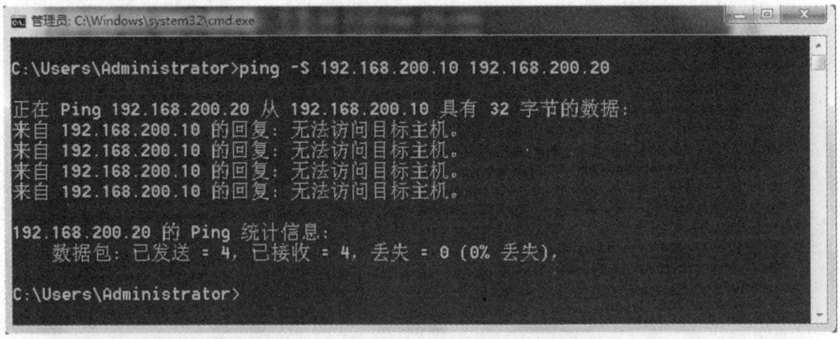

图 9-17　PC3 与 PC4 的通信情况

如图 9-18 所示，PC1 可以与 PC3 和 PC4 相互通信。

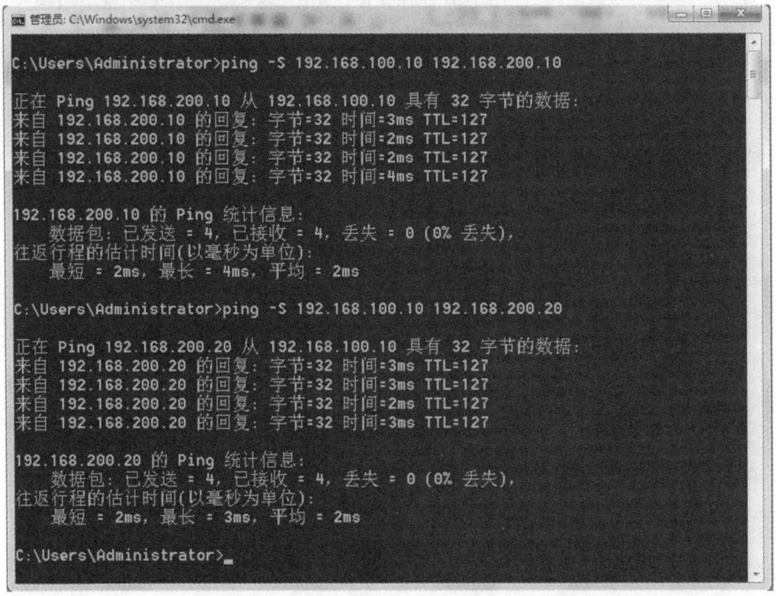

图 9-18　PC1 与 PC3 和 PC4 的通信情况

步骤 8：配置本地代理 ARP，可以实现 Secondary VLAN 互通。

```
[SW2]int vlan 100
[SW2-Vlan-interface100]local-proxy-arp enable    /*开启本地代理 ARP
[SW2-Vlan-interface100]quit
```

如图 9-19 所示，开启本地代理 ARP 后，PC1 可以与 PC2 相互通信。

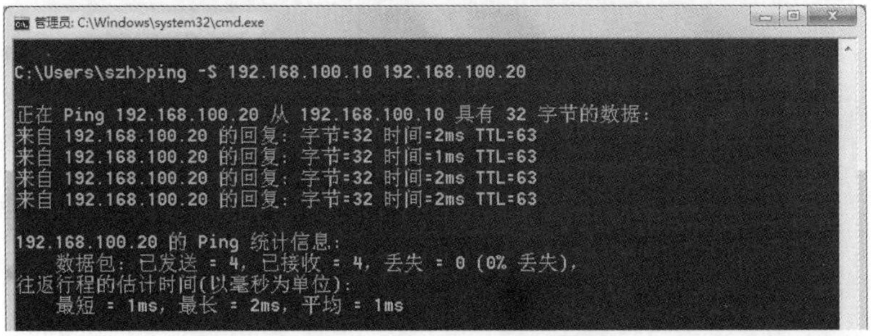

图 9-19　PC1 与 PC2 的通信情况

```
[SW2]int vlan 200
[SW2-Vlan-interface200]local-proxy-arp enable   /*开启本地代理 ARP
[SW2-Vlan-interface200]quit
```

如图 9-20 所示，开启本地代理 ARP 后，PC3 可以与 PC4 相互通信

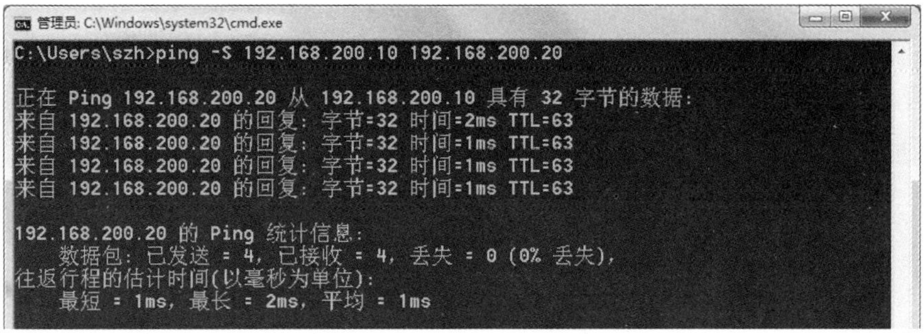

图 9-20　PC3 与 PC4 的通信情况

9.7　项目小结

　　Hybrid 端口和 Trunk 端口的相同之处在于两种链路类型的端口都可以允许多个 VLAN 的报文在发送时打标签；不同之处在于 Hybrid 端口可以允许多个 VLAN 的报文在发送时不打标签，而 Trunk 端口只允许默认 VLAN 的报文在发送时不打标签。配置 Trunk 端口或 Hybrid 端口，并利用 Trunk 端口或 Hybrid 端口在发送多个 VLAN 报文时需要注意，端口之间的默认 VLAN ID（端口的 PVID）要保持一致。Private VLAN 利用了 Hybrid 端口转发特性和 MAC 地址同步原理，在节省 VLAN 资源的基础上实现了用户的二层隔离。

习题

一、选择题

1．根据交换机处理 VLAN 数据帧的方式不同，H3C 以太网交换机的端口类型分为（　　）。

　　A．Access 端口　　　　　　B．Trunk 端口　　　　　C．镜像端口　　　　D．Hybrid 端口

2．交换机 SWA 的 Ethernet1/0/1 端口原来是 Access 端口类型，现在需要将其配置为 Hybrid 端口类型，正确的配置命令是（　　）。

　　A．[SWA]port link-type hybrid

　　B．[SWA-Ethernet1/0/1]port link-type hybrid

　　C．[SWA]undo port link-type trunk

　　D．[SWA-Ethernet1/0/1]undo port link-type trunk

3．下面关于 Private VLAN 技术原理表述正确的是（　　）。

　　A．Private VLAN 技术利用 Hybrid 端口的灵活性及 VLAN 之间的 MAC 地址同步技术来实现

　　B．Secondary VLAN 之间三层报文相互隔离，无法互通

　　C．Secondary VLAN 之间二层帧相互隔离，无法互通

　　D．Private VLAN 为二层结构，分别为 Isolate-user-VLAN 和 Secondary VLAN

二、简答题

1. 简述 Private VLAN 的作用。

2. 简述 MAC 地址同步技术。

3. 简述 Private VLAN 的工作原理，在什么情况下需要配置本地 ARP 代理？

4. 在工作任务示例中，为什么没有开启本地 ARP 代理，PC1 与 PC2 不能通信，但是 PC1 可以与 PC3、PC4 通信？

生成树协议技术

教学目标

1. 了解交换网络产生环路的原因。
2. 理解生成树协议的相关概念。
3. 理解生成树协议的端口状态。
4. 理解生成树协议的工作原理。
5. 掌握生成树协议的配置命令和配置方法。

项目内容

在企业的网络设计过程中，一般都会设计具有冗余的网络拓扑结构来避免网络的单点故障，从而提高网络的可靠性。但在交换网络中，冗余的环形拓扑结构会产生网络广播风暴和 MAC 地址表震荡，甚至导致网络瘫痪。本项目介绍生成树协议技术，通过配置生成树协议既可以保证链路之间的备份，又可以避免产生广播风暴。

相关知识

要理解和掌握生成树协议技术，需要了解交换网络产生环路的原因、生成树协议的概念、生成树协议的端口状态、生成树协议的工作原理，以及生成树协议的配置命令和配置方法。

10.1 交换网络产生环路的原因

在因特网的网络环境中，物理环路可以提高网络的可靠性，当一条链路断开时，另一条链路仍然可以传输数据。但是，在交换网络中，当交换机接收到一个未知目的地址的数据帧时，它会将这个数据帧广播出去。因此，在内含物理环路的交换网络中，就会产生一个双向的广播环，甚至产生广播风暴，导致交换机死机。

如图 10-1 所示，PC1 和 PC2 通过交换机相连，在网络初始状态，PC1 和 PC2 的通信过程如下。

（1）PC1 的 ARP 条目中没有 PC2 的 MAC 地址，根据 ARP 原理，PC1 会发送一个 ARP 广播帧（请求 PC2 的 MAC 地址）给 SW1。

（2）如图 10-2 所示，当 SW1 收到 ARP 广播请求时，根据交换机转发原理，SW1 会将广播帧从除接收端口外的所有端口转发出去。

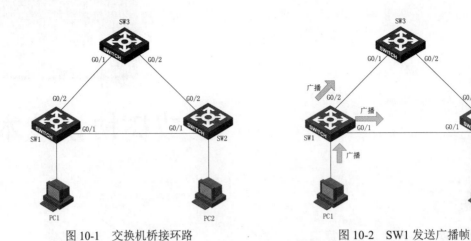

图 10-1　交换机桥接环路　　　　　　　图 10-2　SW1 发送广播帧

（3）SW2 收到广播帧后，将广播帧从 G0/2 和连接 PC2 的端口转发，PC2 收到了广播帧。同样，SW3 收到广播帧后，将其从 G0/2 端口转发，如图 10-3 与图 10-4 所示。

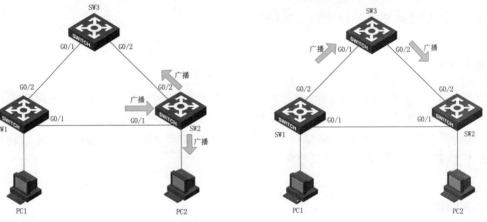

图 10-3　SW2 转发 SW1 发送的广播帧　　　　图 10-4　SW3 转发 SW1 发送的广播帧

（4）SW2 从 G0/2 端口收到从 SW3 发送的广播帧后，将其从 G0/1 和连接 PC2 的端口转发，PC2 再次收到广播帧。同样，SW3 收到从 SW2 发送的广播帧后，将其从 G0/1 端口转发出去，如图 10-5 与图 10-6 所示。

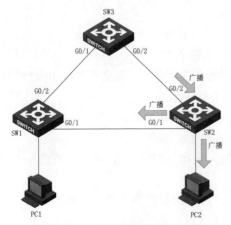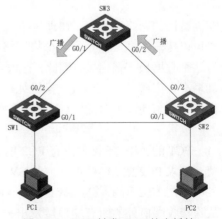

图 10-5　SW2 转发 SW3 的广播帧　　　　图 10-6　SW3 转发 SW2 的广播帧

（5）SW1 分别从 SW2 和 SW3 接收广播帧，然后将从 SW2 接收的广播帧转发给 SW3，而将从 SW3 接收的广播帧转发给 SW2。SW1、SW2 和 SW3 会将广播帧相互转发，这时网络就形成了一个环路，而交换机之间并不知道，这将导致广播帧在这个环路中永远循环下去，这种广播越来越多，最终形成广播风暴，导致交换机死机，整个网络瘫痪，如图 10-7 所示。

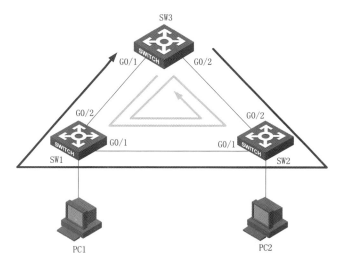

图 10-7　广播风暴的产生

10.2　生成树协议的概念

生成树协议（Spanning Tree Protocol，STP）就是解决冗余环路产生广播风暴问题的一种方法。生成树协议并不是断掉物理环路，而是在逻辑上断开环路，防止广播风暴的产生。

生成树协议的作用是将具有物理环路的交换网络结构转变成逻辑上没有环路的树形结构。生成树协议使用生成树算法，在一个具有冗余路径的容错网络中计算出一个无环路的路径，使一部分端口处于转发状态，另一部分端口处于阻塞状态，从而生成一个稳定的、无环路的树形网络拓扑。另外，一旦发现当前路径故障，生成树协议能立即激活相应端口，打开备用链路，重新生成 STP 网络拓扑，保证网络正常运行。

如图 10-8 所示，3 台交换机在物理上构成了一个环形结构。在使用生成树算法后，若 SW2 的 G0/2 端口变成阻塞状态，这条链路就不能传输数据，逻辑上打破了环形拓扑，变成树形拓扑，PC1 通过 SW1 的 G0/1 端口和 SW2 的 G0/1 端口向 PC2 传送数据。

如图 10-9 所示，当正常通信（SW1 的 G0/1 端口与 SW2 的 G0/1 端口之间的链路）发生故障时，阻塞端口（SW2 的 G0/2 端口）将自动切换成转发状态，使数据从这条链路正常传输。PC1 通过 SW1 的 G0/2 端口、SW3 的 G0/2 端口和 SW2 的 G0/2 端口向 PC2 传送数据。

生成树协议的关键作用是保证网络中任何一点到另一点的路径有且只有一条，生成树协议可以使冗余路径的网络既能够有容错能力，又可以避免冗余路径产生环路带来的不利影响。

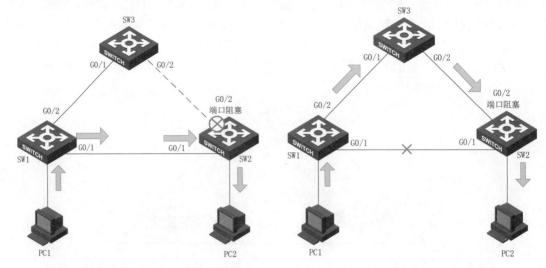

图 10-8　交换机由环形拓扑变成树形拓扑　　　　图 10-9　生成树协议自动切换路径

10.3　生成树协议的端口状态

在交换机启动时，交换机的指示灯显示为黄色，并且大约有 50s 不能转发数据，这是交换机在做生成树协议计算。在做生成树协议计算的过程中，交换机的每个端口将依次经历以下几种状态。

- 阻塞（Blocking）状态：端口只能接收 BPDU（桥协议数据单元，用于获取其他交换机的信息），不能转发数据包。
- 监听（Listening）状态：端口接收和发送 BPDU 报文，不能学习数据帧的 MAC 地址。
- 学习（Learning）状态：与监听状态类似，但是可以学习 MAC 地址，并将地址添加到交换机的地址表中。
- 转发（Forwarding）状态：既可以发送和接收数据帧，也可以收集新的 MAC 地址加入它的地址表中。在生成树拓扑结构中，此状态下的端口为全功能的交换端口。

在默认情况下，大多数交换机都处于生成树协议开启状态。在交换机启动时，所有端口均处于阻塞状态；经过 20s 后，交换机端口进入监听状态；再经过 15s 后，交换机进入学习状态；再经过 15s 后，一部分端口进入转发状态，另一部分端口进入阻塞状态。如果网络拓扑因为故障而发生变化或新交换机增加到网络中时，生成树算法将重新启动，端口状态也会发生相应的变化。

10.4　生成树协议的工作原理

生成树协议利用生成树算法生成一个没有环路的网络。生成树算法比较复杂，但是其过程可以归纳为选择根交换机（Root Bridge）、选择根端口（Root Ports）和选择指定端口（Alternate Ports）3 个步骤。

1. 选择根交换机

选择根交换机的依据是网桥 ID（Bridge ID）。网桥 ID 是一个 8Byte 的字段，前面 2 个字节为交换机优先级，后面 6 个字节是交换机的 MAC 地址。交换机优先级用于衡量交换机在生成树算法中的优先级，取值范围为 0～65535，默认值是 32768。交换机网桥 ID 中的 MAC 地址是交换机自身的 MAC 地址，可以使用 display device manuinfo 命令查看交换机自身的 MAC 地址。

按照生成树算法的定义，比较某个生成树协议参数的 2 个取值时，值小的优先级高。因此，在选择根交换机的时候，比较的方法是看哪台交换机的网桥 ID 值最小，优先级小的被选择为根交换机，在优先级相同的情况下，MAC 地址小的为根交换机。如图 10-10 所示，SW1 的优先级为 4096，SW2 和 SW3 的优先级为默认的优先级 32768，因为 SW1 的优先级最小，所以 SW1 被选择为根交换机。

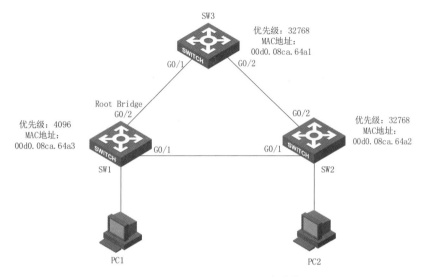

图 10-10　根据优先级选择根交换机

如果 SW1 的优先级也是 32768，3 台交换机的优先级相同，则要比较交换机的 MAC 地址，MAC 地址小的作为根交换机，3 台交换机中 SW3 的 MAC 地址最小，SW3 将被选择为根交换机。

2．选择根端口

选择了根交换机之后，网络中的其他交换机必须和根交换机建立某种关联，因此生成树协议将开始选择根端口。根端口存在于非根交换机上，需要在每个非根交换机上选择一个根端口。

在生成树协议选择根端口的时候，首先比较交换机端口的根路径成本，根路径成本低的为根端口。当根路径成本相同时，比较连接的交换机的网桥 ID 值，选择网桥 ID 值小的作为根端口。当网桥 ID 值相同时，比较交换机端口 ID 值，选择端口 ID 值小的作为根端口。

根路径成本是两台交换机之间的路径上所有链路的成本之和，也就是一台交换机到达根交换机的中间所有链路的路径成本之和。路径成本与带宽之间的关系如表 10-1 所示，链路的带宽越大，它传输数据的路径成本也就越低。

表 10-1　路径成本与带宽之间的关系

带　　宽	路径成本（802.1D）	路径成本（H3C 私有标准）
10Mbps	100	2000
100Mbps	19	200
1000Mbps	4	20
10Gbps	2	2
20Gbps	1	1

　　交换机端口 ID 包含 2Byte，由 1Byte 的端口优先级和 1Byte 的端口编号组成。端口优先级的范围为 0～240，默认值为 128。端口编号是交换机用于列举各个端口的数字标识符。需要注意的是，在比较端口 ID 时，比较的是接收方，即对端的端口 ID 的值。

　　如图 10-11 所示，已经选出了根交换机 SW1，下一步就是在 SW2 和 SW3 上选择根端口。图 10-11 所示的所有的链路都是 100Mbps，那么 SW2 的 G0/1 和 SW3 的 G0/1 端口的成本是 200，因此，SW2 的 G0/1 和 SW3 的 G0/1 端口被选为根端口。

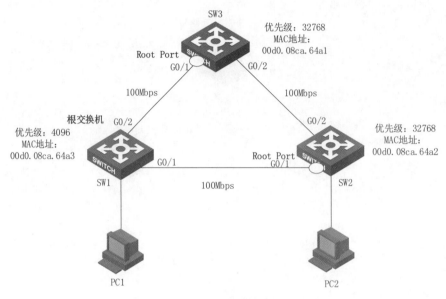

图 10-11　选择根端口的过程

3．选择指定端口

　　为了消除形成环路的可能性，生成树协议进行最后的计算时，在每个网段上选择一个指定端口。在生成树协议选择指定端口时，首先比较同一网段上端口中根路径成本最低的，也就是将到达根交换机最近的端口作为指定端口。当根路径成本相同时，比较这个端口所在的交换机的网桥 ID 值，选择一个网桥 ID 值小的交换机端口作为指定端口。当网桥 ID 值相同时，比较端口 ID 值，选择较小的作为指定端口。另外，根网桥上的接口都是指定端口，因为根网桥上端口的根路径成本为 0。

　　如图 10-12 所示，根交换机 SW1 上的 G0/1 和 G0/2 端口都是指定端口，因为它们直接连接在根交换机上，根路径成本为 0。在 SW2 和 SW3 之间的网段上需要选择一个指定端口。首先比较两个端口的根路径成本，这两个端口的根路径成本都是 200，然后比较网桥 ID 值，SW2 和 SW3 的网桥优先级相同，但是 SW3 的 MAC 地址小于 SW2 的 MAC 地址，即 SW3 的网桥 ID 值小，所以 SW3 上的 G0/2 端口被选择为指定端口。

　　生成树协议计算过程结束，这时，只有 SW2 的 G0/2 端口既不是根端口，也不是指定端口，那么这个端口被阻塞。被阻塞的端口不能传输数据，根端口和指定端口可以转发数据。

　　由于 SW2 上连接 SW3 的 G0/2 端口被阻塞，所以如图 10-12 所示的拓扑图与如图 10-13 所示的拓扑图是等价的。SW2 和 SW3 之间的链路成为备份链路。

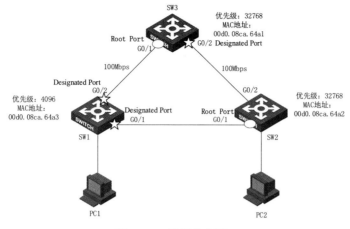

图 10-12　选择指定端口

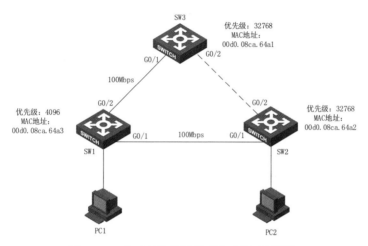

图 10-13　生成树协议计算后生成的无环网络

10.5　生成树协议的配置命令

① [H3C] stp global enable　　　　　/*在交换机上开启生成树协议
② [H3C] stp mode stp　　　　　　　/*将生成树协议模式设置为STP
③ [H3C] stp priority 优先级的值
　　/*设置交换机生成树的优先级，优先级的范围为0~61440，但必须是 0 或 4096 的倍数，默认为 32768
④ [H3C] interface 端口号
⑤ [H3C-端口号]stp port priority 端口优先级的值
　　/*设置端口的优先级，端口优先级的范围为 0~240，但必须是 16 的倍数，默认为 128

　　需要注意的是，在配置生成树协议时，网络中参与生成树计算的交换机都需要开启生成树协议。

10.6　工作任务示例

　　如图 10-14 所示，为了提高公司网络的可靠性，采用两条链路连接 SW1 和 SW2，两台交换机的 GE_0/23 端口使用双绞线连接，GE_0/24 端口使用光纤连接，SW1 为根交换机。若你是公司的网络工程师，需要在交换机上做适当设置，实现在正常情况下数据通过交换机 GE_0/24 的光纤端口传输数据。当这条链路有故障时，交换机可以自动切换到 GE_0/23 端口传输数据，使公司网络既有冗余又可以避免环路。

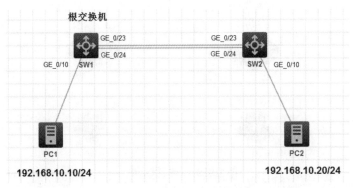

图 10-14　网络拓扑结构图

具体实施步骤

步骤 1：在 SW1 上配置 STP，并使 SW1 为根交换机。

```
<H3C>system-view
[H3C]sysname SW1
[SW1]stp global enable          /*开启 STP 协议
[SW1]stp mode stp               /*将生成树协议模式设置为 STP
[SW1]stp priority 4096          /*设置 STP 的优先级的值为 4096，默认值为 32768
```

步骤 2：在 SW2 上配置 STP。

```
<H3C>system-view
[H3C]sysname SW2
[SW2]stp global enable          /*开启 STP 协议
[SW2]stp mode stp               /*将生成树协议模式设置为 STP
```

步骤 3：在 SW1 上设置 G1/0/24 端口的优先级的值为 16，G1/0/23 端口使用默认值 128，由于优先级的值越小优先级越高，所以 G1/0/24 端口的优先级大于 G1/0/23 端口。

```
[SW1]interface GigabitEthernet 1/0/24
[SW1-GigabitEthernet1/0/24]stp port priority 16
/*设置 G1/0/24 端口的优先级的值为 16，端口优先级的值必须是 0 或 16 的倍数，默认值为 128，值越小优先级越高
[SW1-GigabitEthernet1/0/24]quit
```

步骤 4：在 SW1 上查看 STP 的状态。

```
[SW1]dis stp brief      /*在 SW1 上查看 STP 的状态，发现 3 个端口都是 FORWARDING 状态
MST ID   Port                      Role  STP State    Protection
0        GigabitEthernet1/0/10     DESI  FORWARDING   NONE
0        GigabitEthernet1/0/23     DESI  FORWARDING   NONE
0        GigabitEthernet1/0/24     DESI  FORWARDING   NONE
```

步骤 5：在 SW2 上查看 STP 的状态。

```
[SW2]dis stp brief
```

/*在 SW2 上查看 STP 的状态，发现 G1/0/23 端口为 DISCARDING 状态，即两台交换机使用 G1/0/24
端口传送数据

```
MST ID    Port                             Role   STP State    Protection
0         GigabitEthernet1/0/10            DESI   FORWARDING   NONE
0         GigabitEthernet1/0/23            ALTE   DISCARDING   NONE
0         GigabitEthernet1/0/24            ROOT   FORWARDING   NONE
```

测试 PC1 和 PC2 之间的连通性，如图 10-15 所示，PC1 和 PC2 可以通信。

图 10-15　PC1 和 PC2 的通信情况（一）

步骤 6：断开 G1/0/24 端口之间的连接，模拟链路故障，查看 PC1 和 PC2 之间的连通性
（见图 10-16）。

```
[SW1]interface GigabitEthernet 1/0/24
[SW1-GigabitEthernet1/0/24]shutdown          /*在 SW1 上关闭 G1/0/24 端口，模拟链路故障
```

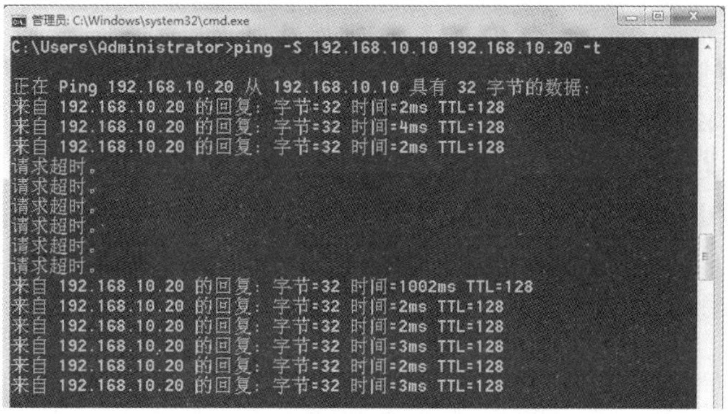

图 10-16　PC1 和 PC2 的通信情况（二）

再次查看 PC1 和 PC2 之间的连通性。请思考：为什么会产生多个丢包？

步骤 7：再次在 SW1 和 SW2 上查看 STP 的状态。

```
[SW1]dis stp brief      /*在 SW1 上查看 STP 的状态，发现 G1/0/23 端口为 FORWARDING 状态
MST ID    Port                             Role   STP State    Protection
0         GigabitEthernet1/0/10            DESI   FORWARDING   NONE
0         GigabitEthernet1/0/23            DESI   FORWARDING   NONE

[SW2]dis stp brief   /*在 SW2 上查看 STP 的状态，发现 G1/0/23 端口已变为 FORWARDING 状态
MST ID    Port                             Role   STP State    Protection
0         GigabitEthernet1/0/10            DESI   FORWARDING   NONE
0         GigabitEthernet1/0/23            ROOT   FORWARDING   NONE
```

10.7 项目小结

运行生成树协议的设备通过彼此交互信息可以发现网络中的环路，并且有选择性地对某个端口进行阻塞，最终将环形网络结构修剪成无环路的树形网络结构，从而防止报文在环形网络中不断循环，形成广播风暴和 MAC 地址表震荡。

习题

一、选择题

1．如果以太网交换机中某个运行 STP 的端口不接收或转发数据，接收并发送 BPDU，不进行地址学习，那么该端口应该处于（　　）状态。

　　A．Blocking　　　　B．Listening　　　　C．Learning　　　　D．Forwarding

2．如果以太网交换机中某个运行 STP 的端口接收并转发数据，接收、处理并发送 BPDU，进行地址学习，那么该端口应该处于（　　）状态。

　　A．Blocking　　　　B．Listening　　　　C．Learning　　　　D．Forwarding

3．配置交换机 SWA 的桥优先级为 0 的命令是（　　）。

　　A．[SWA] stp priority 0

　　B．[SWA- GigabitEthernet1/0/1] stp priority 0

　　C．[SWA] stp root priority 0

　　D．[SWA- GigabitEthernet1/0/1] stp root priority 0

4．关于生成树协议，说法正确的是（　　）。

　　A．网桥 ID 值由网桥的优先级和网桥的 MAC 地址组合而成

　　B．H3C 以太网交换机的默认优先级值是 32768

　　C．优先级值越小优先级越低

　　D．优先级相同时，MAC 地址越小优先级越高

二、简答题

1．简述生成树协议的工作原理。

2．选择根端口的原则是什么？

3．简述生成树协议的端口状态。

多生成树协议技术

教学目标

1. 了解生成树协议存在的问题。
2. 理解多生成树协议的概念。
3. 理解多生成树协议的负载均衡的功能。
4. 掌握多生成树协议的配置命令和配置方法。

项目内容

生成树协议中所有的 VLAN 共享一棵生成树，因此无法在 VLAN 间实现数据流量的负载均衡，链路被阻塞后将不会承载任何流量，还有可能造成部分 VLAN 的报文无法转发。本项目介绍多生成树协议，通过配置多生成树协议既可以快速收敛，又可以提供数据转发的多个冗余路径，在数据转发过程中实现 VLAN 数据的负载均衡。

相关知识

要理解和掌握多生成树协议技术，需要先了解生成树协议存在的问题、多生成树协议的概念、多生成树协议的负载均衡的功能，以及多生成树协议的配置命令和配置方法。

11.1 生成树协议存在的问题

生成树协议在生成树时没有考虑 VLAN 的情况，因此所有的 VLAN 共享相同的生成树，无法实现不同 VLAN 在链路上的负载分担，造成带宽的极大浪费。

如图 11-1 所示，SW1 和 SW3 连接的 PC1 与 PC3 同属于 VLAN 10，SW2 和 SW4 连接的 PC2 与 PC4 同属于 VLAN 20。若网络中使用生成树协议，生成树协议计算的结果可能导致 SW2 和 SW4 之间的链路被阻塞。

如图 11-2 所示，在属于 VLAN 20 中的 PC2 和 PC4 之间传输数据时，需要经过 SW1 和 SW3 转发，但是 SW1 和 SW3 都不包含 VLAN 20 的信息，因此无法转发 VLAN 20 的数据，从而导致 PC2 和 PC4 之间无法相互通信，需要寻求新的解决办法。通过使用 MSTP 可以解决这类问题，MSTP 在计算生成树的过程中，会为每个 VLAN 或每组 VLAN 计算一棵生成树，这样不同 VLAN 中的计算机可以走不同的路径。

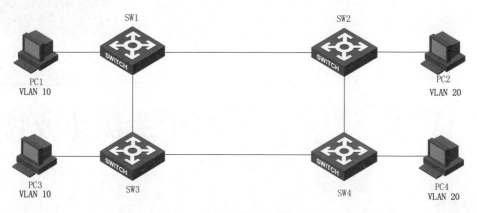

图 11-1　生成树协议存在的问题

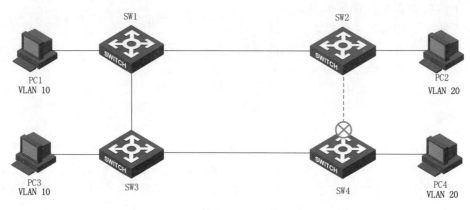

图 11-2　SW2 与 SW4 之间的链路被阻塞

11.2　多生成树协议的概念

MSTP（Multiple Spanning Tree Protocol，多生成树协议）是 IEEE 802.1s 中定义的一种新型生成树协议。STP 是基于端口的，而 MSTP 是基于实例的。与 STP 相比，MSTP 中引入了"实例"（Instance）和"域"（Region）的概念。

Instance 就是一个或多个 VLAN 的一个集合，即将一个或多个 VLAN 映射到一个 MST 实例中。一个 MST 实例将运行一棵生成树，具有相同 MST 实例映射规则或配置的交换机组成一个 MST 域。MSTP 各个实例拓扑的计算是独立的，在这些实例上可以实现负载均衡。

具有相同 MST 实例映射规则和配置的交换机同属于一个 MST 域，属于同一个 MST 域的交换机在以下属性的配置上必须相同。

- MST 域名称：用长度为 32Byte 的字符串来标记 MST Region 的名称。
- MST Revision number：用长度为 16bit 的修正值来标记 MST Revision 的修正号。
- VLAN 到实例的映射关系：在每台交换机中最多可以创建 32 个 MST 实例，编号为 1～32，Instance 0 是强制存在的。在交换机上可以将 VLAN 和不同的 Instance 做映射配置，没有被映射到 MST 实例的 VLAN 默认属于 Instance 0。实际上，在配置映射关系之前，交换机上所有的 VLAN 都属于 Instance 0。

如图 11-3 所示，如果在 SW1 和 SW2 上配置相同的 MST 名称、版本号和实例映射关系，则在 MSTP 运算中 SW1 和 SW2 被认为在同一个区域。SW3 和 SW4 也配置了相同的 MST 名称、版本号和实例映射关系，因此也被认为在同一个区域。

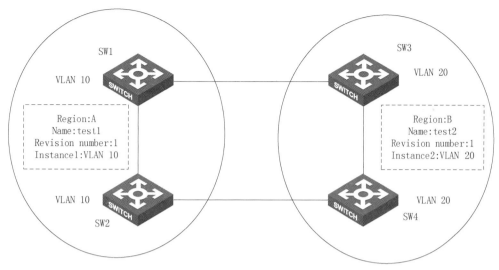

图 11-3　MSTP 区域划分示例

在每个区域中，MSTP 都将为每个 MST 实例进行独立的生成树计算，包括选举根交换机、计算交换机上的各端口角色，以及确定端口的状态。计算出来的端口角色和状态只在本生成树实例中有效，本项目只介绍单区域的 MSTP。

11.3　多生成树协议的负载均衡的功能

在 MSTP 中，可以将 VLAN 映射到不同的实例中，并且在不同的实例中可以有不同的生成树计算结果。

如图 11-4 所示，在 SW1、SW2 和 SW3 上创建 Instance 1 与 Instance 2 两个实例，Instance 1 关联 VLAN 10 和 VLAN 30，Instance 2 关联 VLAN 20 和 VLAN 40。然后将 SW1 配置为 Instance 1 中的根交换机，将 SW2 配置为 Instance 2 中的根交换机。

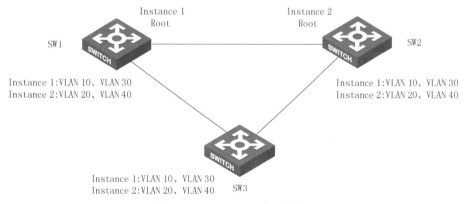

图 11-4　在 MSTP 中创建实例

若在 Instance 1 中，生成树计算的结果是阻断 SW2 和 SW3 之间的链路。因此，Instance 1 中的 VLAN 10 和 VLAN 30 的数据流将使用 SW3—SW1—SW2 链路，结果如图 11-5 所示。

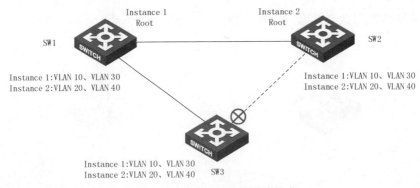

图 11-5　Instance 1 中的链路状态

若在 Instance 2 中，生成树计算的结果是阻断的是 SW1 和 SW3 之间的链路。因此，Instance 2 中的 VLAN 20 和 VLAN 40 的数据流将使用 SW3—SW2—SW1 之间的链路，结果如图 11-6 所示。

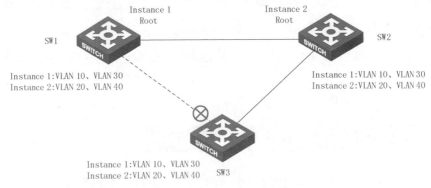

图 11-6　Instance 2 中的链路状态

使用 MSTP 在区域中创建不同的 Instance 1 和 Instance 2，对于不同的实例会分别计算生成树，数据传输通过不同的路径，从而实现了负载均衡，如图 11-7 所示。

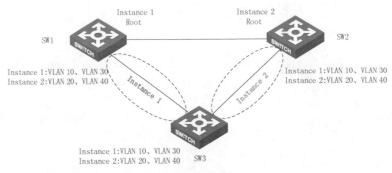

图 11-7　MSTP 实现负载均衡

11.4　多生成树协议的配置命令

1. 开启生成树，并将生成树类型设置为 MSTP

```
① [H3C] stp global enable          /*在交换机上开启生成树协议
② [H3C] stp mode mstp              /*将生成树协议设置为 MSTP
```

2. 进入 MSTP 配置模式下，配置区域名、区域的修订号和实例的映射

① [H3C] stp region-configuration　　　　　　　　　　/*进入 MSTP 配置模式

② [H3C-mst-region] region-name name　　　　　　　　/*配置 MSTP 区域名称，必选配置

③ [H3C-mst-region] revision-level level　　　　　　/*配置区域的修订号，默认值为 0

④ [H3C-mst-region] instance instance-id vlan vlan-list

　　/*配置实例与 VLAN 之间的映射，参数 instance-id 表示实例号，取值范围是 0~32；vlan-list 表示映射到此实例的列表，可以同时添加多个 VLAN。在默认情况下，VLAN 都被映射到 Instance 0 中

⑤ [H3C-mst-region] active region-configuration　　/*激活区域配置

3. 配置交换机在 MSTP 的实例中的优先级，并查看 MSTP 配置的结果

① [H3C] stp instance instance-id root primary　　　　/*配置交换机为首选根桥

② [H3C] stp instance instance-id root secondary　　　/*配置交换机为备选根桥

或使用配置优先级值来指定根桥和备选根桥

③ [H3C]stp instance instance-id priority 优先级的值

　　/*优先级的取值范围为 0~61140，默认值为 32768，值为 0 或 4096 的倍数

11.5　工作任务示例

　　某公司的网络拓扑结构如图 11-8 所示，为了提高局域网的可靠性，使用了冗余的网络设备和链路。核心层采用 2 台三层交换机 SW3_1 和 SW3_2，接入层采用 2 台二层交换机 SW2_1 和 SW2_2。PC1 和 PC2 连接在 SW2_1 的 GE_0/1 与 GE_0/2 端口，分别属于 VLAN 100 和 VLAN 200，PC3 和 PC4 连接在 SW2_2 的 GE_0/1 与 GE_0/2 端口，分别属于 VLAN 300 和 VLAN 400。

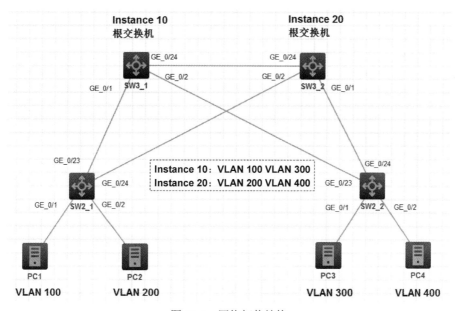

图 11-8　网络拓扑结构

　　若你是公司的网络工程师，为了能够使网络既实现网络链路冗余又能实现负载均衡，需要使用 MSTP 优化网络。VLAN 100 和 VLAN 300 中的计算机通过二层交换机与三层交换机 SW3_1 传输数据；VLAN 200 和 VLAN 400 中的计算机通过二层交换机与三层交换机 SW3_2 传输数据。

具体实施步骤

步骤 1：在二层交换机 SW2_1 上创建 VLAN 100 和 VLAN 200，将 G1/0/1 端口加入 VLAN 100 中，G1/0/2 端口加入 VLAN 200 中。将 G1/0/23 和 G1/0/24 端口设置为 Trunk 模式。

```
<H3C>system-view
[H3C]sysname SW2_1
[SW2_1]vlan 100                           /*创建 VLAN 100
[SW2_1-vlan100]port GigabitEthernet 1/0/1    /*将 G1/0/1 端口加入 VLAN 100 中
[SW2_1-vlan100]quit
[SW2_1]vlan 200                           /*创建 VLAN 200
[SW2_1-vlan200]port GigabitEthernet 1/0/2    /*将 G1/0/2 端口加入 VLAN 200 中
[SW2_1-vlan200]quit
[SW2_1]int range GigabitEthernet 1/0/23 g1/0/24
[SW2_1-if-range]port link-type trunk /*将 G1/0/23 和 G1/0/24 端口设置为 Trunk 模式
[SW2_1-if-range]port trunk permit vlan all /*允许所有的 VLAN 通过 Trunk
[SW2_1-if-range]quit
```

步骤 2：在二层交换机 SW2_2 上创建 VLAN 300 和 VLAN 400，将 G1/0/1 端口加入 VLAN 300 中，G1/0/2 端口加入 VLAN 400 中。将 G1/0/23 和 G1/0/24 端口设置为 Trunk 模式。

```
<H3C>system-view
[H3C]sysname SW2_2
[SW2_2]vlan 300                           /*创建 VLAN 300
[SW2_2-vlan300]port GigabitEthernet 1/0/1    /*将 G1/0/1 端口加入 VLAN 300 中
[SW2_2-vlan300]quit
[SW2_2]vlan 400                           /*创建 VLAN 400
[SW2_2-vlan400]port GigabitEthernet 1/0/2    /*将 G1/0/2 端口加入 VLAN 400 中
[SW2_2-vlan400]quit
[SW2_2]int range GigabitEthernet 1/0/23 GigabitEthernet 1/0/24
[SW2_2-if-range]port link-type trunk /*将 G1/0/23 和 G1/0/24 端口设置为 Trunk 模式
[SW2_2-if-range]port trunk permit vlan all       /*允许所有的 VLAN 通过 Trunk
[SW2_2-if-range]quit
```

步骤 3：在三层交换机 SW3_1 上创建 VLAN 100、VLAN 200、VLAN 300 和 VLAN 400，将 G1/0/1、G1/0/2 和 G1/0/24 端口设置为 Trunk 模式。

```
<H3C>system-view
[H3C]sysname SW3_1
[SW3_1]vlan 100
[SW3_1-vlan100]vlan 200
[SW3_1-vlan200]vlan 300
[SW3_1-vlan300]vlan 400
[SW3_1-vlan400]quit
[SW3_1]int range G1/0/1 G1/0/2 G1/0/24
[SW3_1-if-range]port link-type trunk
[SW3_1-if-range]port trunk permit vlan all
[SW3_1-if-range]quit
```

步骤 4：在三层交换机 SW3_2 上创建 VLAN 100、VLAN 200、VLAN 300 和 VLAN 400，

将 G1/0/1、G1/0/2 和 G1/0/24 端口设置为 Trunk 模式。

```
<H3C>system-view
[H3C]sysname SW3_2
[SW3_2]vlan 100
[SW3_2-vlan100]vlan 200
[SW3_2-vlan200]vlan 300
[SW3_2-vlan300]vlan 400
[SW3_2-vlan400]quit
[SW3_2] int range G1/0/1 G1/0/2 G1/0/24
[SW3_2-if-range]port link-type trunk
[SW3_2-if-range]port trunk permit vlan all
[SW3_2-if-range]quit
```

步骤 5：在二层交换机 SW2_1 上配置 MSTP，Instance 10 关联 VLAN 100 和 VLAN 300，Instance 20 关联 VLAN 200 和 VLAN 400。

```
[SW2_1]stp global enable
[SW2_1]stp mode mstp
[SW2_1]stp region-configuration
[SW2_1-mst-region]region-name h3c
[SW2_1-mst-region]instance 10 vlan 100 300
[SW2_1-mst-region]instance 20 vlan 200 400
[SW2_1-mst-region]active region-configuration
[SW2_1-mst-region]quit
```

步骤 6：在二层交换机 SW2_2 上配置 MSTP，Instance 10 关联 VLAN 100 和 VLAN 300，Instance 20 关联 VLAN 200 和 VLAN 400。

```
[SW2_2]stp global enable
[SW2_2]stp mode mstp
[SW2_2]stp region-configuration
[SW2_2-mst-region]region-name h3c
[SW2_2-mst-region]instance 10 vlan 100 300
[SW2_2-mst-region]instance 20 vlan 200 400
[SW2_2-mst-region]active region-configuration
[SW2_2-mst-region]quit
```

步骤 7：在三层交换机 SW3_1 上配置 MSTP，Instance 10 关联 VLAN 100 和 VLAN 300，Instance 20 关联 VLAN 200 和 VLAN 400。

```
[SW3_1]stp global enable
[SW3_1]stp mode mstp
[SW3_1]stp region-configuration
[SW3_1-mst-region]region-name h3c
[SW3_1-mst-region]instance 10 vlan 100 300
[SW3_1-mst-region]instance 20 vlan 200 400
[SW3_1-mst-region]active region-configuration
[SW3_1-mst-region]quit
```

步骤 8：在三层交换机 SW3_2 上配置 MSTP，Instance 10 关联 VLAN 100 和 VLAN 300，Instance 20 关联 VLAN 200 和 VLAN 400。

```
[SW3_2]stp global enable
[SW3_2]stp mode mstp
[SW3_2]stp region-configuration
[SW3_2-mst-region]region-name h3c
[SW3_2-mst-region]instance 10 vlan 100 300
[SW3_2-mst-region]instance 20 vlan 200 400
[SW3_2-mst-region]active region-configuration
[SW3_2-mst-region]quit
```

步骤 9：配置 SW3_1 为 Instance 10 的根交换机，为 Instance 20 的备份交换机。

```
[SW3_1] stp instance 10 priority 4096    /*配置 SW3_1 为 Instance 10 的根交换机
[SW3_1] stp instance 20 priority 8192    /*配置 SW3_1 为 Instance 20 的备份交换机
```

步骤 10：配置 SW3_2 为 Instance 10 的备份交换机，为 Instance 20 的根交换机。

```
[SW3_2]stp instance 20 priority 4096    /*配置 SW3_2 为 Instance 20 的根交换机
[SW3_2]stp instance 10 priority 8192    /*配置 SW3_2 为 Instance 10 的备份交换机
```

步骤 11：在 SW2_1 上查看每个实例的根交换机。

```
[SW2_1]dis stp root
MST ID   Root Bridge ID        ExtPathCost      IntPathCost     Root Port
0        32768.6838-da5e-0100  0                20              GE1/0/23
10       4096.6838-da5e-0100   0                20              GE1/0/23
20       4096.6838-e104-0200   0                20              GE1/0/24
```

步骤 12：在 SW2_1 上查看 Instance 10 和 Instance 20，发现 G1/0/23 端口在 Instance 10 中为转发状态，G1/0/24 端口在 Instance 20 中为转发状态。

```
[SW2_1]dis stp instance 10 brief
MST ID   Port                          Role  STP State   Protection
10       GigabitEthernet1/0/1          DESI  FORWARDING  NONE
10       GigabitEthernet1/0/23         ROOT  FORWARDING  NONE
10       GigabitEthernet1/0/24         ALTE  DISCARDING  NONE
[SW2_1]dis stp instance 20 brief
MST ID   Port                          Role  STP State   Protection
20       GigabitEthernet1/0/2          DESI  FORWARDING  NONE
20       GigabitEthernet1/0/23         ALTE  DISCARDING  NONE
20       GigabitEthernet1/0/24         ROOT  FORWARDING  NONE
```

11.6 项目小结

　　MSTP 引入了 MST 区域和实例的概念。MST 区域是指一组拥有相同的区域配置名称、修订号和 VLAN 与实例映射关系的交换机。每个实例都将计算出一棵独立的生成树，可以将一个和多个 VLAN 映射到一个实例中，这样不同的 VLAN 之间将存在不同的选举结果，从而避免了连通性丢失的问题，并且能够在网络流量上起到负载均衡的作用。要实现负载均衡，关键是为不同的生成树实例选举出不同的根交换机，可以通过设置某台交换机在特定实例中的优先级来实现。

习题

一、选择题

1. 同一个 MST 域的交换机具备的相同的参数是（　　）。

　　A. 域名　　　　B. 修订级别　　　C. VLAN 和实例的映射关系　　　D. 交换机名称

2. MSTP 的特点有（　　）。

　　A. MSTP 兼容 STP 和 RSTP。

　　B. MSTP 把一个交换网络划分成多个域，每个域内形成多棵生成树，生成树之间彼此独立

　　C. MSTP 将环路网络修剪成一个无环的树形网络，避免报文在环路网络中的增生和无限循环，同时还可以提供数据转发的冗余路径，在数据转发过程中实现 VLAN 数据的负载均衡

　　D. 以上说法均不正确

3. 在交换机 SWA 上执行 display stp 命令后，交换机的输出结果如下所示。

```
[SWA]display stp
-------[CIST Global Info][Mode MSTP]-------
CIST Bridge :32768.000f-e23e-f9b0
Bridge Times :Hello 2s MaxAge 20s FwDly 15s MaxHop 20
```

　　从上述输出结果可以判断出（　　）。

　　A. 当前交换机工作在 RSTP 模式下

　　B. 当前交换机工作在 MSTP 模式下

　　C. 当前交换机的桥优先级是 32768

　　D. 当前交换机是根桥

4. 关于 MSTP，下列说法正确的是（　　）。

　　A. MSTP 基于实例计算出多棵生成树

　　B. 每个实例可以包含一个或多个 VLAN，每个 VLAN 只能映射到一个实例

　　C. 实例之间可以实现流量的负载分担

　　D. MSTP 定义在 IEEE 802.1s 标准中

二、简答题

1. 简述多生成树协议的工作原理。

2. 请在如图 11-8 所示的网络拓扑结构中规划出网关和计算机的 IP 地址，在交换机 SW3_1 和 SW3_2 上配置网关与路由，使 PC1、PC2、PC3 与 PC4 能够相互通信。

项目 12

VRRP 技术

教学目标

1. 了解 VRRP 的基本概念。
2. 理解 VRRP 的工作原理。
3. 理解 VRRP 的选举机制。
4. 理解 VRRP 的负载均衡。
5. 掌握 VRRP 的配置命令。
6. 掌握 MSTP 和 VRRP 的配置方法。

项目内容

通常，同一网段内的主机都会设置一条以网关为下一跳的默认路由，当主机发送到其他网段的报文通过默认路由找到网关时，由网关转发数据，从而实现主机与外部网络的通信。当网关发生故障时，网段内的所有主机将无法与外部网络通信。本项目介绍在三层设备上配置 VRRP，来实现三层设备之间的相互备份和负载均衡，从而提高网络的可靠性。

相关知识

要理解和掌握 VRRP 技术，需要先了解 VRRP 的基本概念、工作原理、选举机制、负载均衡，以及 VRRP 的配置命令和配置方法。

12.1 VRRP 概述

VRRP（Virtual Router Redundancy Protocol，虚拟路由冗余协议），是一种局域网接入设备备份协议，允许将多台路由器加入一个备份组中，形成一台虚拟路由器，承担网关的功能，解决局域网中配置网关出现单点故障的问题。

在 VRRP 中，由主路由器承担网关功能，当主路由器出现故障时，其他备份路由器会通过 VRRP 选举出一台路由器替代主路由器，只要备份组中有一台路由器正常工作，虚拟路由器就可以正常工作，这样就可以避免由于网关出现单点故障而导致的网络中断。

如图 12-1 所示，R1 和 R2 组成备份组，备份组的虚拟 IP 地址为 10.1.1.254/24，R1 为主路由器（Master），R2 为备份路由器（Backup）。计算机的网关地址为虚拟路由器的 IP 地址，在正常情况下，网段中的计算机将数据发给主路由器 R1 进行转发，当主路由器 R1 发生故障时，备份路由器 R2 将接替主路由器 R1 的工作，从而保障网络不中断，整个过程对网段中的计算机来说是透明的。VRRP 保证了终端用户与网络连接不中断，提高了网络服务质量，同时还可以实现网络流量的负载均衡。

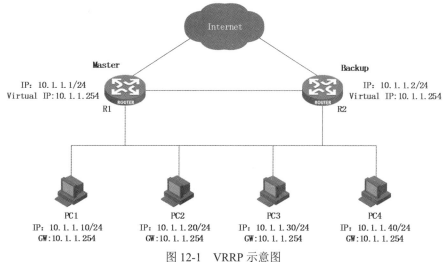

图 12-1　VRRP 示意图

12.2　VRRP 的基本概念

1．VRRP 路由器

VRRP 路由器指的是运行 VRRP 协议的路由器，一台 VRRP 路由器可以同时参与到多个 VRRP 组中，在不同的 VRRP 组中，一台 VRRP 路由器可以充当不同的角色。

2．主路由器、备份路由器

主路由器就是在 VRRP 组中实际转发数据包的路由器，备份路由器就是在 VRRP 组中处于监听状态的路由器，一旦主路由器出现故障，备份路由器就开始接替主路由器的工作。

3．VRRP 组

VRRP 组由多个 VRRP 路由器组成。属于同一个 VRRP 组的 VRRP 路由器可以相互交换信息。

4．虚拟路由器

对于每个 VRRP 组，抽象出一个逻辑路由器，该路由器充当网络用户的网关。

5．虚拟 IP 地址、虚拟 MAC 地址

虚拟 IP 地址用于标识虚拟的路由器，该地址实际上是用户的默认网关，由网络管理员根据需要指定。虚拟 IP 地址可以是端口的真实地址。

一个 VRRP 组中的路由器都有唯一的标识 VRID，范围为 1～255，它决定运行 VRRP 的路由器属于哪一个 VRRP 组。VRRP 组中的虚拟路由器对外表现为唯一的虚拟 MAC 地址，地址格式为 00-00-5E-00-01-{VRID}。例如，如果指定 VRRP 组为 12，那么虚拟的 MAC 地址为 00-00-5E-00-01-0C。

12.3 VRRP 的工作原理

　　如图 12-2 所示，VRRP 将局域网的一组路由器组成虚拟路由器。虚拟路由器拥有自己的 IP 地址 192.168.10.254，这个 IP 地址和某条路由器的端口地址可以相同也可以不同，同时 VRRP 组中的物理路由器都有自己的 IP 地址，它们和虚拟路由器的 IP 地址属于同一个网段。对于局域网内的主机来说，只知道虚拟路由器的 IP 地址 192.168.10.254，并不知道具体的物理路由器的 IP 地址，它们将自己的默认网关设置为虚拟路由器的 IP 地址 192.168.10.254，网络内的主机就通过虚拟路由器与其他网络进行通信。

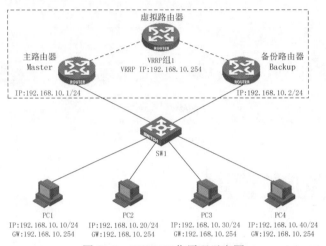

图 12-2　VRRP 工作原理示意图

　　VRRP 通过多台路由器实现冗余，任何时候只有一台路由器成为主路由器，其他路由器为备份路由器。路由器的切换对用户是完全透明的，用户不必关心具体过程，只要把默认网关设为虚拟路由器的 IP 地址就可以。

12.4 VRRP 的选举机制

　　VRRP 使用选举机制来确定路由器的状态（主路由器或备份路由器）。运行 VRRP 的一组路由器对外组成虚拟路由器，其中一台路由器处于 Master 状态，其他路由器都处于 Backup 状态。运行 VRRP 的路由器都会发送和接收 VRRP 通告信息，通告信息中包含自身的 VRRP 优先级信息。VRRP 通过比较路由器的优先级进行选举，优先级高的路由器成为主路由器，其他的路由器都作为备份路由器。

　　如果 VRRP 组中存在 IP 地址拥有者，即虚拟 IP 地址与某台 VRRP 路由器的地址相同时，IP 地址拥有者将成为主路由器，并且 IP 地址拥有者将具有最高的优先级 255。如果 VRRP 组中不存在 IP 地址拥有者，VRRP 路由器将通过比较优先级来确定主路由器。在默认情况下，VRRP 路由器的优先级为 100；当优先级相同时，VRRP 通过比较 IP 地址来确定主路由器，IP 地址大的将被选为主路由器。

　　如图 12-3 所示，若 R1 和 R2 的 VRRP 优先级为 150，R3 的优先级为默认的 100，那么主路由器将在 R1 和 R2 之间产生，由于 R1 和 R2 的优先级相同，所以需要通过比较端口的 IP 地址。最终由于 R2 具有更大的端口 IP 地址，所以 R2 将成为主路由器（Master），R2 和 R3 成为备份路由器（Backup）。当 R2 出现故障时，R1 将接替 R2 作为主路由器。

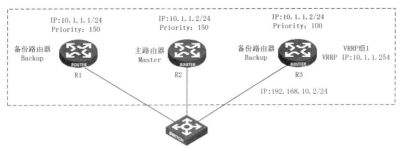

图 12-3 VRRP 的选举机制

12.5 VRRP 的负载均衡

在标准的 VRRP 运行环境中，主路由器负责转发到达虚拟 IP 地址的数据，备份路由器不负责数据的转发，只是监听主路由器的状态，以便在必要的时候进行故障切换。在主路由器承担数据转发任务的同时，备份路由器的链路将处于空闲状态，这必然会造成带宽资源的浪费。

为了提高冗余性，并且避免造成带宽资源的浪费，我们可以在 VRRP 中使用负载均衡，VRRP 负载均衡是通过将路由器加入多个 VRRP 组来实现的，使 VRRP 路由器在不同的组中担任不同的角色。

如图 12-4 所示，R1 和 R2 都加入 VRRP 组 10 与 VRRP 组 20 中，R1 在 VRRP 组 10 中作为 IP 地址拥有者，是 VRRP 组 10 的主路由器（Master），在 VRRP 组 20 中担任备份路由器（Backup）。R2 在 VRRP 组 20 中作为 IP 地址拥有者，是 VRRP 组 20 的主路由器（Master），在 VRRP 组 10 中担任备份路由器（Backup）。

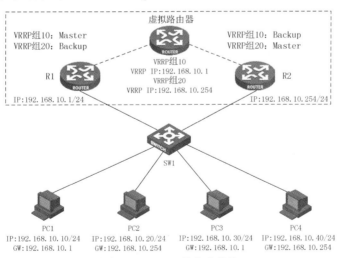

图 12-4 VRRP 的负载均衡

VRRP 组 10 的虚拟 IP 地址为 192.168.10.1，VRRP 组 20 的虚拟 IP 地址为 192.168.10.254。PC1 和 PC3 的默认网关为 VRRP 组 10 的虚拟地址 192.168.10.1，PC2 和 PC4 的默认网关为 VRRP 组 20 的虚拟地址 192.168.10.254。通过这样的部署和配置，PC1 和 PC3 的数据包通过 R1 进行转发，PC2 和 PC4 的数据包通过 R2 进行转发。这样 R1 和 R2 的带宽都被合理地利用，避免了某条链路由于作为备份而产生的空闲状态。

12.6　VRRP 的配置命令

VRRP 的路由冗余功能只能在网络设备的三层接口上打开，包括交换机虚拟端口（Switch Virtual Interface，SVI）、路由接口和三层聚合接口。

① [H3C]interface GigabitEtherne 端口号
② [H3C-GigabitEtherne 端口号] vrrp vrid VRRP 组编号 virtual-ip IP 地址
　/*创建 VRRP 组。VRRP 组的编号的取值范围为 1~255。属于同一个 VRRP 组的路由器必须配置相同的 VRID 才能正常工作。IP 地址为虚拟路由器组的 IP 地址。需要注意的是，使用 VRRP 时必须在路由器的接口下开启 VRRP 组。如果在三层交换机上使用 VRRP，则需要在 SVI 接口下开启 VRRP 组
③ [H3C-GigabitEtherne 端口号] vrrp vrid VRRP 组编号 priority 优先级值
　/*配置 VRRP 组优先级，优先级的取值范围为 1~254，默认为 100，0 被保留为特殊用途使用，255 表示 IP 地址拥有者
④ [H3C-GigabitEtherne 端口号] vrrp vrid VRRP 组编号 preempt-mode
　/*配置 preempt 开启抢占模式，默认状态为开启抢占模式，抢占模式用来控制一个高优先级的备份机是否抢占一个低优先级的主路由器

操作示例 1：在路由器的 G0/1 端口上创建 VRRP 组 10，虚拟 IP 地址为 192.168.10.1，优先级为 120，并开启抢占模式。

```
<H3C>system-view
[H3C]int GigabitEthernet 0/1
[H3C-GigabitEthernet0/1]ip address 192.168.10.1 24        /*配置 G0/1 端口的 IP 地址
[H3C-GigabitEthernet0/1]vrrp vrid 10 virtual-ip 192.168.10.1
/*配置虚拟组 10 的 IP 地址
[H3C-GigabitEthernet0/1]vrrp vrid 10 priority 120  /*配置 VRRP 组 10 的优先级为 120
[H3C-GigabitEthernet0/1]vrrp vrid 10 preempt-mode /*VRRP 组 10 开启抢占模式
[H3C-GigabitEthernet0/1]quit
```

操作示例 2：在三层交换机的 VLAN 20 的 SVI 接口上创建 VRRP 组 20，虚拟 IP 地址为 192.168.20.1，优先级为 120，并开启抢占模式。

```
<H3C>system-view
[H3C]vlan 20                                           /*创建 VLAN 20
[H3C-vlan10]quit
[H3C]int vlan 20                                       /*进入 SVI 20 接口
[H3C-Vlan-interface20]ip address 192.168.20.1 24
[H3C-Vlan-interface20]vrrp vrid 20 virtual-ip 192.168.20.1
/*配置虚拟组 20 的 IP 地址
[H3C-Vlan-interface20]vrrp vrid 20 priority 120    /*配置 VRRP 组 20 的优先级为 120
[H3C-Vlan-interface20]vrrp vrid 20 preempt-mode   /*VRRP 组 20 开启抢占模式
[H3C-Vlan-interface20]quit
```

12.7　工作任务示例

某公司的网络拓扑结构如图 12-5 所示，公司为了隔离广播和提高网络安全性，为各个部门划分了 VLAN。其中，PC1 属于 VLAN 10，PC2 属于 VLAN 20，PC3 属于 VLAN 30，PC4 属于 VLAN 40。为了防止产生环路，需要在交换机上配置 MSTP，VLAN 10 和 VLAN 30 的数

据通过 SW3_1 进行转发，VLAN 20 和 VLAN 40 的数据通过 SW3_2 进行转发。同时，在 SW3_1 和 SW3_2 上配置 VRRP，使这 2 台交换机既可以相互备份又可以负载均衡。

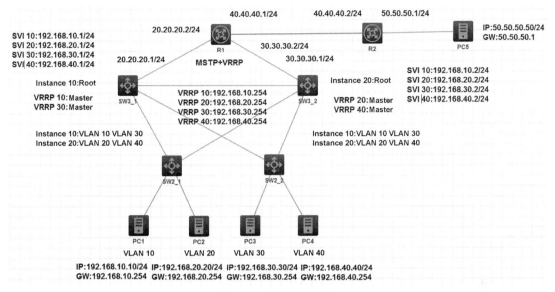

图 12-5　网络拓扑结构

　　SW3_1 为 VLAN 10 和 VLAN 30 的主交换机，为 VLAN 20 和 VLAN 40 的备份交换机。SW3_2 为 VLAN 20 和 VLAN 40 的主交换机，为 VLAN 10 和 VLAN 30 的备份交换机。若你是公司的网络工程师，请在 R1、R2、SW3_1 和 SW3_2 上合理配置 OSPF 路由协议，从而使全网贯通。

　　该公司局域网的 IP 地址规划如表 12-1 所示。

表 12-1　IP 地址规划

设 备 名 称	IP 地 址	子网掩码	网 关
SW3_1 的 SVI 10	192.168.10.1	255.255.255.0	
SW3_1 的 SVI 20	192.168.20.1	255.255.255.0	
SW3_1 的 SVI 30	192.168.30.1	255.255.255.0	
SW3_1 的 SVI 40	192.168.40.1	255.255.255.0	
SW3_1 的 GE_0/24	20.20.20.1	255.255.255.0	
SW3_2 的 SVI 10	192.168.10.2	255.255.255.0	
SW3_2 的 SVI 20	192.168.20.2	255.255.255.0	
SW3_2 的 SVI 30	192.168.30.2	255.255.255.0	
SW3_2 的 SVI 40	192.168.40.2	255.255.255.0	
SW3_2 的 GE_0/24	30.30.30.1	255.255.255.0	
R1 的 GE_0/0	20.20.20.2	255.255.255.0	
R1 的 GE_0/1	30.30.30.2	255.255.255.0	
R1 的 S_1/0	40.40.40.1	255.255.255.0	
R2 的 S_1/0	40.40.40.2	255.255.255.0	
R2 的 GE_0/0	50.50.50.1	255.255.255.0	
PC1	192.168.10.10	255.255.255.0	192.168.10.254
PC2	192.168.20.20	255.255.255.0	192.168.20.254

续表

设 备 名 称	IP 地 址	子 网 掩 码	网 关
PC3	192.168.30.30	255.255.255.0	192.168.30.254
PC4	192.168.40.40	255.255.255.0	192.168.40.254
PC5	50.50.50.50	255.255.255.0	50.50.50.1

SW3_1 和 SW3_2 的 VRRP 参数表如表 12-2 所示。

表 12-2　SW3_1 和 SW3_2 的 VRRP 参数表

VLAN	VRRP 备份组号（VRID）	VRRP 虚拟 IP
VLAN 10	10	192.168.10.254
VLAN 20	20	192.168.20.254
VLAN 30	30	192.168.30.254
VLAN 40	40	192.168.40.254

具体实施步骤

步骤 1：在二层交换机 SW2_1 上创建 VLAN 10 和 VLAN 20，将端口加入相应的 VLAN 中，配置 G1/0/1 和 G1/0/2 端口为 Trunk 类型，并允许所有 VLAN 通过。

```
<H3C>system-view
[H3C]sysname SW2_1
[SW2_1]vlan 10
[SW2_1-vlan10]port GigabitEthernet 1/0/11
[SW2_1-vlan10]quit
[SW2_1]vlan 20
[SW2_1-vlan20]port GigabitEthernet 1/0/12
[SW2_1-vlan20]quit
[SW2_1]int range GigabitEthernet 1/0/1 GigabitEthernet 1/0/2
[SW2_1-if-range]port link-type trunk
[SW2_1-if-range]port trunk permit vlan all
[SW2_1-if-range]quit
```

步骤 2：在二层交换机 SW2_2 上创建 VLAN 30 和 VLAN 40，将端口加入相应的 VLAN 中，配置 G1/0/1 和 G1/0/2 端口为 Trunk 类型，并允许所有 VLAN 通过。

```
<H3C>system-view
[H3C]sysname SW2_2
[SW2_2]vlan 30
[SW2_2-vlan30]port GigabitEthernet 1/0/11
[SW2_2-vlan30]quit
[SW2_2]vlan 40
[SW2_2-vlan40]port GigabitEthernet 1/0/12
[SW2_2-vlan40]quit
[SW2_2]int range GigabitEthernet 1/0/1 GigabitEthernet 1/0/2
[SW2_2-if-range]port link-type trunk
[SW2_2-if-range]port trunk permit vlan all
[SW2_2-if-range]quit
```

步骤 3：在三层交换机 SW3_1 上创建 VLAN 10、VLAN 20、VLAN 30 和 VLAN 40，配置 SVI 接口的 IP 地址。配置 G1/0/1、G1/0/2 和 G1/0/10 端口为 Trunk 类型，并允许所有 VLAN 通过。

```
<H3C>system-view
[H3C]sysname SW3_1
[SW3_1]vlan 10
[SW3_1-vlan10]vlan 20
[SW3_1-vlan20]vlan 30
[SW3_1-vlan30]vlan 40
[SW3_1-vlan40]quit
[SW3_1]int vlan 10
[SW3_1-Vlan-interface10]ip address 192.168.10.1 24
[SW3_1-Vlan-interface10]quit
[SW3_1]int vlan 20
[SW3_1-Vlan-interface20]ip address 192.168.20.1 24
[SW3_1-Vlan-interface20]quit
[SW3_1]int vlan 30
[SW3_1-Vlan-interface30]ip address 192.168.30.1 24
[SW3_1-Vlan-interface30]quit
[SW3_1]int vlan 40
[SW3_1-Vlan-interface40]ip  address 192.168.40.1 24
[SW3_1-Vlan-interface40]quit
[SW3_1]int range G1/0/1 G1/0/2 G1/0/10
[SW3_1-if-range]port link-type trunk
[SW3_1-if-range]port trunk permit vlan all
[SW3_1-if-range]quit
```

步骤 4：在三层交换机 SW3_2 上创建 VLAN 10、VLAN 20、VLAN 30 和 VLAN 40，配置 SVI 接口的 IP 地址。配置 G1/0/1、G1/0/2 和 G1/0/10 端口为 Trunk 类型，并允许所有 VLAN 通过。

```
<H3C>system-view
[H3C]sysname SW3_2
[SW3_2]vlan 10
[SW3_2-vlan10]vlan 20
[SW3_2-vlan20]vlan 30
[SW3_2-vlan30]vlan 40
[SW3_2-vlan40]quit
[SW3_2]int vlan 10
[SW3_2-Vlan-interface10]ip address 192.168.10.2 24
[SW3_2-Vlan-interface10]quit
[SW3_2]int vlan 20
[SW3_2-Vlan-interface20]ip address 192.168.20.2 24
[SW3_2-Vlan-interface20]quit
[SW3_2]int vlan 30
[SW3_2-Vlan-interface30]ip address 192.168.30.2 24
[SW3_2-Vlan-interface30]quit
[SW3_2]int vlan 40
[SW3_2-Vlan-interface40]ip address 192.168.40.2 24
```

```
[SW3_2-Vlan-interface40]quit
[SW3_2]int range G1/0/1 G1/0/2 G1/0/10
[SW3_2-if-range]port link-type trunk
[SW3_2-if-range]port trunk permit vlan all
[SW3_2-if-range]quit
```

步骤5：在 SW2_1 上配置 MSTP，Instance 10 关联 VLAN 10 和 VLAN 30，Instance 20 关联 VLAN 20 和 VLAN 40。

```
[SW2_1]stp global enable                    /*开启生成树协议
[SW2_1]stp mode mstp                        /*生成树协议的模式为 MSTP
[SW2_1]stp region-configuration             /*进入 MSTP 配置模式
[SW2_1-mst-region]region-name h3c           /*配置 MSTP 区域名称为 H3C
[SW2_1-mst-region]instance 10 vlan 10 30    /*Instance 10 关联 VLAN 10 和 VLAN 30
[SW2_1-mst-region]instance 20 vlan 20 40    /*Instance 20 关联 VLAN 20 和 VLAN 40
[SW2_1-mst-region]active region-configuration  /*激活区域配置
[SW2_1-mst-region]quit
```

步骤6：在 SW2_2 上配置 MSTP，Instance 10 关联 VLAN 10 和 VLAN 30，Instance 20 关联 VLAN 20 和 VLAN 40。

```
[SW2_2]stp global enable
[SW2_2]stp mode mstp
[SW2_2]stp region-configuration
[SW2_2-mst-region]region-name h3c
[SW2_2-mst-region]instance 10 vlan 10 30
[SW2_2-mst-region]instance 20 vlan 20 40
[SW2_2-mst-region]active region-configuration
[SW2_2-mst-region]quit
```

步骤7：在 SW3_1 上配置 MSTP，Instance 10 关联 VLAN 10 和 VLAN 30，Instance 20 关联 VLAN 20 和 VLAN 40。配置优先级，使 SW3_1 为 Instance 10 的根交换机，为 Instance 20 的备用根交换机

```
[SW3_1]stp global enable                    /*开启生成树协议
[SW3_1]stp mode mstp                        /*生成树协议的模式为 MSTP
[SW3_1]stp region-configuration             /*进入 MSTP 配置模式
[SW3_1-mst-region]region-name h3c           /*配置 MSTP 区域名称为 H3C
[SW3_1-mst-region]instance 10 vlan 10 30    /*Instance 10 关联 VLAN 10 和 VLAN 30
[SW3_1-mst-region]instance 20 vlan 20 40    /*Instance 20 关联 VLAN 20 和 VLAN 40
[SW3_1-mst-region]active region-configuration  /*激活区域配置
[SW3_1-mst-region]quit
[SW3_1]stp instance 10 priority 4096        /*配置 SW3_1 在 Instance 10 的优先级为 4096
[SW3_1]stp instance 20 priority 8192        /*配置 SW3_1 在 Instance 20 的优先级为 8192
```

步骤8：在 SW3_2 上配置 MSTP，Instance 10 关联 VLAN 10 和 VLAN 30，Instance 20 关联 VLAN 20 和 VLAN 40。配置优先级，使 SW3_2 为 Instance 10 的备用交换机，为 Instance 20 的根交换机。

```
[SW3_2]stp global enable
[SW3_2]stp mode mstp
[SW3_2]stp region-configuration
```

```
[SW3_2-mst-region]region-name h3c
[SW3_2-mst-region]instance 10 vlan 10 30
[SW3_2-mst-region]instance 20 vlan 20 40
[SW3_2-mst-region]active region-configuration
[SW3_2-mst-region]quit
[SW3_2]stp instance 10 priority 8192    /*配置 SW3_2 在 Instance 10 的优先级为 8192
[SW3_2]stp instance 20 priority 4096    /*配置 SW3_2 在 Instance 20 的优先级为 4096
[SW3_2]dis stp root                     /*查看 STP 的根交换机选举情况
MST ID    Root Bridge ID       ExtPathCost IntPathCost Root Port
0         32768.b237-2451-0100  0            20          GE1/0/10
10        4096.b237-2451-0100   0            20          GE1/0/10
20        4096.b28d-472c-0200   0            0
```

步骤 9：在 SW3_1 上配置 VRRP，合理配置优先级，使 SW3_1 为 VLAN 10 和 VLAN 30
的主交换机，为 VLAN 20 和 VLAN 40 的备用交换机。

```
[SW3_1]interface vlan 10
[SW3_1-Vlan-interface10]vrrp vrid 10 virtual-ip 192.168.10.254
[SW3_1-Vlan-interface10]vrrp vrid 10 priority 150
/*配置 SW3_1 在 VRRP 组 10 的优先级为 150
[SW3_1-Vlan-interface10]quit
[SW3_1]int vlan 20
[SW3_1-Vlan-interface20]vrrp vrid 20 virtual-ip 192.168.20.254
[SW3_1-Vlan-interface20]quit
[SW3_1]int vlan 30
[SW3_1-Vlan-interface30]vrrp vrid 30 virtual-ip 192.168.30.254
[SW3_1-Vlan-interface30]vrrp vrid 30 priority 150
/*配置 SW3_1 在 VRRP 组 30 的优先级为 150
[SW3_1-Vlan-interface30]quit
[SW3_1]int vlan 40
[SW3_1-Vlan-interface40]vrrp vrid 40 virtual-ip 192.168.40.254
[SW3_1-Vlan-interface40]quit
```

步骤 10：在 SW3_2 上配置 VRRP，合理配置优先级，使 SW3_2 为 VLAN 20 和 VLAN 40
的主交换机，为 VLAN 10 和 VLAN 30 的备用交换机。

```
[SW3_2]int vlan 10
[SW3_2-Vlan-interface10]vrrp vrid 10 virtual-ip 192.168.10.254
[SW3_2-Vlan-interface10]quit
[SW3_2]int vlan 20
[SW3_2-Vlan-interface20]vrrp vrid 20 virtual-ip 192.168.20.254
[SW3_2-Vlan-interface20]vrrp vrid 20 priority 150
/*配置 SW3_2 在 VRRP 组 20 的优先级为 150
[SW3_2-Vlan-interface20]quit
[SW3_2]int Vlan-interface 30
[SW3_2-Vlan-interface30]vrrp vrid 30 virtual-ip 192.168.30.254
[SW3_2-Vlan-interface30]quit
[SW3_2]int vlan 40
[SW3_2-Vlan-interface40]vrrp vrid 40 virtual-ip 192.168.40.254
[SW3_2-Vlan-interface40]vrrp vrid 40 priority 150
```

```
/*配置 SW3_2 在 VRRP 组 40 的优先级为 150
[SW3_2-Vlan-interface40]quit
[SW3_2]dis vrrp verbose                    /*查看 VRRP 的配置
IPv4 Virtual Router Information:
 Running mode      : Standard
 Total number of virtual routers : 4
   Interface Vlan-interface10
     VRID          : 10           Adver Timer : 100
     Admin Status  : Up           State       : Backup
     Config Pri    : 100          Running Pri : 100
     Preempt Mode  : Yes          Delay Time  : 0
     Become Master : 3430ms left
     Auth Type     : None
     Virtual IP    : 192.168.10.254
     Master IP     : 192.168.10.1

   Interface Vlan-interface20
     VRID          : 20           Adver Timer : 100
     Admin Status  : Up           State       : Master
     Config Pri    : 150          Running Pri : 150
     Preempt Mode  : Yes          Delay Time  : 0
     Auth Type     : None
     Virtual IP    : 192.168.20.254
     Virtual MAC   : 0000-5e00-0114
     Master IP     : 192.168.20.2

   Interface Vlan-interface30
     VRID          : 30           Adver Timer : 100
     Admin Status  : Up           State       : Backup
     Config Pri    : 100          Running Pri : 100
     Preempt Mode  : Yes          Delay Time  : 0
     Become Master : 2580ms left
     Auth Type     : None
     Virtual IP    : 192.168.30.254
     Master IP     : 192.168.30.1

   Interface Vlan-interface40
     VRID          : 40           Adver Timer : 100
     Admin Status  : Up           State       : Master
     Config Pri    : 150          Running Pri : 150
     Preempt Mode  : Yes          Delay Time  : 0
     Auth Type     : None
     Virtual IP    : 192.168.40.254
     Virtual MAC   : 0000-5e00-0128
     Master IP     : 192.168.40.2
```

步骤 11：为 SW3_1 的 G1/0/24 端口配置 IP 地址 20.20.20.1/24，并开启 OSPF 路由协议。

```
[SW3_1]int GigabitEthernet 1/0/24
[SW3_1-GigabitEthernet1/0/24]port link-mode route
```

```
[SW3_1-GigabitEthernet1/0/24]ip address 20.20.20.1 24
[SW3_1-GigabitEthernet1/0/24]quit
[SW3_1]ospf
[SW3_1-ospf-1]area 0
[SW3_1-ospf-1-area-0.0.0.0]network 20.20.20.0 0.0.0.255      /*在 OSPF 中宣称网段
[SW3_1-ospf-1-area-0.0.0.0]network 192.168.10.0 0.0.0.255
[SW3_1-ospf-1-area-0.0.0.0]network 192.168.20.0 0.0.0.255
[SW3_1-ospf-1-area-0.0.0.0]network 192.168.30.0 0.0.0.255
[SW3_1-ospf-1-area-0.0.0.0]network 192.168.40.0 0.0.0.255
[SW3_1-ospf-1-area-0.0.0.0]quit
[SW3_1-ospf-1]quit
```

步骤 12：为 SW3_2 的 G1/0/24 端口配置 IP 地址 30.30.30.1/24，并开启 OSPF 路由协议。

```
[SW3_2]int GigabitEthernet 1/0/24
[SW3_2-GigabitEthernet1/0/24]port link-mode route
[SW3_2-GigabitEthernet1/0/24]ip address 30.30.30.1 24
[SW3_2-GigabitEthernet1/0/24]quit
[SW3_2]ospf
[SW3_2-ospf-1]area 0
[SW3_2-ospf-1-area-0.0.0.0]network 30.30.30.0 0.0.0.255      /*在 OSPF 中宣称网段
[SW3_2-ospf-1-area-0.0.0.0]network 192.168.10.0 0.0.0.255
[SW3_2-ospf-1-area-0.0.0.0]network 192.168.20.0 0.0.0.255
[SW3_2-ospf-1-area-0.0.0.0]network 192.168.30.0 0.0.0.255
[SW3_2-ospf-1-area-0.0.0.0]network 192.168.40.0 0.0.0.255
[SW3_2-ospf-1-area-0.0.0.0]quit
[SW3_2-ospf-1]quit
```

步骤 13：为 R1 的 G0/0 端口配置 IP 地址 20.20.20.2/24，G0/1 端口配置 IP 地址 30.30.30.2/24，S1/0 端口配置 IP 地址 40.40.40.1/24，并开启 OSPF 路由协议。

```
<H3C>system-view
[H3C]sysname R1
[R1]int GigabitEthernet 0/0
[R1-GigabitEthernet0/0]ip address 20.20.20.2 24
[R1-GigabitEthernet0/0]quit
[R1]int GigabitEthernet 0/1
[R1-GigabitEthernet0/1]ip address 30.30.30.2 24
[R1-GigabitEthernet0/1]quit
[R1]int s1/0
[R1-Serial1/0]ip address 40.40.40.1 24
[R1-Serial1/0]quit
[R1]ospf
[R1-ospf-1]area 0
[R1-ospf-1-area-0.0.0.0]network 20.20.20.0 0.0.0.255      /*在 OSPF 中宣称网段
[R1-ospf-1-area-0.0.0.0]network 30.30.30.0 0.0.0.255
[R1-ospf-1-area-0.0.0.0]network 40.40.40.0 0.0.0.255
[R1-ospf-1-area-0.0.0.0]quit
[R1-ospf-1]quit
[R1]dis ip routing-table                               /*查看 R1 的路由表
```

```
Destinations : 20        Routes : 24

Destination/Mask       Proto   Pre Cost        NextHop          Interface
0.0.0.0/32             Direct  0   0           127.0.0.1        InLoop0
20.20.20.0/24          Direct  0   0           20.20.20.2       GE0/0
20.20.20.0/32          Direct  0   0           20.20.20.2       GE0/0
20.20.20.2/32          Direct  0   0           127.0.0.1        InLoop0
20.20.20.255/32        Direct  0   0           20.20.20.2       GE0/0
30.30.30.0/24          Direct  0   0           30.30.30.2       GE0/1
30.30.30.0/32          Direct  0   0           30.30.30.2       GE0/1
30.30.30.2/32          Direct  0   0           127.0.0.1        InLoop0
30.30.30.255/32        Direct  0   0           30.30.30.2       GE0/1
127.0.0.0/8            Direct  0   0           127.0.0.1        InLoop0
127.0.0.0/32           Direct  0   0           127.0.0.1        InLoop0
127.0.0.1/32           Direct  0   0           127.0.0.1        InLoop0
127.255.255.255/32     Direct  0   0           127.0.0.1        InLoop0
192.168.10.0/24        O_INTRA 10  2           20.20.20.1       GE0/0
                                               30.30.30.1       GE0/1
192.168.20.0/24        O_INTRA 10  2           20.20.20.1       GE0/0
                                               30.30.30.1       GE0/1
192.168.30.0/24        O_INTRA 10  2           20.20.20.1       GE0/0
                                               30.30.30.1       GE0/1
192.168.40.0/24        O_INTRA 10  2           20.20.20.1       GE0/0
                                               30.30.30.1       GE0/1
224.0.0.0/4            Direct  0   0           0.0.0.0          NULL0
224.0.0.0/24           Direct  0   0           0.0.0.0          NULL0
255.255.255.255/32     Direct  0   0           127.0.0.1        InLoop0
```

步骤 14: 为 R2 的 G0/0 端口配置 IP 地址 50.50.50.1/24, S1/0 端口配置 IP 地址 40.40.40.2/24, 并开启 OSPF 路由协议。

```
<H3C>system-view
[H3C]sysname R2
[R2]int Serial 1/0
[R2-Serial1/0]ip address 40.40.40.2 24
[R2-Serial1/0]quit
[R2]int GigabitEthernet 0/0
[R2-GigabitEthernet0/0]ip address 50.50.50.1 24
[R2-GigabitEthernet0/0]quit
[R2]ospf
[R2-ospf-1]area 0
[R2-ospf-1-area-0.0.0.0]network 40.40.40.0 0.0.0.255    /*在 OSPF 中宣称网段
[R2-ospf-1-area-0.0.0.0]network 50.50.50.0 0.0.0.255
[R2-ospf-1-area-0.0.0.0]quit
[R2-ospf-1]quit
[R2]dis ip routing-table                                /*查看 R2 的路由表


Destinations : 23        Routes : 23


Destination/Mask       Proto   Pre Cost        NextHop          Interface
```

```
0.0.0.0/32          Direct  0   0          127.0.0.1       InLoop0
20.20.20.0/24       O_INTRA 10  1563       40.40.40.1      Ser1/0
30.30.30.0/24       O_INTRA 10  1563       40.40.40.1      Ser1/0
40.40.40.0/24       Direct  0   0          40.40.40.2      Ser1/0
40.40.40.0/32       Direct  0   0          40.40.40.2      Ser1/0
40.40.40.1/32       Direct  0   0          40.40.40.1      Ser1/0
40.40.40.2/32       Direct  0   0          127.0.0.1       InLoop0
40.40.40.255/32     Direct  0   0          40.40.40.2      Ser1/0
50.50.50.0/24       Direct  0   0          50.50.50.1      GE0/0
50.50.50.0/32       Direct  0   0          50.50.50.1      GE0/0
50.50.50.1/32       Direct  0   0          127.0.0.1       InLoop0
50.50.50.255/32     Direct  0   0          50.50.50.1      GE0/0
127.0.0.0/8         Direct  0   0          127.0.0.1       InLoop0
127.0.0.0/32        Direct  0   0          127.0.0.1       InLoop0
127.0.0.1/32        Direct  0   0          127.0.0.1       InLoop0
127.255.255.255/32  Direct  0   0          127.0.0.1       InLoop0
192.168.10.0/24     O_INTRA 10  1564       40.40.40.1      Ser1/0
192.168.20.0/24     O_INTRA 10  1564       40.40.40.1      Ser1/0
192.168.30.0/24     O_INTRA 10  1564       40.40.40.1      Ser1/0
192.168.40.0/24     O_INTRA 10  1564       40.40.40.1      Ser1/0
224.0.0.0/4         Direct  0   0          0.0.0.0         NULL0
224.0.0.0/24        Direct  0   0          0.0.0.0         NULL0
255.255.255.255/32  Direct  0   0          127.0.0.1       InLoop0
```

步骤 15：测试 PC1、PC2、PC3、PC4 和 PC5 是否能够相互通信。

经过测试 PC1、PC2、PC3、PC4 都可以和 PC5（50.50.50.50/24）通信，实现了全网贯通。PC1 与 PC5 的通信情况如图 12-6 所示。

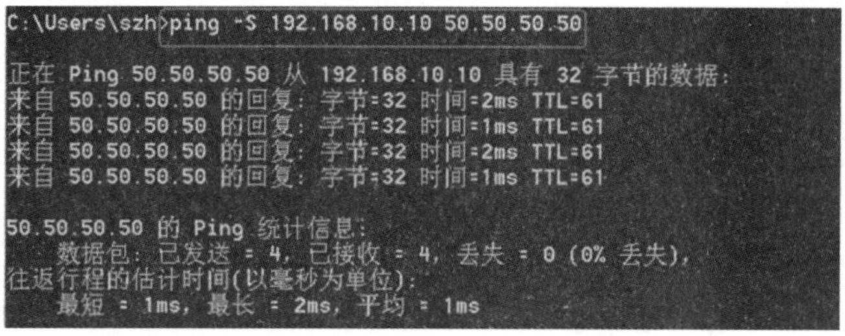

```
C:\Users\szh>ping -S 192.168.10.10 50.50.50.50

正在 Ping 50.50.50.50 从 192.168.10.10 具有 32 字节的数据:
来自 50.50.50.50 的回复: 字节=32 时间=2ms TTL=61
来自 50.50.50.50 的回复: 字节=32 时间=1ms TTL=61
来自 50.50.50.50 的回复: 字节=32 时间=2ms TTL=61
来自 50.50.50.50 的回复: 字节=32 时间=1ms TTL=61

50.50.50.50 的 Ping 统计信息:
    数据包: 已发送 = 4, 已接收 = 4, 丢失 = 0 (0% 丢失),
往返行程的估计时间(以毫秒为单位):
    最短 = 1ms, 最长 = 2ms, 平均 = 1ms
```

图 12-6　PC1 与 PC5 的通信情况

PC2 与 PC5 的通信情况如图 12-7 所示。

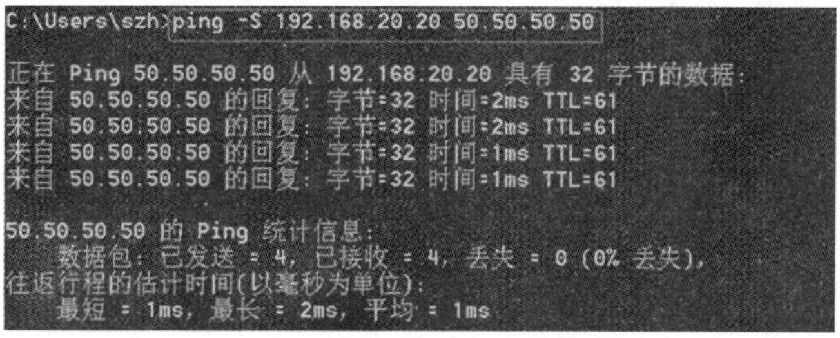

```
C:\Users\szh>ping -S 192.168.20.20 50.50.50.50

正在 Ping 50.50.50.50 从 192.168.20.20 具有 32 字节的数据:
来自 50.50.50.50 的回复: 字节=32 时间=2ms TTL=61
来自 50.50.50.50 的回复: 字节=32 时间=2ms TTL=61
来自 50.50.50.50 的回复: 字节=32 时间=1ms TTL=61
来自 50.50.50.50 的回复: 字节=32 时间=1ms TTL=61

50.50.50.50 的 Ping 统计信息:
    数据包: 已发送 = 4, 已接收 = 4, 丢失 = 0 (0% 丢失),
往返行程的估计时间(以毫秒为单位):
    最短 = 1ms, 最长 = 2ms, 平均 = 1ms
```

图 12-7　PC2 与 PC5 的通信情况

PC3 与 PC5 的通信情况如图 12-8 所示。

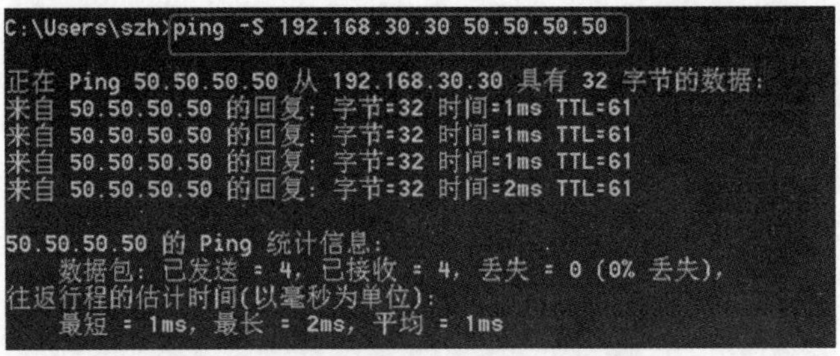

图 12-8　PC3 与 PC5 的通信情况

PC4 与 PC5 的通信情况如图 12-9 所示。

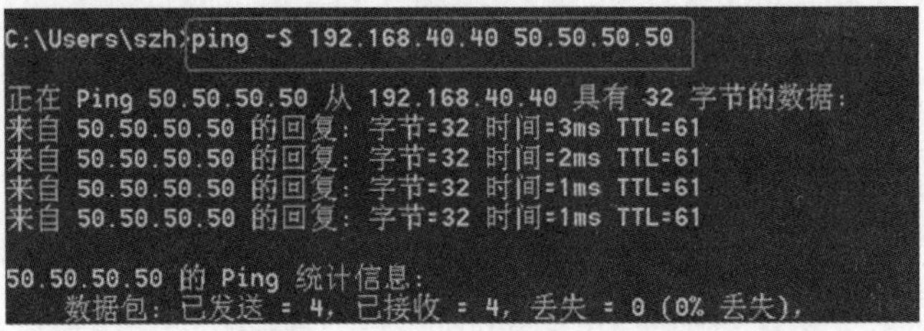

图 12-9　PC4 与 PC5 的通信情况

12.8　项目小结

　　VRRP 作为一种冗余备份技术，在共享多路访问介质（如以太网）上提供了网关冗余性，主网关发生故障后，备份网关能够进行自动切换并接替转发工作。虚拟路由器是指 VRRP 协议虚拟出来的逻辑上的路由器。一组 VRRP 路由器协同工作，共同构成虚拟路由器。该虚拟路由器对外表现为具有唯一固定 IP 地址和 MAC 地址的逻辑路由器。为了提高冗余性，并且避免造成带宽资源的浪费，我们可以在 VRRP 中使用负载均衡。VRRP 负载均衡是通过将路由器加入多个 VRRP 组实现的，使 VRRP 路由器在不同的组中担任不同的角色。在同时使用 MSTP 和 VRRP 时，需要把 MSTP 的主交换机和 VRRP 的主设备放在同一设备上，否则会导致网络不通。

习题

一、选择题

1．VRRP 的虚拟路由器号（VRID）可以配置为（　　）。

　　A．0　　　　　　B．1　　　　　　C．255　　　　　　D．256

2．路由器 R1 和 R2 通过局域网连接在一起，组成 VRRP 备份组，局域网内主机的 IP 地址为 192.168.0.1，主机学到的网关 MAC 地址为 0000-5e00-0105，由此可以得知（　　）。

　　A．备份组使用实 MAC 方式　　　　B．备份组使用虚 MAC 方式

　　C．备份组 VRID 为 4　　　　　　　D．备份组 VRID 为 5

3．VRRP 协议报文使用固定的组播地址（　　）进行发送。

　　A．224.0.0.5　　B．224.0.0.6　　C．224.0.0.13　　　　D．224.0.0.18

二、简答题

1．VRRP 的主设备是如何进行选举的？

2．什么是 IP 地址拥有者？

3．VRRP 使用什么方法实现流量的负载均衡？

项目 13

GRE VPN 技术

教学目标

1. 了解 GRE 的概念。
2. 了解 GRE VPN 的封装格式。
3. 理解 GRE VPN 的工作原理。
4. 理解 GRE 隧道的工作流程。
5. 理解 GRE VPN 的特点。
6. 掌握 GRE VPN 的配置命令和配置方法。

项目内容

传统的企业网通过 Internet 连接分支机构存在部署成本高、变更不灵活，以及移动用户远程拨号接入费用较高等问题。近年来，VPN 技术发展迅速，使用 VPN 技术可以实现在 Internet 上传输企业内网的数据，从而使总部与分支机构能够以较低成本进行访问。本项目介绍在公网的环境下，如何通过 GRE VPN 技术实现公司总部内网和分支机构内网之间的相互访问。

相关知识

要实现在公网环境中公司总部内网和分支机构内网之间的相互访问，可以使用 GRE VPN 技术。因此，需要了解 GRE 的概念、GRE VPN 的封装格式和工作原理、GRE 隧道的工作流程、GRE VPN 的特点，以及 GRE VPN 的配置命令和配置方法。

13.1 GRE 的概念

VPN（Virtual Private Network，虚拟专用网）属于远程访问技术，简单来说就是利用公网架设专用网络。例如，某公司员工到外地出差，他想访问企业内网的服务器资源，这种访问就属于远程访问。在传统的企业网络配置中，要进行远程访问，就要租用 DDN（数字数据网）专线或帧中继，这样的通信方案必然导致高昂的网络通信和维护费用。而移动用户（移动办公人员）与远端个人用户一般会通过拨号线路（Internet）进入企业的局域网，但这样必然会带来安全上的隐患。

让外地员工访问到内网资源，利用 VPN 的解决方法就是在内网中架设一台 VPN 服务器。外地员工在当地连接上互联网后，通过互联网连接 VPN 服务器，然后通过 VPN 服务器进入企业内网。为了保证数据安全，VPN 服务器和客户机之间的通信数据都进行了加密处理。有了数据加密，就可以认为数据是在一条专用的数据链路上进行安全传输，就如同专门架设了专用网络，但实际上，VPN 使用的是互联网上的公用链路，因此 VPN 被称为虚拟专用网络，其实质就是利用加密技术在公网上封装出一个数据通信隧道。有了 VPN 技术，用户无论是在外地出差还是在家办公，只要能连接互联网就能利用 VPN 访问内网资源，这就是 VPN 在企业中应用得如此广泛的原因。

　　GRE（Generic Routing Encapsulation，通用路由封装）是对某些网络层协议的数据包进行封装，使这些被封装的数据包能够在 IPv4 网络中传输，简单来说就是在任意一种网络层协议上封装任意一个其他网络层协议的协议。任何的 VPN 体系均可选择 GRE 封装。通过不同的协议分配不同的协议号码，GRE 可以适用于绝大多数的隧道封装场合。

　　由于日常 IP 网络的普遍应用，GRE 协议是对某些网络层协议（如 IP 和 IPX）的数据报文进行封装，使这些被封装的数据报文能够在另一个网络层协议（如 IP）中传输。例如，企业在总部和分部之间部署 GRE VPN，通过公共 IP 网络传送企业内部的网络数据，从而实现网络在分部和总部之间的跨公网通信。

13.2　GRE VPN 的封装格式

　　GRE 采用了 Tunnel（隧道）技术，是 VPN 的第三层隧道协议。GRE VPN 是指直接使用 GRE 封装，在一种网络协议上传送其他协议的一种 VPN 实现。在 GRE VPN 中，网络设备根据配置信息，直接利用 GRE 的多层封装构造隧道，从而在一个网络协议上透明传输其他协议分组。这是一种相对简单却有效的实现方法。理解 GRE 的工作原理是理解其他 VPN 协议的基础。

　　在 GRE 隧道中，数据包使用 GRE 封装，其协议栈的格式如图 13-1 所示。若一台设备希望跨越协议 A 发送协议 B 包到对端，我们把协议 A 称为"承载协议"，协议 A 的数据包称为"承载协议包"，协议 B 称为"载荷协议"，协议 B 的数据包为"载荷协议包"。

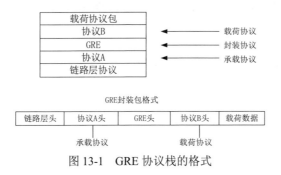

图 13-1　GRE 协议栈的格式

　　不能直接发送协议 B 的载荷协议包到承载协议 A 的网络上，因为承载协议 A 无法识别协议 B 的载荷协议包，此时设备将载荷协议头和载荷数据封装在 GRE 包中，添加 GRE 头。把 GRE 包封装在承载协议包中，设备将封装之后的承载协议包放在承载协议的网络上进行传送。

　　在承载协议头之后加入的 GRE 头告诉目标设备"上层有载荷数据"，从而使目标设备做出不同于协议 A 标准包的处理。GRE 必须表达一些其他信息，以便于设备继续执行正确的处理。例如，GRE 头必须包含上层协议的类型，以便于设备在解封装之后可以把承载协议交给正确的协议栈进行处理。

由于 IP 网络的应用非常普遍，主要的 GRE VPN 部署多采用以 IP 同时作为载荷和承载协议的封装结构，所以又称为 IP over IP 的 GRE 封装。企业在总部与分部之间部署 GRE VPN，通过公共 IP 网络转送内部 IP 网的数据。如图 13-2 所示，当 IP 头的协议号字段值为 47 时，说明 IP 头后面紧跟的是 GRE 头。当 GRE 头的类型字段为 0X0800 时，说明 GRE 头后面紧跟的是 IP 头。

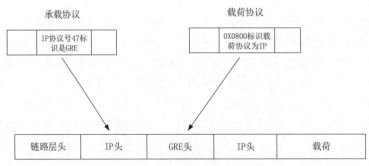

图 13-2　IP over IP 的 GRE 封装

13.3　GRE VPN 的工作原理

为了使点对点的 GRE 隧道像普通链路一样工作，路由器引入了一种叫作 Tunnel 的逻辑接口。在隧道两端的路由器上各自通过物理接口连接公用网络，并依赖物理接口进行实际的通信。两台路由器分别建立了一个 Tunnel 接口，两个 Tunnel 接口之间建立点对点的虚拟连接，形成一条跨越公网的隧道。

物理接口具有承载协议的地址和相关配置，服务于承载协议，而 Tunnel 接口则具有载荷协议的地址和相关配置，为载荷协议服务。实际上，载荷协议包需要通过 GRE 封装和承载协议封装，再通过物理接口传送。

IP over IP 的 GRE 隧道如图 13-3 所示。站点 A 和站点 B 的路由器 RTA 与 RTB 的 G0/0 和 Tunnel 0 接口均为私网 IP 地址，而 S0/0 接口具有公网的 IP 地址。此时从站点 A 发送私网 IP 包到站点 B 的过程如下。

（1）RTA 根据私网 IP 包的目标地址查找路由表，找到一个出站接口。

（2）如果私网路由出站接口是 GRE VPN 的 Tunnel 0 的接口，则 RTA 将根据配置信息对私网的 IP 路由信息进行 GRE 封装，即加以公网封装，变成一个公网 IP 数据包，其目的地址为 RTB 的公网地址。

（3）RTA 根据封装的公网 IP 包头目标地址再次查找路由表，将数据包经物理接口 S0/0 发出。

（4）此数据包经过公网 IP 的传输到达 RTB。

（5）RTB 接收到该数据包之后，根据 IP 协议号 47 交给本地 GRE 协议栈进行处理。

（6）RTB 解开 GRE 封装之后，将得到的私网 IP 包传递给相应 Tunnel 接口的 Tunnel 0，经过第二次 IP 路由查找，通过 G0/0 将私网 IP 数据包发送到站点 B 相对应的私网中。

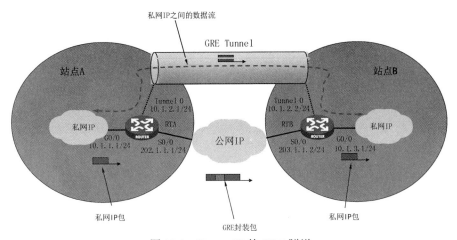

图 13-3　IP over IP 的 GRE 隧道

13.4　GRE 隧道的工作流程

1. 隧道起点路由查找

作为隧道的两端的 RTA 和 RTB 必须同时具备连接私网与公网的接口，如图 13-4 所示，私网接口为 G0/0，公网接口为 S0/0，并且拥有一个虚拟的隧道接口 Tunnel 0。

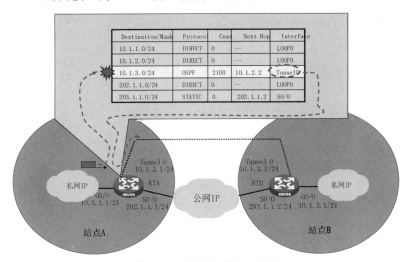

图 13-4　隧道起点路由查找

当站点 A 的私网 IP 数据包到达 RTA 时，如果它的目的地址不属于 RTA，则 RTA 需要进行路由查找。RTA 查找 IP 路由表会有如下几种可能。

- 若寻找不到匹配的路由，则丢弃该 IP 数据包。
- 若匹配一条出站接口为普通接口的路由，则进行正常的数据转发流程。
- 若匹配一条出站接口为 Tunnel 0 接口的路由，则执行 GRE 的封装和数据转发流程。

2. 封装数据包

假设此私网数据包的路由查找过程已完成，出站接口为 Tunnel 0，则此数据包应该由 Tunnel 0 接口发出，但是 Tunnel 0 为虚拟接口无法直接发送数据包，所以数据包需要由物理接口发出。因此，在转发之前，必须利用 GRE 封装将数据包封装在一个公网的数据包中。

如图 13-5 所示，要执行 GRE 封装，RTA 需要从 Tunnel 0 接口的配置中获取一些参数。

- RTA 通过配置信息得知需要使用 GRE 封装格式，然后在原私网 IP 包头前添加对应的 GRE 头部，填充适当的字段。
- 同时，RTA 通过接口的配置信息知道一个源地址和目的地址，作为最后构造公网的 IP 包的源地址和目的地址。这个源地址通常是 RTA 与公网 IP 相连的接口地址，目的地址通常是隧道终点 RTB 与公网 IP 相连的接口地址。RTA 和 RTB 的这两个公网地址必须路由可达。

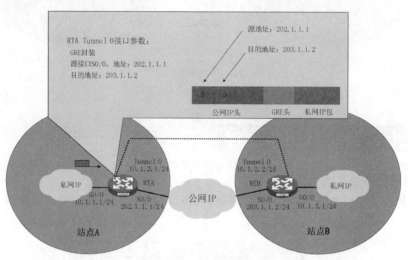

图 13-5　封装数据包

RTA 利用这两个地址为 GRE 封装包添加公网 IP 头，并填充其他适当的字段。完成封装后，这个承载协议包就形成了，接下来要将这个包真正地发送至公网。

3．承载协议路由转发

如图 13-6 所示，RTA 针对这个公网 IP 数据包进行路由表查找。若找不到匹配的路由，直接丢弃该数据包。若匹配到一条路由，则进行正常的路由转发。

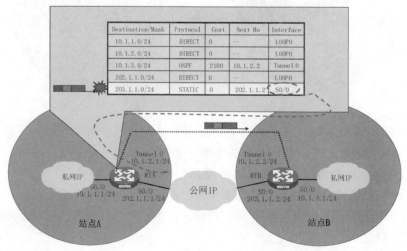

图 13-6　承载协议路由转发

4．数据包中途转发

数据报文从 RTA 发出后，这个 IP 包必须通过公用网络到达 RTB。如图 13-7 所示，假设

RTA 和 RTB 具有公网 IP 可达性，中途路由器仅仅需要根据公网 IP 包头进行正常的路由转发。

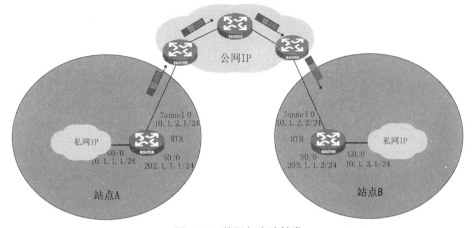

图 13-7　数据包中途转发

5. 数据包解封装

如图 13-8 所示，当公网 IP 数据包到达 RTB 之后会进行如下操作。

- RTB 检查 IP 地址，发现这个数据包的目标地址是自己的接口地址。
- RTB 检查 IP 头，发现上层协议的协议号为 47，表示载荷为 GRE 封装。
- RTB 解开 IP 头，检查 GRE 头，若无错误发生，则解开 GRE 头。
- RTB 根据公网 IP 包头的目的地址，将得到的私网 IP 包提交给相应的 Tunnel 接口进行处理，就好像这个数据包就是从 Tunnel 接口收到的，本例中的 Tunnel 接口是 Tunnel 0。

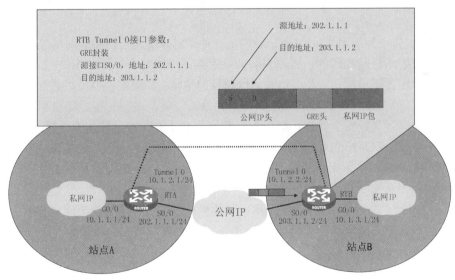

图 13-8　数据包解封装

6. 隧道终点路由查找

当 Tunnel 接口收到私网 IP 数据包后，处理方法和普通接口收到 IP 数据包时完全相同。如果这个私网 IP 数据包的目的地址属于 RTB，则 RTB 会把这个数据包交给上次协议进行处理；如果这个数据包不属于 RTB，则执行正常的路由查找流程。RTB 会查找 IP 路由表，若找不到匹配的数据包，就会丢弃这个数据包；若找到匹配的路由，则执行正常的数据转发流程。如图 13-9 所示，数据包将从出接口 G0/0 转发到站点 B 的私网 IP 中。

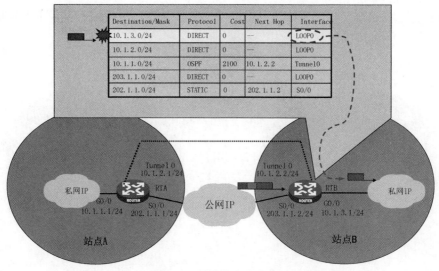

Destination/Mask	Protocol	Cost	Next Hop	Interface
10.1.3.0/24	DIRECT	0	—	LOOP0
10.1.2.0/24	DIRECT	0	—	LOOP0
10.1.1.0/24	OSPF	2100	10.1.2.2	Tunnel0
203.1.1.0/24	DIRECT	0	—	LOOP0
202.1.1.0/24	STATIC	0	202.1.1.2	S0/0

图 13-9　隧道终点路由查找

13.5　GRE VPN 的特点

使用 GRE VPN 有许多优点，如 GRE VPN 可以用当前最普遍的 IP 网络作为承载网络，因此可以最大限度地扩展 VPN 的使用范围。GRE VPN 并不局限于单播报文的传送，任何需要从 Tunnel 接口发出的数据包均可以获得 GRE 封装并穿越隧道，所以 GRE VPN 支持 IP 动态路由协议。另外，GRE VPN 没有复杂的隧道建立和维护机制，可以说是最简单明了的 VPN 部署技术。

GRE VPN 也有一些不足之处。GRE 隧道是一种点对点隧道，在隧道两端建立的是点对点连接，隧道双方的地位是相同的，因而只适应站点到站点的场合。GRE VPN 要求在隧道的两个端点上静态地配置隧道接口，并指定源地址和目的地址，如果需要修改隧道配置，则必须手动修改隧道两端的参数。GRE 隧道只提供有限的差错校验、序列号校验等机制，并不提供数据加密、身份验证等高级安全特性，必须配合其他技术才能获得足够的安全性。GRE 隧道端点路由器必须查找两次路由表，但是路由器实际上只有一个路由表，也就是说，当使用 IP over IP 时，公网和私网接口实际上不能具有重合的地址。因此，GRE 隧道并不能真正分割公网和私网，无法实现相互独立的地址空间。

GRE 隧道根据手动配置启动，但是 GRE 本身并不提供对隧道状态的检测和维护机制。在默认状态下，系统根据隧道源物理接口状态设置 Tunnel 接口状态。如果公网的互联链路出现故障，GRE 隧道并不能及时做出反应，那么 GRE VPN 配置静态路由时，需要有一种手段维护隧道状态，从而达到故障探测和路由备份的目的。

Tunnel 接口配置 Keepalive 功能以允许路由器探测并感知隧道的实际工作情况，并随之修改 Tunnel 接口的状态。路由器启动 Keepalive 后，会从 Tunnel 接口周期性地发送 Keepalive 报文，在默认情况下，路由器连续 3 次收不到对方发来的 Keepalive 报文，即认为隧道不可用，随即将 Tunnel 接口 Down 掉。这样以 Tunnel 接口为出接口的静态路由表项就会从路由表中消失，避免造成路由错误。

如果使用的是动态路由协议，由于动态路由协议本身可以动态发现并适应网络拓扑的变化，所以 Keepalive 功能就不再是必需的。

13.6 GRE VPN 的配置命令

要进行 GRE 隧道的配置，必须创建 GRE 类型的 Tunnel 接口，然后在 Tunnel 接口上进行其他功能的配置。当删除 Tunnel 接口之后，该接口上的所有配置都会被删除。在创建 Tunnel 接口之后，必须指明 Tunnel 接口的源端口地址和目的端地址，即发出 GRE 报文的实际物理接口地址。Tunnel 的源地址与目的地址端唯一标识了一个隧道。另外，必须设置 Tunnel 接口的网络层地址。一个隧道两端的 Tunnel 接口网络层地址应该属于同一网段。这些配置在 Tunnel 接口的两端都要进行配置。

```
① [H3C] interface tunnel 0 mode gre          /*创建 Tunnel 0 接口
② [H3C-Tunnel0] source 源端地址               /*设置源端地址
③ [H3C-Tunnel0] destination 目的端地址        /*设置目的端地址
④ [H3C-Tunnel0] ip address IP地址 子网掩码    /*设置 Tunnel 接口的 IP 地址
⑤ [H3C-Tunnel0] keepalive 秒数 次数
  /*设置 Keepalive 的发送周期和次数，默认为 10s。在默认情况下设备不开启 Keepalive 功能
```

操作示例： 如图 13-10 所示，RTA 为站点 A 的出口路由器，并且连接内网和公网，RTA 的 G0/0 端口的 IP 地址为 10.1.1.1/24，S1/0 端口的 IP 地址为 202.1.1.1/24，Tunnel 0 接口的 IP 地址为 10.1.2.1/24。RTB 为站点 B 的出口路由器，并且连接内网和公网，RTB 的 G0/0 端口的 IP 地址为 10.1.3.1/24，S1/0 端口的 IP 地址为 203.1.1.2/24，Tunnel 0 接口的 IP 地址为 10.1.2.2/24。RTC 为公网路由器，S1/0 端口的 IP 地址为 202.1.1.2/24，S2/0 端口的 IP 地址为 203.1.1.1/24。PC1 和 PC2 为站点 A 与站点 B 的内网计算机，若你是公司的网络管理员，请通过 GRE VPN 实现 PC1 和 PC2 的互通。

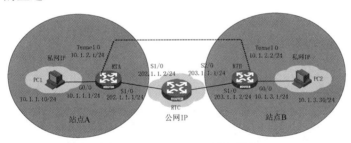

图 13-10 GRE VPN 配置示例

在 RTA 上配置 GRE VPN。

```
<H3C>system-view
[H3C]sysname RTA
[RTA]int g0/0                                   /*在 RTA 上配置内网接口的 IP 地址
[RTA-GigabitEthernet0/0]ip address 10.1.1.1 24
[RTA-GigabitEthernet0/0]quit
[RTA]int s1/0                                   /*在 RTA 上配置公网接口的 IP 地址
[RTA-Serial1/0]ip address 202.1.1.1 24
[RTA-Serial1/0]quit
[RTA]int Tunnel 0 mode gre                      /*在 RTA 上配置 Tunnel 接口的 IP 地址
[RTA-Tunnel0]ip address 10.1.2.1 24
[RTA-Tunnel0]source 202.1.1.1                   /*配置源端地址
[RTA-Tunnel0]destination 203.1.1.2              /*配置目的端地址
```

```
[RTA-Tunnel0]keepalive 10 3                         /*配置 Keepalive 的发送周期
[RTA-Tunnel0]quit
[RTA]ip route-static 10.1.3.0 255.255.255.0 Tunnel 0
/*静态路由指定内网数据走 Tunnel 0 接口
[RTA]ip route-static 0.0.0.0 0.0.0.0 202.1.1.2    /*配置默认路由
```

在 RTB 上配置 GRE VPN。

```
<H3C>system-view
[H3C]sysname RTB
[RTB]int g0/0                                       /*在 RTB 上配置内网接口的 IP 地址
[RTB-GigabitEthernet0/0]ip address 10.1.3.1 24
[RTB-GigabitEthernet0/0]quit
[RTB]int s1/0                                       /*在 RTB 上配置公网接口的 IP 地址
[RTB-Serial1/0]ip address 203.1.1.2 24
[RTB-Serial1/0]quit
[RTB]int Tunnel 0 mode gre                          /*在 RTB 上配置 Tunnel 接口的 IP 地址
[RTB-Tunnel0]ip address 10.1.2.2 24
[RTB-Tunnel0]source 203.1.1.2                       /*配置源端地址
[RTB-Tunnel0]destination 202.1.1.1                  /*配置目的端地址
[RTB-Tunnel0]keepalive 10 3                         /*配置 Keepalive 的发送周期
[RTB-Tunnel0]quit
[RTB]ip route-static 10.1.1.0 255.255.255.0 Tunnel 0
/*静态路由指定内网数据走 Tunnel 0 接口
[RTB]ip route-static 0.0.0.0 0.0.0.0 203.1.1.1    /*配置默认路由
```

在 RTC 上配置基本 IP 地址和静态路由。

```
<H3C>system-view
[H3C]sysname RTC
[RTC]int s1/0
[RTC-Serial1/0]ip address 202.1.1.2 24
[RTC-Serial1/0]quit
[RTC]int s2/0
[RTC-Serial2/0]ip address 203.1.1.1 24
[RTC-Serial2/0]quit
[RTC]ip route-static 10.1.1.0 255.255.255.0 202.1.1.1    /*配置静态路由
[RTC]ip route-static 10.1.3.0 255.255.255.0 203.1.1.2
```

在 RTA 上使用 dis interface Tunnel 0 查看 Tunnel 0 的端口状态, 如图 13-11 所示。

```
[RTA]dis interface Tunnel 0
Tunnel0
Current state: UP
Line protocol state: UP
Description: Tunnel0 Interface
Bandwidth: 64kbps
Maximum Transmit Unit: 1476
Internet Address is 10.1.2.1/24 Primary
Tunnel source 202.1.1.1, destination 203.1.1.2
Tunnel keepalive enabled, Period(10 s), Retries(3)
Tunnel TTL 255
Tunnel protocol/transport GRE/IP
    GRE key disabled
    Checksumming of GRE packets disabled
Output queue - Urgent queuing: Size/Length/Discards 0/100/0
Output queue - Protocol queuing: Size/Length/Discards 0/500/0
Output queue - FIFO queuing: Size/Length/Discards 0/75/0
Last clearing of counters: Never
Last 300 seconds input rate: 1 bytes/sec, 8 bits/sec, 0 packets/sec
Last 300 seconds output rate: 2 bytes/sec, 16 bits/sec, 0 packets/sec
Input: 31 packets, 888 bytes, 1 drops
Output: 64 packets, 1680 bytes, 0 drops

[RTA]
```

图 13-11　RTA 的 Tunnel 0 的端口状态

PC1 和 PC2 通过 GRE VPN 实现了互通，如图 13-12 所示。

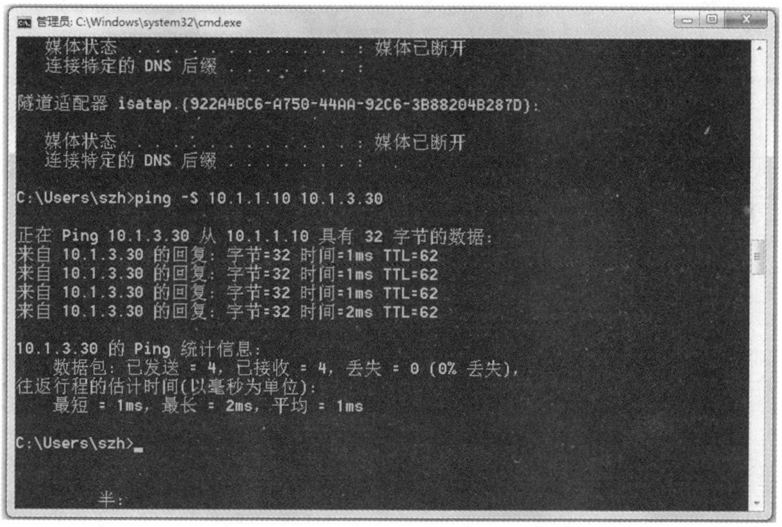

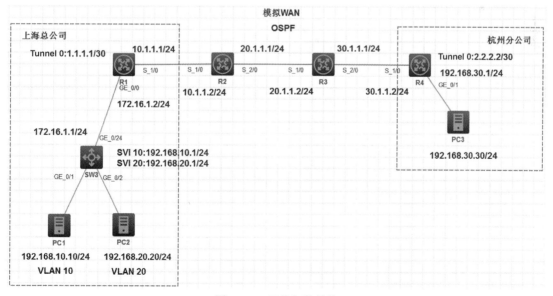

图 13-12　PC1 和 PC2 实现了互通

13.7　工作任务示例

　　某公司的网络拓扑结构如图 13-13 所示，公司总部在上海，在杭州设有分公司。上海总公司的 SW3 连接 PC1 和 PC2，在 SW3 上划分有 VLAN 10 和 VLAN 20，为 VLAN 10 和 VLAN 20 配置网关。R1、R2、R3 和 R4 通过公网接口相连，使用 OSPF 动态路由协议，IP 地址规划如表 13-1 所示。若你是公司的网络管理员，请通过 GRE VPN 实现上海总公司的 PC1、PC2 和杭州分公司的 PC3 互通。

图 13-13　网络拓扑结构

表 13-1   IP 地址规划

设 备 名 称	IP 地 址	子 网 掩 码	网 关
SW3 的 GE_0/24	172.16.1.1	255.255.255.0	
SW3 的 SVI 10	192.168.10.1	255.255.255.0	
SW3 的 SVI 20	192.168.20.1	255.255.255.0	
R1 的 GE_0/0	172.16.1.2	255.255.255.0	
R1 的 S_1/0	10.1.1.1	255.255.255.0	
R1 的 Tunnel 0	1.1.1.1	255.255.255.252	
R2 的 S_1/0	10.1.1.2	255.255.255.0	
R2 的 S_2/0	20.1.1.1	255.255.255.0	
R3 的 S_1/0	20.1.1.2	255.255.255.0	
R3 的 S_2/0	30.1.1.1	255.255.255.0	
R4 的 S_1/0	30.1.1.2	255.255.255.0	
R4 的 GE_0/1	192.168.30.1	255.255.255.0	
R4 的 Tunnel 0	2.2.2.2	255.255.255.252	
PC1	192.168.10.10	255.255.255.0	192.168.10.1
PC2	192.168.20.20	255.255.255.0	192.168.20.1
PC3	192.168.30.30	255.255.255.0	192.168.30.1

具体实施步骤

步骤 1：在 SW3 上创建 VLAN 10 和 VLAN 20，配置 VLAN 10、VLAN 20 和 G1/0/24 端口的 IP 地址。

```
<H3C>system-view
[H3C]sysname SW3
[SW3]vlan 10
[SW3-vlan10]port GigabitEthernet 1/0/1
[SW3-vlan10]quit
[SW3]vlan 20
[SW3-vlan20]port GigabitEthernet 1/0/2
[SW3-vlan20]quit
[SW3]int vlan 10                    /*为 VLAN 10 配置 IP 地址，地址做 VLAN 10 的网关
[SW3-Vlan-interface10]ip address 192.168.10.1 24
[SW3-Vlan-interface10]quit
[SW3]int vlan 20                    /*为 VLAN 20 配置 IP 地址，地址做 VLAN 20 的网关
[SW3-Vlan-interface20]ip address 192.168.20.1 24
[SW3-Vlan-interface20]quit
[SW3]int GigabitEthernet 1/0/24
[SW3-GigabitEthernet1/0/24]port link-mode route        /*将端口模式改为路由模式
[SW3-GigabitEthernet1/0/24]ip address 172.16.1.1 24
[SW3-GigabitEthernet1/0/24]quit
[SW3]dis ip int b                                      /*查看 SW3 的 IP 地址
*down: administratively down
(s): spoofing  (l): loopback
Interface              Physical    Protocol    IP Address      Description
```

GE1/0/24	up	up	172.16.1.1	--
MGE0/0/0	down	down	--	--
Vlan10	up	up	192.168.10.1	--
Vlan20	up	up	192.168.20.1	--

步骤 2：为 R1 配置基本 IP 地址。

```
<H3C>system-view
[H3C]sysname R1
[R1]int g0/0                                /*为 R1 配置内网接口的 IP 地址
[R1-GigabitEthernet0/0]ip address 172.16.1.2 24
[R1-GigabitEthernet0/0]quit
[R1]int s1/0                                /*为 R1 配置公网接口的 IP 地址
[R1-Serial1/0]ip address 10.1.1.1 24
[R1-Serial1/0]quit
[R1]int Tunnel 0 mode gre                   /*为 R1 配置 Tunnel 接口的 IP 地址
[R1-Tunnel0]ip address 1.1.1.1 30
[R1-Tunnel0]source 10.1.1.1                 /*配置源端地址
[R1-Tunnel0]destination 30.1.1.2            /*配置目的端地址
[R1-Tunnel0]keepalive                       /*开启隧道检测 Keepalive 功能
[R1-Tunnel0]quit
[R1]dis ip int b                            /*此时网络不通，Tunnel 0 接口的状态为 DOWN
*down: administratively down
(s): spoofing  (l): loopback
Interface          Physical    Protocol    IP Address    Description
GE0/0              up          up          172.16.1.2    --
GE0/1              down        down        --            --
GE0/2              down        down        --            --
GE5/0              down        down        --            --
GE5/1              down        down        --            --
GE6/0              down        down        --            --
GE6/1              down        down        --            --
Ser1/0             up          up          10.1.1.1      --
Ser2/0             down        down        --            --
Ser3/0             down        down        --            --
Ser4/0             down        down        --            --
Tun0               down        down        1.1.1.1       --
```

步骤 3：为 R2 配置基本 IP 地址。

```
<H3C>system-view
[H3C]sysname R2
[R2]int s1/0
[R2-Serial1/0]ip address 10.1.1.2 24
[R2-Serial1/0]quit
[R2]int s2/0
[R2-Serial2/0]ip address 20.1.1.1 24
[R2-Serial2/0]quit
```

步骤 4：为 R3 配置基本 IP 地址。

```
<H3C>system-view
```

```
[H3C]sysname R3
[R3]int s1/0
[R3-Serial1/0]ip address 20.1.1.2 24
[R3-Serial1/0]quit
[R3]int s2/0
[R3-Serial2/0]ip address 30.1.1.1 24
[R3-Serial2/0]quit
```

步骤 5：为 R4 配置基本 IP 地址。

```
<H3C>system-view
[H3C]sysname R4
[R4]int s1/0                              /*为 R4 配置公网接口的 IP 地址
[R4-Serial1/0]ip address 30.1.1.2 24
[R4-Serial1/0]quit
[R4]int g0/1                              /*为 R4 配置内网接口的 IP 地址
[R4-GigabitEthernet0/1]ip address 192.168.30.1 24
[R4-GigabitEthernet0/1]quit
[R4]int Tunnel 0 mode gre                 /*为 R4 配置 Tunnel 接口的 IP 地址
[R4-Tunnel0]ip address 2.2.2.2 30
[R4-Tunnel0]source 30.1.1.2               /*配置源端地址
[R4-Tunnel0]destination 10.1.1.1          /*配置目的端地址
[R4-Tunnel0]keepalive                     /*开启隧道检测 Keepalive 功能
[R4-Tunnel0]quit
[R4]dis ip int b                          /*此时网络不通，Tunnel 0 接口的状态为 DOWN
*down: administratively down
(s): spoofing  (l): loopback
```

Interface	Physical	Protocol	IP Address	Description
GE0/0	down	down	--	--
GE0/1	**up**	**up**	**192.168.30.1**	**--**
GE0/2	down	down	--	--
GE5/0	down	down	--	--
GE5/1	down	down	--	--
GE6/0	down	down	--	--
GE6/1	down	down	--	--
Ser1/0	**up**	**up**	**30.1.1.2**	**--**
Ser2/0	down	down	--	--
Ser3/0	down	down	--	--
Ser4/0	down	down	--	--
Tun0	**down**	**down**	**2.2.2.2**	**--**

步骤 6：为 SW3 配置默认路由，将所有的数据包发给 R1 的 G0/0 端口。

```
[SW3]ip route-static 0.0.0.0 0.0.0.0 172.16.1.2
```

步骤 7：为 R1 配置指向内网的静态路由和外网的 OSPF 动态路由协议。

```
[R1]ip route-static 192.168.10.0 255.255.255.0 172.16.1.1
[R1]ip route-static 192.168.20.0 255.255.255.0 172.16.1.1
[R1]ospf
[R1-ospf-1]area 0
[R1-ospf-1-area-0.0.0.0]network 10.1.1.0 0.0.0.255
```

```
[R1-ospf-1-area-0.0.0.0]quit
[R1-ospf-1]quit
```

步骤 8：为 R2 配置 OSPF 动态路由协议。

```
[R2]ospf
[R2-ospf-1]area 0
[R2-ospf-1-area-0.0.0.0]network 10.1.1.0 0.0.0.255
[R2-ospf-1-area-0.0.0.0]network 20.1.1.0 0.0.0.255
[R2-ospf-1-area-0.0.0.0]quit
[R2-ospf-1]quit
```

步骤 9：为 R3 配置 OSPF 动态路由协议。

```
[R3]ospf
[R3-ospf-1]area 0
[R3-ospf-1-area-0.0.0.0]network 20.1.1.0 0.0.0.255
[R3-ospf-1-area-0.0.0.0]network 30.1.1.0 0.0.0.255
[R3-ospf-1-area-0.0.0.0]quit
[R3-ospf-1]quit
```

步骤 10：为 R4 配置 OSPF 动态路由协议。

```
[R4]ospf
[R4-ospf-1]area 0
[R4-ospf-1-area-0.0.0.0]network 30.1.1.0 0.0.0.255
[R4-ospf-1-area-0.0.0.0]quit
[R4-ospf-1]quit
[R4]dis ip int b                        /*查看 IP 地址，Tunnel 0 端口状态为 UP
*down: administratively down
(s): spoofing  (l): loopback
Interface            Physical P rotocol    IP Address       Description
GE0/0                down      down        --               --
GE0/1                up        up          192.168.30.1     --
GE0/2                down      down        --               --
GE5/0                down      down        --               --
GE5/1                down      down        --               --
GE6/0                down      down        --               --
GE6/1                down      down        --               --
Ser1/0               up        up          30.1.1.2         --
Ser2/0               down      down        --               --
Ser3/0               down      down        --               --
Ser4/0               down      down        --               --
Tun0                 up        up          2.2.2.2          --
```

步骤 11：为 R1 配置默认路由，所有的内网数据走 Tunnel 0 接口。

```
[R1]ip route-static 0.0.0.0 0.0.0.0 Tunnel 0
[R1]dis ip routing-table                         /*在 R1 上查看路由表


Destinations : 26     Routes : 26


Destination/Mask   Proto   Pre Cost       NextHop          Interface
```

0.0.0.0/0	Static	60	0	0.0.0.0	Tun0	
0.0.0.0/32	Direct	0	0	127.0.0.1	InLoop0	
1.1.1.0/30	Direct	0	0	1.1.1.1	Tun0	
1.1.1.0/32	Direct	0	0	1.1.1.1	Tun0	
1.1.1.1/32	Direct	0	0	127.0.0.1	InLoop0	
1.1.1.3/32	Direct	0	0	1.1.1.1	Tun0	
10.1.1.0/24	Direct	0	0	10.1.1.1	Ser1/0	
10.1.1.0/32	Direct	0	0	10.1.1.1	Ser1/0	
10.1.1.1/32	Direct	0	0	127.0.0.1	InLoop0	
10.1.1.2/32	Direct	0	0	10.1.1.2	Ser1/0	
10.1.1.255/32	Direct	0	0	10.1.1.1	Ser1/0	
20.1.1.0/24	O_INTRA	10	3124	10.1.1.2	Ser1/0	
30.1.1.0/24	O_INTRA	10	4686	10.1.1.2	Ser1/0	
127.0.0.0/8	Direct	0	0	127.0.0.1	InLoop0	
127.0.0.0/32	Direct	0	0	127.0.0.1	InLoop0	
127.0.0.1/32	Direct	0	0	127.0.0.1	InLoop0	
127.255.255.255/32	Direct	0	0	127.0.0.1	InLoop0	
172.16.1.0/24	Direct	0	0	172.16.1.2	GE0/0	
172.16.1.0/32	Direct	0	0	172.16.1.2	GE0/0	
172.16.1.2/32	Direct	0	0	127.0.0.1	InLoop0	
172.16.1.255/32	Direct	0	0	172.16.1.2	GE0/0	
192.168.10.0/24	Static	60	0	172.16.1.1	GE0/0	
192.168.20.0/24	Static	60	0	172.16.1.1	GE0/0	
224.0.0.0/4	Direct	0	0	0.0.0.0	NULL0	
224.0.0.0/24	Direct	0	0	0.0.0.0	NULL0	
255.255.255.255/32	Direct	0	0	127.0.0.1	InLoop0	

步骤 12：为 R4 配置默认路由，所有的内网数据走 Tunnel 0 接口。

```
[R4]ip route-static 0.0.0.0 0.0.0.0 Tunnel 0
[R4]dis interface Tunnel 0                        /*在 R4 上查看 Tunnel 0 接口的状态
Tunnel0
Current state: UP
Line protocol state: UP
Description: Tunnel0 Interface
Bandwidth: 64kbps
Maximum Transmit Unit: 1476
Internet Address is 2.2.2.2/30 Primary
Tunnel source 30.1.1.2, destination 10.1.1.1
Tunnel keepalive enabled, Period(10 s), Retries(3)
Tunnel TTL 255
Tunnel protocol/transport GRE/IP
   GRE key disabled
   Checksumming of GRE packets disabled
Output queue - Urgent queuing: Size/Length/Discards 0/100/0
Output queue - Protocol queuing: Size/Length/Discards 0/500/0
Output queue - FIFO queuing: Size/Length/Discards 0/75/0
Last clearing of counters: Never
Last 300 seconds input rate: 5 bytes/sec, 40 bits/sec, 0 packets/sec
Last 300 seconds output rate: 4 bytes/sec, 32 bits/sec, 0 packets/sec
```

```
Input: 322 packets, 19244 bytes, 11 drops
Output: 1593 packets, 209884 bytes, 0 drops
```

步骤 13：如图 13-14 所示，测试上海总公司 PC1、PC2 和杭州分公司 PC3 的连通性。

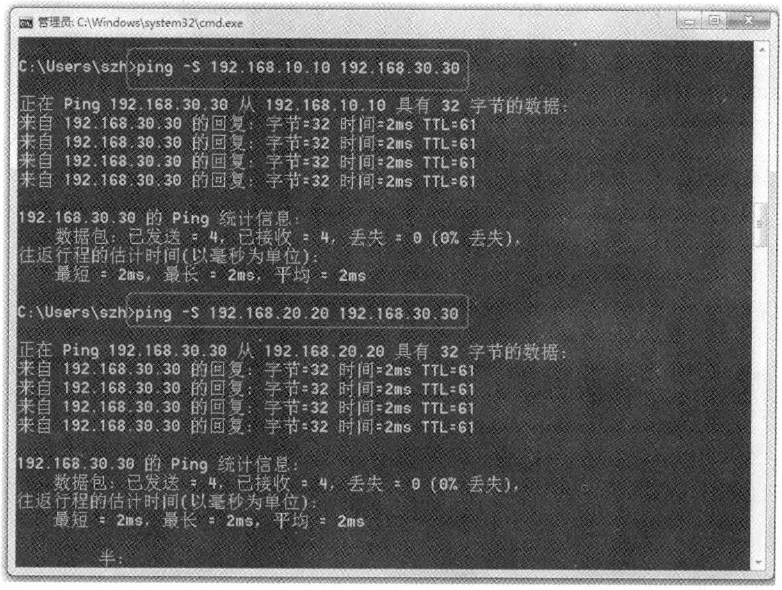

图 13-14　全网贯通

13.8　项目小结

Tunnel 接口状态为 UP 的前提条件如下：首先，Tunnel 接口要加封装，即 Tunnel 接口要配置源端地址和目的端地址；其次，将内网的数据流发到 Tunnel 接口，如果是静态路由则使用 ip route 0.0.0.0 0.0.0.0 Tunnel 接口，若是动态路由就需要将 Tunnel 接口宣称到内网的动态路由中；最后，存在公网路由，即到达对方目的端地址的路由，可以是静态路由也可以是动态路由。GRE VPN 适用于总部与分公司之间通信，双方公网地址不能变化，不适用于拨号上网的情况。

习题

一、选择题

1. 承载网 IP 头以（　　　）标识 GRE 头。

　　A．IP 协议号 47

　　B．以太网协议号 0x0800

　　C．UDP 端口号 47

　　D．TCP 端口号 47

2. 下列关于 GRE 隧道的描述，正确的是（　　　）。

　　A．Tunnel 接口是一种逻辑接口，并且需要手动创建

　　B．Tunnel 接口是一种路由器自带的物理接口

　　C．在隧道两端路由为指定 Tunnel 接口指定的源地址必须相同

　　D．在隧道两端路由为指定 Tunnel 接口指定的目的地址必须相同

3．要配置 GRE 隧道 Tunnel 接口的 Keepalive 时间为 45s，应采用的命令为（　　）。

    A．tunnel keepalive 45   B．keepalive 45

    C．grekeepalive 45   D．gretunnel keepalive 45

4．指定 Tunnel 源端口为 1.1.1.2，应在 Tunnel 接口下的命令为（　　）。

    A．source address 1.1.1.2   B．destination address 1.1.1.2

    C．source 1.1.1.2   D．destination　1.1.1.2

二、简答题

1．简述的 Keepalive 功能。

2．简述 GRE VPN 的特点。

3．简述 GRE 隧道的工作流程。

项目 14

IPSec VPN 技术

教学目标

1. 理解 IPSec VPN 概述。
2. 理解 IPSec 的体系结构。
3. 理解 IPSec 的封装模式。
4. 理解 IPSec 的安全联盟。
5. 理解 IKE 协议。
6. 掌握 IPSec VPN 的配置命令和配置方法。

项目内容

传统的 GRE VPN 可以在 Internet 上传输企业内网的数据，使总部与分部的访问成本较低，但是无法对传输的数据进行加密和验证，存在安全隐患。IPSec VPN 通过加密与验证等方式，可以保证用户业务数据在 Internet 上的安全传输。本项目主要介绍在公网环境下，如何通过 IPSec VPN 实现总部和分部之间的安全访问。

相关知识

要实现在公网环境中公司总部和分部之间的安全访问，可以使用 IPSec VPN 技术。因此，需要了解和掌握 IPSec 的概念、体系结构、封装模式、安全联盟，IKE 协议，以及 IPSec VPN 的配置命令和配置方法。

14.1 IPSec VPN 概述

在 Internet 的传输中，绝大部分数据的内容都是以明文传输的，这样就会存在很多潜在的风险，如密码等信息被窃取、篡改，用户的身份被冒充，以及遭受网络恶意攻击等。普通的 VPN 技术虽然将数据封装在 VPN 的承载协议内部，但是其本质上并不能防止篡改与窃听。IPSec（IP Security）通过加密算法和验证算法防止数据遭受篡改与窃听等安全威胁，大大提高了安全性。

IPSec 是一种网络层协议安全保障机制，可以在一对通信节点之间提供一条或多条安全的通信路径。IPSec 可以在主机、路由器或防火墙上实现。这些实现了 IPSec 的中间设备称为"安全网关"。IPSec 通过加密与验证等方式，可以保障用户业务数据在 Internet 中的安全传输。发送方对数据进行加密，以密文的形式在 Internet 中传送，接收方对接收的加密数据进行解密后处理或直接转发，保证数据传输的安全性。接收方对接收的数据进行验证，以判定报文是否被篡改，保证数据的完整性。接收方拒绝旧的或重复的数据包，防止恶意用户通过重复发送捕获到的数据包所进行的攻击，拒绝重放报文。接收方验证发送方身份是否合法，进行数据源验证。

IPSec VPN 利用了 IPSec 隧道实现的三层 VPN。IPSec 对 IP 包的验证、加密和封装能力使其可以被用来创建安全的 IPSec 隧道，传送 IP 包。利用这项隧道功能实现的 VPN 称为 IPSec VPN。

14.2　IPSec 的体系结构

IPSec 是 IETF 制定的一组开放的网络安全协议。它并不是一个单独的协议，而是一系列为 IP 网络提供安全性的协议和服务的集合，如图 14-1 所示。

图 14-1　IPSec 体系结构

IPSec 通过验证头（Authentication Header，AH）和封装安全载荷（Encapsulating Security Payload，ESP）两个安全协议实现 IP 报文的安全保护。

AH 是报文头验证协议，主要提供数据源验证、数据完整性验证和防报文重放功能，不提供加密功能。ESP 是封装安全载荷协议，主要提供加密、数据源验证、数据完整性验证和防报文重放功能。

AH 和 ESP 协议提供的安全功能依赖于协议采用的验证算法、加密算法。AH 和 ESP 协议都能够提供数据源验证与数据完整性验证，使用的验证算法为 MD5、SHA1、SHA2-256、SHA2-384 和 SHA2-512，以及 SM3 算法。ESP 协议还能够对 IP 报文内容进行加密，使用的加密算法为对称加密算法，包括 DES、3DES、AES、SM1 和 SM4。

IPSec 加密算法和验证算法所使用的密钥可以手动配置，也可以通过因特网密钥交换 IKE 协议动态协商。IKE 协议建立在 Internet 安全联盟和密钥管理协议 ISAKMP 框架之上，采用 DH（Diffie-Hellman）算法在不安全的网络上安全地分发密钥、验证身份，以保证数据传输的安全性。IKE 协议可以提升密钥的安全性，并降低 IPSec 管理复杂度。

14.3　IPSec 的封装模式

封装模式是指将 AH 或 ESP 协议的相关字段插入原始 IP 报文中，以实现对报文的认证和加密。封装模式有传输模式（Transport）和隧道模式（Tunnel）两种。

1．传输模式

在传输模式中，两个需要通信的终端计算机在彼此之间直接运行 IPSec 协议。AH 和 ESP 直接用于保护上层协议，也就是保护传输层协议。在使用传输模式时，所有加密、解密和协商均由终端系统自行完成，网络设备仅执行正常的路由转发，并不关心此类过程或协议，也不加入 IPSec 过程。传输模式的目的是直接保护端到端的通信，只有在需要端到端的安全性时，才使用这种模式。

如图 14-2 所示，两个需要通信的终端计算机在彼此之间直接运行 IPSec 协议，通信连接的端点就是 IPSec 协议的端点，中间设备不做任何 IPSec 处理，只负责路由选择和转发。

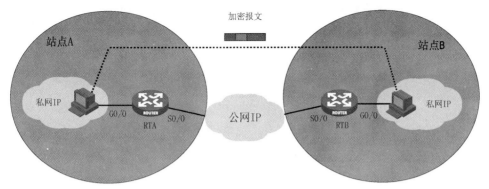

图 14-2　IPSec 传输模式

在传输模式中，AH 头或 ESP 头被插入 IP 头与传输层协议头之间。传输模式不改变报文头，故隧道的源地址和目的地址必须与 IP 报文头中的源地址和目的地址一致，所以只适合两台主机或一台主机和一台 VPN 网关之间通信。以 TCP 报文为例，原始报文经过传输模式封装后，报文格式如图 14-3 所示。

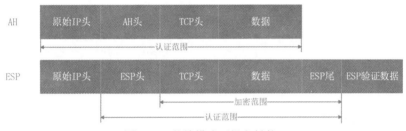

图 14-3　传输模式下报文封装

在传输模式下，AH 协议的完整性验证范围为整个 IP 报文。ESP 协议验证报文的完整性检查部分包括 ESP 头、传输层协议头、数据和 ESP 报尾，但不包括 IP 头，因此 ESP 协议无法保证 IP 头的安全。ESP 的加密部分包括传输层协议头、数据和 ESP 报尾。

2. 隧道模式

在隧道模式中，两个安全网关在彼此之间运行 IPSec 协议，对彼此之间需要加密的数据达成一致，并运用 AH 或 ESP 协议对这些数据进行保护。用户的整个 IP 数据包被用来计算 AH 或 ESP 头，并且被加密。AH 或 ESP 头和加密用户数据被封装在一个新的 IP 数据包中。

如图 14-4 所示，隧道模式对于终端系统的 IPSec 能力没有任何要求。来自终端系统的数据流经过网关时，由安全网关对其进行保护。所有加密、解密和协商的操作均由安全网关完成，这些操作对于终端系统来说是完全透明的。隧道模式的目的是建立点到点的安全隧道，保护站点之间的数据流。

在隧道模式下，AH 或 ESP 头被插到原始 IP 头之前，另外生成一个新的报文头放到 AH 或 ESP 头之前，保护 IP 头和负载。隧道模式主要应用于两台 VPN 网关之间或一台主机与一台 VPN 网关之间的通信。以 TCP 报文为例，原始报文经隧道模式封装后的报文结构如图 14-5 所示。

在隧道模式下，AH 协议的完整性验证范围是包括新增 IP 头在内的整个 IP 报文。ESP 协议验证报文的完整性检查部分包括 ESP 头、原 IP 头、传输层协议头、数据和 ESP 报尾，但不包括新增 IP 头，因此 ESP 协议无法保证新增 IP 头的安全。ESP 的加密部分包括原 IP 头、传输层协议头、数据和 ESP 报尾。

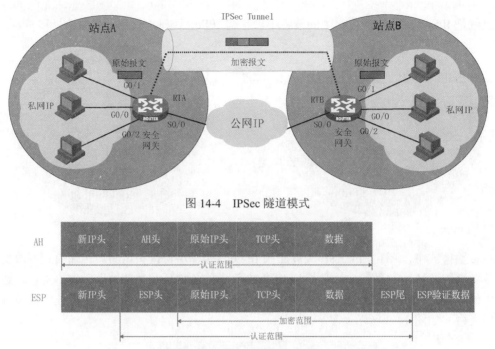

图 14-4　IPSec 隧道模式

AH	新IP头	AH头	原始IP头	TCP头	数据		

认证范围

ESP	新IP头	ESP头	原始IP头	TCP头	数据	ESP尾	ESP验证数据

加密范围

认证范围

图 14-5　隧道模式下报文封装

从安全性来讲，隧道模式优于传输模式，它可以完整地对原始 IP 数据包进行验证和加密。在隧道模式下可以隐藏内部 IP 地址、协议类型和端口。从性能来讲，因为隧道模式有一个额外的 IP 头，所以它比传输模式占用更多的带宽。

14.4　IPSec 的安全联盟

IPSec 安全传输数据的前提是在 IPSec 对等体（即运行 IPSec 协议的两个端点）之间成功建立 SA（Security Association，安全联盟）。SA 是通信的 IPSec 对等体之间对某些要素的约定，如对等体之间使用何种安全协议、需要保护的数据流特征、对等体间传输的数据的封装模式、协议采用的加密算法和验证算法，对等体之间使用何种密钥交换和 IKE 协议，以及 SA 的生存周期等。

SA 由一个三元组来唯一标识，这个三元组包括 SPI（Security Parameter Index，安全参数索引）、目的 IP 地址和使用的安全协议号（AH 或 ESP）。其中，SPI 是为唯一标识 SA 而生成的一个 32 位的数值，它在 AH 和 ESP 头中传输。在手动配置 SA 时，需要手动指定 SPI 的取值。使用 IKE 协商产生 SA 时，SPI 将随机生成。SA 是单向的逻辑连接，因此两个 IPSec 对等体之间的双向通信，最少需要建立两个 SA 来分别对两个方向的数据流进行安全保护。

建立 SA 的方式有手动配置和 IKE 自动协商两种。手动方式建立 SA 所需的全部参数（包括加密、验证密钥）都需要用户手动配置，也只能手动刷新，在中大型网络中，这种方式的密钥管理成本很高。IKE 方式建立 SA 需要的加密、验证密钥是通过 DH 算法生成的，可以动态刷新，因而密钥管理成本低，并且安全性较高。手动方式建立的 SA，一经建立永久存在。IKE 方式建立的 SA，其生存周期由双方配置的生存周期参数控制。因此，手动方式适用于对等体设备数量较少时或小型网络。对于中大型网络，推荐使用 IKE 自动协商建立 SA。

14.5 IKE 协议

在实施 IPSec 的过程中，可以使用 IKE（Internet Key Exchange，因特网密钥交换）协议建立 SA，该协议建立在由互联网安全联盟和密钥管理协议 ISAKMP 定义的框架上。IKE 为 IPSec 提供了自动协商交换密钥、建立 SA 的服务，能够简化 IPSec 的使用和管理，大大简化了 IPSec 的配置和维护工作。

IKE 与 IPSec 的关系如图 14-6 所示，对等体之间建立一个 IKE SA 完成身份验证和密钥信息交换后，在 IKE SA 的保护下，根据配置的 AH/ESP 安全协议等参数协商出一对 IPSec SA。此后，对等体之间的数据将在 IPSec 隧道中加密传输。

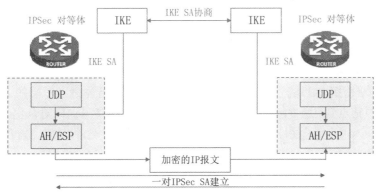

图 14-6 IKE 与 IPSec 的关系

IKE 具有一套自我保护机制，可以在不安全的网络上安全地分发密钥，验证身份，建立 IPSec SA。IKE 并不在网络上直接传送密钥，而是采用 DH（Diffie-Hellman）交换，最终计算出双方共享的密钥，即使第三者截获了双方用于计算密钥的所有交换数据，也不足以计算出真正的密钥。

IKE 使用两个阶段为 IPSec 进行密钥协商并建立 IPSec SA：第一阶段，通信双方协商和建立 IKE 本身使用的安全通道，建立一个 IKE SA；第二阶段，利用这个已通过了认证和安全保护的安全通道建立一对 IPSec SA。

IKE 协商第一阶段的目的是建立 IKE SA。建立 IKE SA 后，对等体之间的所有 ISAKMP 消息都将通过加密和验证，这条安全通道可以保证 IKE 协商第二阶段能够安全进行。IKE SA 是一个双向的逻辑连接，两个 IPSec 对等体之间只建立一个 IKE SA。IKE 协商第一阶段支持两种协商模式：主模式（Main Mode）和野蛮模式（Aggressive Mode）。

1. IKE 的主模式

IKE 的主模式如图 14-7 所示，主模式包含 3 次双向交换，使用了 6 条 ISAKMP 信息。

第一个步骤是策略协商，发起方发送一个或多个 IKE 安全策略，响应方查找最先匹配的 IKE 安全策略，并将这个 IKE 安全策略回应给发起方。匹配的原则为协商双方具有相同的加密算法、认证算法、验证方法和 Diffie-Hellman 组标识。

第二个步骤是 DH 交换，双方交换 Diffie-Hellman 公共值和 nonce 值（nonce 是一个随机数，用于保证 IKE SA 存活和抗重放攻击），用于 IKE SA 的认证和加密密钥在这个阶段产生。

第三个步骤是 ID 交换及验证，用于身份和认证信息交换（双方使用生成的密钥发送信息），双方进行身份认证和对整个主模式交换内容的认证。

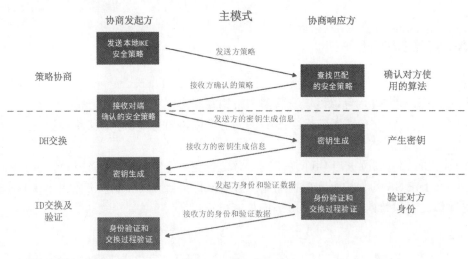

图 14-7　IKE 的主模式

2．IKE 的野蛮模式

在使用预共享密钥 IKE 的主模式交换时，通信双方必须首先确定对端的 IP 地址。对于拥有固定 IP 地址的站点到站点的应用不会有问题，但是在远程拨号访问时，由于拨号用户的 IP 地址无法预先确定，所以无法使用主模式这种方式。为了解决这个问题，需要使用 IKE 的野蛮模式交换。

IKE 的野蛮模式的目的与主模式相同，都是建立 IKE SA，以便为后续协商服务。如图 14-8 所示，野蛮模式只使用 3 条信息，前两条信息用于协商 IKE 安全策略，交换 DH 公共值，以及辅助信息（nonce）和身份信息，并且第二条信息还用于验证响应方，第三条信息用于验证协商发起方。

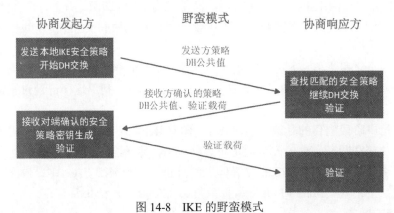

图 14-8　IKE 的野蛮模式

IKE 的野蛮模式的功能比较有限，安全性比主模式差。但是在不能预先得知发起方的 IP 地址，并且使用预共享密钥的情况下，可以使用野蛮模式。另外，野蛮模式的过程也比较简单快捷，在充分了解对端安全策略的情况下，也可以使用野蛮模式。

IKE 协商第二阶段的目的就是建立用来安全传输数据的 IPSec SA，并为数据传输衍生出密钥。这一阶段采用快速模式（Quick Mode），该模式使用 IKE 协商第一阶段中生成的密钥对 ISAKMP 消息的完整性和身份进行验证，并对 ISAKMP 消息进行加密，故保证了交换的安全性。IKE 协商第二阶段的协商过程如图 14-9 所示。

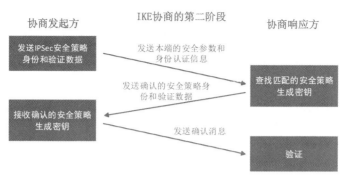

图 14-9　IKE 协商第二阶段的协商过程

IKE 协商第二阶段通过 3 条 ISAKMP 消息完成双方 IPSec SA 的建立。

（1）协商发起方发送本端的安全参数和身份认证信息。安全参数包括被保护的数据流和 IPSec 安全策略等需要协商的参数；身份认证信息包括第一阶段计算出的密钥和第二阶段产生的密钥材料等，可以再次认证对等体。

（2）协商响应方发送确认的安全参数和身份认证信息并生成新的密钥。IPSec SA 数据传输需要的加密，验证密钥由第一阶段产生的密钥、SPI、协议等参数组成，以保证每个 IPSec SA 都有自己独一无二的密钥。

（3）发送方发送确认信息，确认与响应方可以通信，协商结束。

14.6　IPSec VPN 的配置命令

建立 IPSec VPN 隧道的配置命令比较复杂，包括准备工作、配置安全策略和在接口上应用安全策略。建立 IPSec 隧道的准备工作如图 14-10 所示。

图 14-10　IPSec 隧道建立的准备工作

1. 通过高级 ACL 定义需要保护的数据流

IPSec 能够对一个或多个数据流进行安全保护，ACL 方式建立 IPSec 隧道采用 ACL 来指定需要 IPSec 保护的数据流。在实际应用中，首先需要通过配置 ACL 的规则定义数据流范围，然后在 IPSec 安全策略中引用该 ACL，从而起到保护该数据流的作用。

一个 IPSec 安全策略中只能引用一条 ACL，因此，如果不同的数据流有不同的安全要求，则需要创建不同的 ACL 和相应的 IPSec 安全策略；如果不同的数据流的安全要求相同，则可以在一条 ACL 中配置多条规则来保护不同的数据流。

操作示例： 若 10.1.1.0/24 网段到对端 20.1.1.0 的所有数据流需要通过 IPSec VPN 隧道进行通信，就需要定义安全 ACL 来保护数据流。

本端配置的安全 ACL 如下。

```
[H3C]acl advanced 3000
[H3C-acl-ipv4-adv-3000]rule permit ip source 10.1.1.0 0.0.0.255 destination
20.1.1.0 0.0.0.255
```

对端配置的安全 ACL 如下。

```
[H3C]acl advanced 3001
[H3C-acl-ipv4-adv-3001]rule permit ip source 20.1.1.0 0.0.0.255 destination
10.1.1.0 0.0.0.255
```

需要注意的是，在 IPSec 隧道的两个安全网关上定义的 ACL 必须是对称的，即一端的安全 ACL 定义的源 IP 地址与另一端的安全 ACL 的目的 IP 地址是一致的。

2. 配置 IPSec 安全提议

IPSec 安全提议是安全策略或安全框架的一个组成部分，包括 IPSec 使用的安全协议、认证/加密算法及数据的封装模式，定义了 IPSec 的保护方法，为 IPSec 协商 SA 提供各种安全参数。IPSec 隧道两端的设备需要配置相同的安全参数。

① [H3C] ipsec transform-set 安全提议名称 /*创建安全提议，进入安全提议视图
② [H3C-ipsec-transform-set-1] protocol [ah | ah-esp | esp]
　 /*选择安全协议，在默认情况下 IPSec 安全提议采用 ESP 协议
若选择的安全协议为 ESP，则需要设置认证算法和加密算法
③ [H3C-ipsec-transform-set-1] esp authentication-algorithm [md5 | sha1]
　 /*选择认证算法，在默认情况下 ESP 采用的认证算法是 MD5
④ [H3C-ipsec-transform-set-1] esp encryption-algorithm [des-cbc | 3des-cbc |
aes-cbc-128]
　 /*选择加密算法，可以选择 DES、3DES 或 AES 加密算法
若选择的安全协议为 AH，则只需要配置认证算法，因为 AH 协议没有加密的功能
⑤ [H3C-ipsec-transform-set-1] encapsulation-mode [transport | tunnel]
　 /*选择报文封装模式，在默认情况下 IPSec 采用的是隧道模式（Tunnel）

3. 配置 IKE 安全提议

IKE 安全提议是 IKE 对等体的一个组成部分，定义了对等体进行 IKE 协商时使用的参数，包括加密算法、认证方法、认证算法、DH 组和 IKE 安全联盟的生存周期。在进行 IKE 协商时，协商发起方会将自己的 IKE 安全提议发送给对端，由对端进行匹配，协商响应方则从自己优先级最高的 IKE 安全提议开始，按照优先级顺序与对端进行匹配，直到找到一个匹配的 IKE 安全提议来使用。匹配的 IKE 安全提议将被用来建立 IKE 的安全隧道。

IKE 安全提议的匹配原则如下：协商双方具有相同的加密算法、认证方法、认证算法和 DH 组。匹配的 IKE 安全提议的 IKE SA 的生存周期则取两端的最小值。

系统提供了一条默认的 IKE 安全提议，此默认的 IKE 安全提议具有最低的优先级。默认的参数包括加密算法 DES、认证算法 SHA1、认证方法预共享密钥、DH 组标识 Group1 和 SA 存活时间 86 400s。

① [H3C] ike proposal 提议序号

/*创建 IKE 提议，提议序号范围为 1~65535，序号越小优先级越高

② [H3C-ike-proposal-1] authentication-method [pre-share | rsa-signature | dsa-signature]

/*配置认证方法，在默认情况下 IKE 提议使用预共享密钥（pre-shared）认证方法

③ [H3C-ike-proposal-1] authentication-algorithm [md5 | sha1]

/*配置 IKE 协商时所使用的认证算法，在默认情况下使用 SHA1 认证算法

④ [H3C-ike-proposal-1] encryption-algorithm [des-cbc | 3des-cbc | aes-cbc-128]

/*配置 IKE 协商时所使用的加密算法，在默认情况下使用 DES 加密算法

⑤ [H3C-ike-proposal-1] dh [group1 | group2 | group5 | group14 | group24]

/*配置 IKE 协商时采用的 DH 组，在默认情况下使用 Group1

⑥ [H3C-ike-proposal-1] sa duration 存活时间

/*配置 IKE 提议的 SA 生存周期，取值范围 60~604800s，默认为 86400s

4. 配置 IKE keychain

在 IKE 需要通过预共享密钥方式进行身份认证时，协商双方需要创建并指定 IKE keychain。IKE keychain 用于配置协商双方的密钥信息。IKE 协商双方配置的预共享密钥必须相同，否则身份认证会失败。以明文或密文方式设置的预共享密钥，均以密文方式保存在配置文件中。

① [H3C] ike keychain 名称

/*创建 IKE keychain，并进入 IKE keychain 视图，在默认情况下不存在 IKE keychain

② [H3C-ike-keychain-1] pre-shared-key address IP 地址 子网掩码 key simple 密码

/*配置预共享密钥，在默认情况下未配置预共享密钥

5. 配置 IKE profile

配置 IKE 动态协商方式建立 IPSec 隧道时，需要配置 IKE 协商时对等体之间的属性。

① [H3C] ike profile 名称

/*创建 IKE profile，并进入 IKE profile 视图，在默认情况下不存在 IKE profile

② [H3C-ike-profile-1] exchange-mode [main | aggressive]

/*配置 IKE 第一阶段的协商模式，在默认状态下为主模式（main）

③ [H3C-ike-profile-1] keychain 名称

/*引入所使用的 Keychain，在默认情况下未指定 Keychain

④ [H3C-ike-profile-1] local-identity [address | fqdn]

/*配置本端身份信息，一般使用 IP 地址来标识本端的身份

⑤ [H3C-ike-profile-1] match remote identity [address | fqdn]

/*配置匹配对端身份的规则，当对端的身份与 IKE profile 中配置的 match remote 规则匹配时，则使用此 IKE profile 中的信息与对端完成认证

⑥ [H3C-ike-profile-1] proposal 提议序号

/*引入所使用的 IKE 安全提议，如果 IKE profile 未配置这条命令，则使用默认的 IKE 提议进行 IKE 协商

6. 配置 IPSec 安全策略

IPSec 安全策略是创建 SA 的前提，它规定了对哪些数据流采用哪种保护方法。配置 IPSec 安全策略时，通过引用 ACL 和 IPSec 安全提议，将 ACL 定义的数据流和 IPSec 安全提议定义的保护方法关联起来，并可以指定 SA 的协商方式、IPSec 隧道的起点和终点、所需要的密钥和 SA 的生存周期等。

一个 IPSec 安全策略由名称和序号共同唯一确定，相同名称的 IPSec 安全策略为一个 IPSec 安全策略组。如图 14-11 所示，IPSec 安全策略分为手动方式 IPSec 安全策略、ISAKMP 方式 IPSec 安全策略和策略模板方式 IPSec 安全策略。其中，ISAKMP 方式 IPSec 安全策略和策略

模板方式 IPSec 安全策略均由 IKE 自动协商生成各参数。本项目重点介绍使用 ISAKMP 和策略模板方式创建 IKE 动态协商方式安全策略。

图 14-11　配置安全策略

- ISAKMP 方式 IPSec 安全策略：适用于对端 IP 地址固定的场景，一般用于分支的配置。ISAKMP 方式 IPSec 安全策略直接在 IPSec 安全策略视图中定义需要协商的各参数，协商发起方和响应方参数的配置必须相同。配置了 ISAKMP 方式 IPSec 安全策略的一端可以主动发起协商。

① [H3C] ipsec policy 策略名称 序列号 isakmp
　/*创建 IKE 协商方式的 IPSec 安全策略，并进入 IPSec 安全策略视图
② [H3C-ipsec-policy-isakmp-1-10] security acl 编号
　/*指定 IPSec 安全策略引用的 ACL
③ [H3C-ipsec-policy-isakmp-1-10] transform-set　IPSec 的安全提议名称
　/*指定 IPSec 安全策略引用的 IPSec 安全提议
④ [H3C-ipsec-policy-isakmp-1-10] ike-profile　IKE 的框架名称
　/*指定 IPSec 安全策略引用的 IKE profile
⑤ [H3C-ipsec-policy-isakmp-1-10] local-address 本端 IP 地址
　/*指定 IPSec 隧道的本端 IP 地址
⑥ [H3C-ipsec-policy-isakmp-1-10] remote-address 对端 IP 地址
　/*指定 IPSec 隧道的对端 IP 地址

- 策略模板方式 IPSec 安全策略：采用策略模板方式 IPSec 安全策略可简化多条 IPSec 隧道建立时的配置工作量，适用于对端 IP 地址不固定（如对端是通过 PPPoE 拨号获得的 IP 地址）或存在多个对端的场景，一般用于总部的配置。策略模板方式 IPSec 安全策略的配置原则是 IPSec 隧道的两端只能有一端配置策略模板方式 IPSec 安全策略，另一端必须配置 ISAKMP 方式 IPSec 安全策略。

① [H3C] ipsec policy-template 模板名称 序列号
　/*创建一个 IPSec 安全策略模板，并进入 IPSec 安全策略模板视图
② [H3C-ipsec-policy-template-1-10] transform-set　IPSec 的安全提议名称
　/*指定 IPSec 安全策略引用的 IPSec 安全提议
③ [H3C-ipsec-policy-template-1-10] ike-profile　IKE 的框架名称

　　/*指定 IPSec 安全策略引用的 IKE profile
④ [H3C] ipsec policy 策略名称 序列号 isakmp template 模板名称
　　/*退回到系统视图，引用安全策略模板创建 IKE 协商方式的安全策略

7. 在接口上应用安全策略

　　为了使定义的 IPSec SA 生效，应在每个要加密的数据流和要解密的数据流所在的接口上应用一个 IPSec 安全策略，以对数据进行保护。当取消 IPSec 安全策略在接口上的应用后，此接口便不再具有 IPSec 的安全保护功能。IPSec 安全策略除了可以应用到串口、以太网接口等实际物理接口上，还可以应用到 Tunnel、Virtual Template 等虚接口上，对 GRE、L2TP 等流量进行保护。

① [H3C] interface 端口号
　　/*进入端口视图
② [H3C-GigabitEthernet0/0] ipsec apply policy 安全策略名称
　　/*应用 IPSec 安全策略

　　一个 IPSec 安全策略组只能有一个 IPSec 安全策略引用策略模板，且该策略的序号推荐比其他策略的序号大，即同一个 IPSec 安全策略组中策略模板方式 IPSec 安全策略的优先级必须最低，否则可能导致其他 IPSec 安全策略不生效。

　　常用的 IPSec 的查看命令如下。

① [H3C] dis ike sa　　　　　　　　　　　　/*查看 IKE SA 的建立状态信息
② [H3C] dis ipsec policy　　　　　　　　　/*查看 IPSec 安全策略的信息
③ [H3C] dis ipsec transform-set　　　　　/*查看 IPSec 安全提议的信息
④ [H3C] dis ipsec sa　　　　　　　　　　　/*查看 IPSec SA 的建立状态信息
⑤ [H3C] dis ipsec tunnel　　　　　　　　　/*查看 IPSec Tunnel 通道的建立状态信息

14.7　工作任务示例

　　某公司的网络拓扑结构如图 14-12 所示，公司总部在北京，在上海和杭州设有分部，为了保证数据的安全性，总部和分部之间的数据需要使用 IPSec VPN 进行传输。路由器 R2、R3、R4 和 R5 模拟广域网，所有路由器运行 OSPF 路由协议。

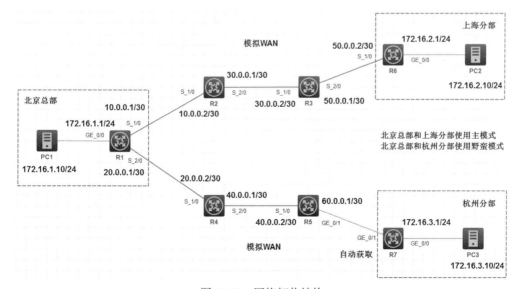

图 14-12　网络拓扑结构

北京总部 R1 和上海分部 R6 使用主模式进行 IKE 的协商，预共享密钥为 sxvtc；北京总部 R1 与杭州分部 R7 使用野蛮模式进行 IKE 的协商，预共享密钥为 abcabc。北京总部 R1 和上海分部 R6 使用 ISAKMP 方式创建 IKE 动态协商方式安全策略；北京总部 R1 和杭州分部 R7 使用策略模板方式创建 IKE 动态协商方式安全策略。

该公司局域网的 IP 地址规划如表 14-1 所示。若你是公司的网络管理员，请通过 IPSec VPN 实现北京总部 PC1 与上海和杭州分部的 PC2 与 PC3 的互通。

表 14-1　IP 地址规划

设 备 名 称	IP 地 址	子 网 掩 码	网　关
R1 的 GE_0/0	172.16.1.1	255.255.255.0	
R1 的 S_1/0	10.0.0.1	255.255.255.252	
R1 的 S_2/0	20.0.0.1	255.255.255.252	
R2 的 S_1/0	10.0.0.2	255.255.255.252	
R2 的 S_2/0	30.0.0.1	255.255.255.252	
R3 的 S_1/0	30.0.0.2	255.255.255.252	
R3 的 S_2/0	50.0.0.1	255.255.255.252	
R4 的 S_1/0	20.0.0.2	255.255.255.252	
R4 的 S_2/0	40.0.0.1	255.255.255.252	
R5 的 S_1/0	40.0.0.2	255.255.255.252	
R5 的 GE_0/1	60.0.0.1	255.255.255.252	
R6 的 S_1/0	50.0.0.2	255.255.255.252	
R6 的 GE_0/0	172.16.2.1	255.255.255.0	
R7 的 GE_0/1	自动获取	自动获取	
R7 的 GE_0/0	172.16.3.1	255.255.255.0	
PC1	172.16.1.10	255.255.255.0	172.16.1.1
PC2	172.16.2.10	255.255.255.0	172.16.2.1
PC3	172.16.3.10	255.255.255.0	172.16.3.1

具体实施步骤

步骤 1：在 R1 上配置 G0/0、S1/0 和 S2/0 端口的 IP 地址。

```
<H3C>system-view
[H3C]sysname R1
[R1]int g0/0
[R1-GigabitEthernet0/0]ip address 172.16.1.1 24
[R1-GigabitEthernet0/0]int s1/0
[R1-Serial1/0]ip address 10.0.0.1 30
[R1-Serial1/0]int s2/0
[R1-Serial2/0]ip address 20.0.0.1 30
[R1-Serial2/0]quit
```

步骤 2：在 R2 上配置 S1/0 和 S2/0 端口的 IP 地址。

```
<H3C>system-view
[H3C]sysname R2
[R2]int s1/0
```

```
[R2-Serial1/0]ip address 10.0.0.2 30
[R2-Serial1/0]int s2/0
[R2-Serial2/0]ip address 30.0.0.1 30
[R2-Serial2/0]quit
```

步骤 3：在 R3 上配置 S1/0 和 S2/0 端口的 IP 地址。

```
<H3C>system-view
[H3C]sysname R3
[R3]int s1/0
[R3-Serial1/0]ip address 30.0.0.2 30
[R3-Serial1/0]int s2/0
[R3-Serial2/0]ip address 50.0.0.1 30
[R3-Serial2/0]quit
```

步骤 4：在 R4 上配置 S1/0 和 S2/0 端口的 IP 地址。

```
<H3C>system-view
[H3C]sysname R4
[R4]int s1/0
[R4-Serial1/0]ip address 20.0.0.2 30
[R4-Serial1/0]int s2/0
[R4-Serial2/0]ip address 40.0.0.1 30
[R4-Serial2/0]quit
```

步骤 5：在 R5 上配置 S1/0 和 G0/1 端口的 IP 地址，为 R5 配置 DHCP 服务器，为 R7 的 G0/1 端口配置 IP 地址。

```
<H3C>system-view
[H3C]sysname R5
[R5]int s1/0
[R5-Serial1/0]ip address 40.0.0.2 30
[R5-Serial1/0]int g0/1
[R5-GigabitEthernet0/1]ip address 60.0.0.1 30
[R5-GigabitEthernet0/1]quit
[R5]dhcp server ip-pool sxvtc
[R5-dhcp-pool-sxvtc]network 60.0.0.0 30
[R5-dhcp-pool-sxvtc]quit
[R5]dhcp server forbidden-ip 60.0.0.1
```

步骤 6：在 R6 上配置 S1/0 和 G0/0 端口的 IP 地址。

```
<H3C>system-view
[H3C]sysname R6
[R6]int s1/0
[R6-Serial1/0]ip address 50.0.0.2 30
[R6-Serial1/0]int g0/0
[R6-GigabitEthernet0/0]ip address 172.16.2.1 24
[R6-GigabitEthernet0/0]quit
```

步骤 7：在 R7 上配置 G0/0 端口的 IP 地址，G0/1 端口自动获取到 60.0.0.2/30 的 IP 地址。

```
H3C>system-view
[H3C]sysname R7
```

```
[R7]int g0/0
[R7-GigabitEthernet0/0]ip address 172.16.3.1 24
[R7-GigabitEthernet0/0]int g0/1
[R7-GigabitEthernet0/1]ip address dhcp-alloc
[R7-GigabitEthernet0/1]dis ip int b
*down: administratively down
(s): spoofing  (l): loopback
Interface          Physical     Protocol     IP Address      Description
GE0/0              up           up           172.16.3.1      --
GE0/1              up           up           60.0.0.2        --
GE0/2              down         down         --              --
GE5/0              down         down         --              --
GE5/1              down         down         --              --
GE6/0              down         down         --              --
GE6/1              down         down         --              --
Ser1/0             down         down         --              --
Ser2/0             down         down         --              --
Ser3/0             down         down         --              --
Ser4/0             down         down         --              --
```

步骤 8：在 R1、R2、R3、R4、R5、R6 和 R7 上配置 OSPF 动态路由协议。

```
[R1]ospf
[R1-ospf-1]area 0
[R1-ospf-1-area-0.0.0.0]network 10.0.0.0 0.0.0.3
[R1-ospf-1-area-0.0.0.0]network 20.0.0.0 0.0.0.3
[R1-ospf-1-area-0.0.0.0]quit
[R1-ospf-1]quit

[R2]ospf
[R2-ospf-1]area 0
[R2-ospf-1-area-0.0.0.0]network 10.0.0.0 0.0.0.3
[R2-ospf-1-area-0.0.0.0]network 30.0.0.0 0.0.0.3
[R2-ospf-1-area-0.0.0.0]quit
[R2-ospf-1]quit

[R3]ospf
[R3-ospf-1]area 0
[R3-ospf-1-area-0.0.0.0]network 30.0.0.0 0.0.0.3
[R3-ospf-1-area-0.0.0.0]network 50.0.0.0 0.0.0.3
[R3-ospf-1-area-0.0.0.0]quit
[R3-ospf-1]quit

[R4]ospf
[R4-ospf-1]area 0
[R4-ospf-1-area-0.0.0.0]network 20.0.0.0 0.0.0.3
[R4-ospf-1-area-0.0.0.0]network 40.0.0.0 0.0.0.3
[R4-ospf-1-area-0.0.0.0]quit
[R4-ospf-1]quit
```

```
[R5]ospf
[R5-ospf-1]area 0
[R5-ospf-1-area-0.0.0.0]network 40.0.0.0 0.0.0.3
[R5-ospf-1-area-0.0.0.0]network 60.0.0.0 0.0.0.3
[R5-ospf-1-area-0.0.0.0]quit
[R5-ospf-1]quit


[R6]ospf
[R6-ospf-1]area 0
[R6-ospf-1-area-0.0.0.0]network 50.0.0.0 0.0.0.3
[R6-ospf-1-area-0.0.0.0]quit
[R6-ospf-1]quit


[R7]ospf
[R7-ospf-1]area 0
[R7-ospf-1-area-0.0.0.0]network 60.0.0.0 0.0.0.3
[R7-ospf-1-area-0.0.0.0]quit
[R7-ospf-1]quit
```

步骤 9：北京总部和上海分部内网数据的传输需要加密，在 R1 上配置 IPSec VPN，采用主模式，预共享密钥为 sxvtc。

```
[R1]acl advanced 3000
[R1-acl-ipv4-adv-3000]rule permit ip source 172.16.1.0 0.0.0.255 destination 172
.16.2.0 0.0.0.255                      /*定义需要加密的数据流
[R1-acl-ipv4-adv-3000]quit
[R1]ipsec transform-set 1              /*创建安全提议 1
[R1-ipsec-transform-set-1]encapsulation-mode tunnel  /*选择报文封装协议隧道模式
[R1-ipsec-transform-set-1]protocol esp               /*选择的安全协议为 ESP
[R1-ipsec-transform-set-1]esp encryption-algorithm des-cbc/*选择的加密算法为 DES
[R1-ipsec-transform-set-1]esp authentication-algorithm md5/*选择的认证算法为 MD5
[R1-ipsec-transform-set-1]quit
[R1]ike keychain 1                     /*创建 IKE keychain,配置预共享密钥 sxvtc
[R1-ike-keychain-1]pre-shared-key address 50.0.0.2 30 key simple sxvtc
[R1-ike-keychain-1]quit
[R1]ike profile 1        /*创建 IKE profile,使用系统默认的 IKE 安全提议( IKE proposal )
[R1-ike-profile-1]exchange-mode main     /*选择第一阶段的协商模式为主模式
[R1-ike-profile-1]keychain 1             /*引入 keychain 1
[R1-ike-profile-1]local-identity address 10.0.0.1       /*配置本端身份信息
[R1-ike-profile-1]match remote identity address 50.0.0.2  /*匹配对端身份的规则
[R1-ike-profile-1]quit
[R1]ipsec policy 1 10 isakmp             /*创建 IPSec 安全策略
[R1-ipsec-policy-isakmp-1-10]security acl 3000        /*引用安全 ACL
[R1-ipsec-policy-isakmp-1-10]transform-set 1          /*引用 IPSec 安全协议
[R1-ipsec-policy-isakmp-1-10]ike-profile 1            /*引用 IKE 框架
[R1-ipsec-policy-isakmp-1-10]local-address 10.0.0.1   /*指定本端的 IP 地址
[R1-ipsec-policy-isakmp-1-10]remote-address 50.0.0.2  /*指定对端的 IP 地址
[R1-ipsec-policy-isakmp-1-10]quit
[R1]int s1/0                            /*进入 S1/0 端口
```

```
[R1-Serial1/0]ipsec apply policy 1          /*将 IPSec 安全策略绑定在 S1/0 端口上
[R1-Serial1/0]quit
```

步骤 10：上海分部和北京总部内网数据的传输需要加密，在 R6 上配置 IPSec VPN，采用主模式，预共享密钥为 sxvtc。

```
[R6]acl advanced 3000
[R6-acl-ipv4-adv-3000]rule permit ip source 172.16.2.0 0.0.0.255 destination 172
.16.1.0 0.0.0.255                          /*定义需要加密的数据流
[R6-acl-ipv4-adv-3000]quit
[R6]ipsec transform-set 1                  /*创建安全提议 1
[R6-ipsec-transform-set-1]encapsulation-mode tunnel    /*选择报文封装协议隧道模式
[R6-ipsec-transform-set-1]protocol esp                 /*选择的安全协议为 ESP
[R6-ipsec-transform-set-1]esp encryption-algorithm des-cbc/*选择的加密算法为 DES
[R6-ipsec-transform-set-1]esp authentication-algorithm md5/*选择的认证算法为 MD5
[R6-ipsec-transform-set-1]quit
[R6]ike keychain 1                         /*创建 IKE keychain，配置预共享密钥 sxvtc
[R6-ike-keychain-1]pre-shared-key address 10.0.0.1 key simple sxvtc
[R6-ike-keychain-1]quit
[R6]ike profile 1        /*创建 IKE profile，使用系统默认的 IKE 安全提议
[R6-ike-profile-1]exchange-mode main        /*选择第一阶段的协商模式为主模式
[R6-ike-profile-1]keychain 1                /*引入 keychain 1
[R6-ike-profile-1]local-identity address 50.0.0.2          /*配置本端身份信息
[R6-ike-profile-1]match remote identity address 10.0.0.1    /*匹配对端身份的规则
[R6-ike-profile-1]quit
[R6]ipsec policy 1 10 isakmp               /*创建 IPSec 安全策略
[R6-ipsec-policy-isakmp-1-10]security acl 3000          /*引用安全 ACL
[R6-ipsec-policy-isakmp-1-10]transform-set 1            /*引用 IPSec 安全协议
[R6-ipsec-policy-isakmp-1-10]ike-profile 1              /*引用 IKE 框架
[R6-ipsec-policy-isakmp-1-10]local-address 50.0.0.2     /*指定本端的 IP 地址
[R6-ipsec-policy-isakmp-1-10]remote-address 10.0.0.1    /*指定对端的 IP 地址
[R6-ipsec-policy-isakmp-1-10]quit
[R6]int s1/0                                /*进入 S1/0 端口
[R6-Serial1/0]ipsec apply policy 1          /*将 IPSec 安全策略绑定在 S1/0 端口上
[R6-Serial1/0]quit
```

步骤 11：在 R1 和 R6 上配置静态路由，激活 IPSec 的封装。

```
[R1]ip route-static 172.16.2.0 255.255.255.0 10.0.0.2    /*在 R1 上配置静态路由

[R6]ip route-static 172.16.1.0 255.255.255.0 50.0.0.1    /*在 R6 上配置静态路由
```

步骤 12：配置好北京总部 PC1 和上海分部 PC2 的 IP 地址后，经过测试可以相互通信（见图 14-13）。

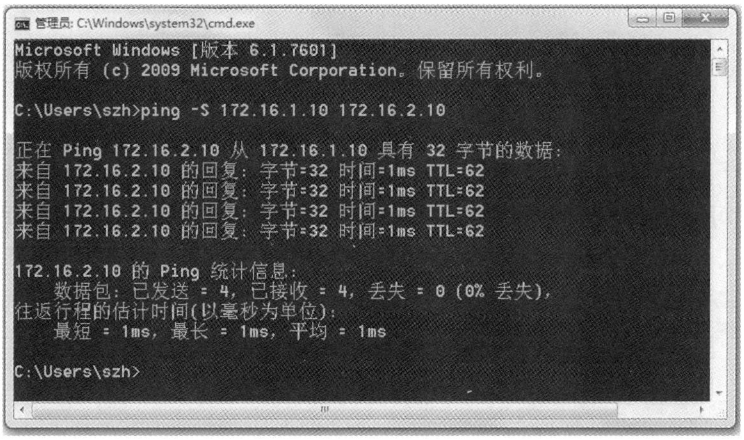

图 14-13　北京总部 PC1 与上海分部 PC2 的通信情况

```
[R1]dis ike sa                          /*在 R1 上查看 IKE SA 建立的状态
   Connection-ID    Remote           Flag       DOI
-----------------------------------------------------------------
      1             50.0.0.2         RD         IPsec
Flags:
RD--READY RL--REPLACED FD-FADING
[R1]dis ipsec sa                        /*在 R1 上查看 IPSec SA 建立的状态
  IPsec policy: 1
  Sequence number: 10
  Mode: ISAKMP
    Tunnel id: 0
    Encapsulation mode: tunnel
    Perfect forward secrecy:
    Path MTU: 1443
    Tunnel:
        local  address: 10.0.0.1
        remote address: 50.0.0.2
    Flow:
        sour addr: 172.16.1.0/255.255.255.0  port: 0  protocol: ip
        dest addr: 172.16.2.0/255.255.255.0  port: 0  protocol: ip
  [Inbound ESP SAs]
    SPI: 2809467091 (0xa77510d3)
    Connection ID: 47244640256
    Transform set:  ESP-ENCRYPT-DES-CBC ESP-AUTH-MD5
    SA duration (kilobytes/sec): 1843200/3600
    SA remaining duration (kilobytes/sec): 1843198/3500
    Max received sequence-number: 24
    Anti-replay check enable: Y
    Anti-replay window size: 64
    UDP encapsulation used for NAT traversal: N
    Status: Active
  [Outbound ESP SAs]
    SPI: 1518426992 (0x5a815b70)
    Connection ID: 4294967297
    Transform set:  ESP-ENCRYPT-DES-CBC ESP-AUTH-MD5
```

```
    SA duration (kilobytes/sec): 1843200/3600
    SA remaining duration (kilobytes/sec): 1843198/3500
    Max sent sequence-number: 24
    UDP encapsulation used for NAT traversal: N
    Status: Active
```

步骤 13：北京总部和杭州分部内网数据的传输需要加密，在 R1 上配置 IPSec VPN，采用野蛮模式，预共享密钥为 abcabc，使用策略模板的方式动态协商 IKE。

```
[R1]ipsec transform-set 2                                    /*创建安全提议 1
[R1-ipsec-transform-set-2]esp encryption-algorithm 3des-cbc/*选择的加密算法为 3DES
[R1-ipsec-transform-set-2]esp authentication-algorithm sha1/*选择的认证算法为 SHA1
[R1-ipsec-transform-set-2]quit
[R1]ike keychain 2            /*创建 IKE keychain 2，配置预共享密钥 abcabc
[R1-ike-keychain-2]pre-shared-key hostname hz key simple abcabc
[R1-ike-keychain-2]quit
[R1]ike profile 2     /*创建 IKE profile 2，使用系统默认的 IKE 安全提议
[R1-ike-profile-2]exchange-mode aggressive          /*选择第一阶段的协商模式为野蛮模式
[R1-ike-profile-2]keychain 2                         /*引入 keychain 2
[R1-ike-profile-2]local-identity address 20.0.0.1       /*配置本端身份信息
[R1-ike-profile-2]match remote identity fqdn hz         /*匹配对端身份的规则
[R1-ike-profile-2]quit
[R1]ipsec policy-template r7 1                        /*使用策略模板,名称为 r7
[R1-ipsec-policy-template-r7-1]transform-set 2          /*引用 IPSec 安全协议
[R1-ipsec-policy-template-r7-1]ike-profile 2            /*引用 IKE 框架
[R1-ipsec-policy-template-r7-1]quit
[R1]ipsec policy 2 10 isakmp template r7     /*引用安全策略模板创建 IPSec 安全策略
[R1]int s2/0
[R1-Serial2/0]ipsec apply policy 2              /*将 IPSec 安全策略绑定在 S2/0 端口上
[R1-Serial2/0]quit
```

步骤 14：杭州分部和北京总部内网数据的传输需要加密，在 R7 上配置 IPSec VPN，采用野蛮模式，预共享密钥为 abcabc。

```
[R7]ike identity fqdn hz                    /*配置本地身份标识为 hz
[R7]acl advanced 3000
[R7-acl-ipv4-adv-3000]rule permit ip source 172.16.3.0 0.0.0.255 destination 172
.16.1.0 0.0.0.255                        /*定义需要加密的数据流
[R7-acl-ipv4-adv-3000]quit
[R7]ipsec transform-set 1                    /*创建安全提议 1
[R7-ipsec-transform-set-1]esp encryption-algorithm 3des-cbc/*选择的加密算法为 3DES
[R7-ipsec-transform-set-1]esp authentication-algorithm sha1/*选择的认证算法为 SHA1
[R7-ipsec-transform-set-1]quit
[R7]ike keychain 1                    /*创建 IKE keychain 1，配置预共享密钥 abcabc
[R7-ike-keychain-1]pre-shared-key address 20.0.0.1 key simple abcabc
[R7-ike-keychain-1]quit
[R7]ike profile 1     /*创建 IKE profile 1，使用系统默认的 IKE 安全提议
[R7-ike-profile-1]exchange-mode aggressive          /*选择第一阶段的协商模式为野蛮模式
[R7-ike-profile-1]keychain 1                         /*引入 keychain 1
[R7-ike-profile-1]match remote identity address 20.0.0.1    /*匹配对端身份的规则
```

```
[R7-ike-profile-1]quit
[R7]ipsec policy 1 10 isakmp                    /*创建 IPSec 安全策略
[R7-ipsec-policy-isakmp-1-10]security acl 3000 /*引用安全 ACL
[R7-ipsec-policy-isakmp-1-10]transform-set 1    /*引用 IPSec 安全协议
[R7-ipsec-policy-isakmp-1-10]ike-profile 1      /*引用 IKE 框架
[R7-ipsec-policy-isakmp-1-10]remote-address 20.0.0.1      /*指定对端的 IP 地址
[R7-ipsec-policy-isakmp-1-10]quit
[R7]int g0/1
[R7-GigabitEthernet0/1]ipsec apply policy 1  /*将 IPSec 安全策略绑定在 G0/1 端口上
[R7-GigabitEthernet0/1]quit
```

步骤 15：在 R1 和 R7 上配置静态路由，激活 IPSec 的封装。

```
[R1]ip route-static 172.16.3.0 255.255.255.0 20.0.0.2     /*在 R1 上配置静态路由

[R7]ip route-static 172.16.1.0 255.255.255.0 60.0.0.1     /*在 R7 上配置静态路由
[R7]ping -a 172.16.3.1 172.16.1.1    /*在 R7 上 ping 总部私网的网关，激活 IPSec 隧道
Ping 172.16.1.1 (172.16.1.1) from 172.16.3.1. 56 data bytes, press CTRL_C to
break
56 bytes from 172.16.1.1. icmp_seq=0 ttl=255 time=1.085 ms
56 bytes from 172.16.1.1. icmp_seq=1 ttl=255 time=1.102 ms
56 bytes from 172.16.1.1. icmp_seq=2 ttl=255 time=1.161 ms
56 bytes from 172.16.1.1. icmp_seq=3 ttl=255 time=1.058 ms
56 bytes from 172.16.1.1. icmp_seq=4 ttl=255 time=1.776 ms

--- Ping statistics for 172.16.1.1 ---
5 packets transmitted, 5 packets received, 0.0% packet loss
round-trip min/avg/max/std-dev = 1.058/1.236/1.776/0.272 ms
[R7]%Feb 26 08.34.51.241 2020 R7 PING/6/PING_STATISTICS: Ping statistics for
172.16.1.1. 5 packets transmitted, 5 packets received, 0.0% packet loss, round-
trip min/avg/max/std-dev = 1.058/1.236/1.776/0.272 ms.
[R7]dis ike sa              /*在 R7 上查看 IKE SA 建立的状态
   Connection-ID   Remote            Flag        DOI
----------------------------------------------------------------
   5               20.0.0.1          RD          IPsec
Flags:
RD--READY RL--REPLACED FD-FADING
[R7]dis ipsec sa            /*在 R7 上查看 IPSec SA 建立的状态
  IPsec policy: 1
  Sequence number: 10
  Mode: ISAKMP
    Tunnel id: 0
    Encapsulation mode: tunnel
    Perfect forward secrecy:
    Path MTU: 1443
    Tunnel:
        local  address: 60.0.0.2
        remote address: 20.0.0.1
    Flow:
        sour addr: 172.16.3.0/255.255.255.0 port: 0 protocol: ip
```

```
      dest addr: 172.16.1.0/255.255.255.0  port: 0  protocol: ip
  [Inbound ESP SAs]
    SPI: 3455461796 (0xcdf629a4)
    Connection ID: 38654705664
    Transform set: ESP-ENCRYPT-3DES-CBC ESP-AUTH-SHA1
    SA duration (kilobytes/sec): 1843200/3600
    SA remaining duration (kilobytes/sec): 1843198/2001
    Max received sequence-number: 17
    Anti-replay check enable: Y
    Anti-replay window size: 64
    UDP encapsulation used for NAT traversal: N
    Status: Active
  [Outbound ESP SAs]
    SPI: 328595069 (0x1395f67d)
    Connection ID: 4294967297
    Transform set: ESP-ENCRYPT-3DES-CBC ESP-AUTH-SHA1
    SA duration (kilobytes/sec): 1843200/3600
    SA remaining duration (kilobytes/sec): 1843198/2001
    Max sent sequence-number: 17
    UDP encapsulation used for NAT traversal: N
    Status: Active
```

步骤 16：配置好北京总部 PC1 和杭州分部 PC3 的 IP 地址后，经过测试可以相互通信（见图 14-14）。

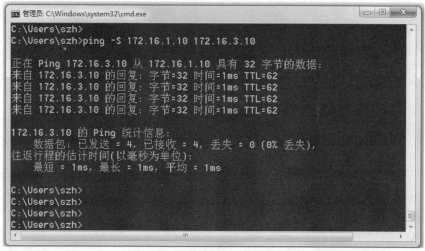

图 14-14 北京总部 PC1 与杭州分部 PC3 的通信情况

14.8 项目小结

IPSec 可以提供 IP 通信的机密性、完整性和数据源验证性等服务。AH 可以提供数据源验证和完整性保护，ESP 还可以提供机密性保护。IPSec 通过 SA 为数据提供机密性保护。IKE 的主模式比野蛮模式的安全性好，但野蛮模式可以应用在一端是拨号接入的场景中。

习题

一、选择题

1. IPSec SA 可以通过（　　）协商建立。

    A．AH　　　　　　　B．SPI　　　　　　　C．ESP　　　　　　　D．IKE

2. 同时提供完整性、机密性和数据源验证的是（　　）。

    A．AH　　　　　　　B．ESP ESP　　　　　C．MD5　　　　　　　D．SHA1

3. 对于发送方来说（　　）。

    A．安全 ACL 许可的包将被保护

    B．安全 ACL 拒绝的包会被保护

    C．安全 ACL 拒绝的包可能会被保护

    D．安全 ACL 许可的包将不会被保护

4. 要在路由器上配置一个 IPSec 隧道，必须配有（　　）。

    A．IPSec 策略　　　B．IKE 提议　　　C．IKE profile　　　D．IKE 使用的密钥

5. 下列对 IPSec SA 的描述，正确的是（　　）。

    A．IPSec SA 是双向的

    B．IPSec SA 是单向的

    C．IPSec SA 必须由 IKE 协商建立

    D．IPSec SA 必须手动建立

二、简答题

1. 简述 IKE SA 的建立过程。

2. 简述 IPSec 隧道模式与传输模式的区别。

3. IKE 协商时第一阶段和第二阶段的作用是什么？

4. 在工作任务示例中，如果北京总部的 R1 不使用动态路由协议，而使用静态或默认路由，是否可行？如果可行，请写出配置命令（提示：可考虑使用策略路由）。

GRE over IPSec 技术

教学目标

1. 了解 IPSec VPN 存在的问题。
2. 理解 GRE over IPSec 的概念。
3. 掌握 GRE over IPSec 的配置命令。
4. 掌握 GRE over IPSec 的配置方法。

项目内容

IPSec VPN 通过加密与验证等方式，可以保证用户业务数据在 Internet 上的安全传输，但是由于实现机制的问题，只能对单播数据流进行保护，不支持对组播数据进行保护。在很多场合下，组播数据也需要得到加密和验证，因此需要将 IPSec 和其他 VPN 技术结合。本项目介绍 GRE over IPSec 技术，它既可以实现组播数据在公司总部和分部的传输，又可以对隧道上传输的数据进行保护。

相关知识

要实现组播数据在公司总部和分部之间的安全传输，可以使用 GRE over IPSec 技术。因此，需要了解和掌握 IPSec VPN 存在的问题、GRE over IPSec 的概念，以及 GRE over IPSec 的配置命令和配置方法。

15.1 IPSec VPN 存在的问题

GRE VPN 技术解决了总部和分部之间内部网络跨公网的通信，为了保证传输的安全性，可以使用 IPSec VPN 实现总部和分部之间内部网络的通信。但是，IPSec VPN 只能对单播数据流进行保护，不支持对组播数据进行保护，那么当两地的网络较庞大之时，一条一条互指静态路由，成本比较高，若要使用动态路由，则需要组播报文。

GRE 使用虚拟的 Tunnel 接口在站点之间互相通信，而 Tunnel 接口支持组播。我们可以在 Tunnel 接口上启动组播路由，这样组播数据就会沿着隧道传送到其他站点，而这些隧道数据包都经过了 GRE 封装，所以是以单播形式发送的，可以在发送之前进行 IPSec 保护，实际上就是保护了内网的组播数据，这就是 GRE 和 IPSec 技术的结合。

15.2　GRE over IPSec 概述

GRE 是一种通用封装协议，因此可以支持多种网络层协议。GRE 隧道的实现采用了虚拟的 Tunnel 接口，因此不仅可以支持组播和广播，还可以支持丰富的 IP 协议族及路由协议。但是，GRE VPN 不能确保数据的机密性、完整性，也不能验证数据的来源。

IPSec 是针对 IP 数据流设计的，其协议机制决定了其难以支持组播，所以也不便于支持路由协议，并且对 IP 协议族中纷杂的各种协议支持得也不好。

GRE 隧道中传送的包终究都会被封装成公网数据包，在两个隧道端点设备之间进行点到点的传送。如果用 IPSec 对这个点到点的数据流进行保护，就可以同时具有 GRE VPN 和 IPSec VPN 的优点，支持多种应用场景，这就是 GRE over IPSec。GRE over IPSec 的优点如表 15-1 所示。

表 15-1　GRE over IPSec 的优点

特　　　性	GRE 是否支持	IPSec 是否支持	GRE over IPSec 是否支持
支持多协议	Y	N	Y
虚拟接口	Y	N	Y
支持组播	Y	N	Y
对路由协议的支持	Y	N	Y
对丰富的 IP 协议族的支持	Y	支持得不好	Y
机密性	N	Y	Y
完整性	N	Y	Y
数据源验证	N	Y	Y

使用 GRE over IPSec 时，GRE 隧道封装与 IPSec 隧道封装同时独立工作。原始的 IP 包被封装在 GRE 隧道封装包中，GRE 隧道封装包被封装在 IPSec 隧道封装包中，随后在公网上传送，如图 15-1 所示。

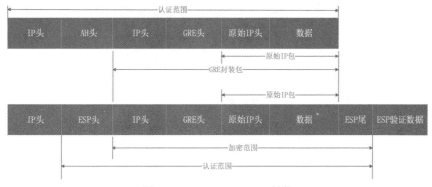

图 15-1　GRE over IPSec 封装

15.3　GRE over IPSec 的配置命令

GRE over IPSec 的配置与单独配置 GRE 和 IPSec 隧道类似，只需要在配置安全 ACL 时匹配隧道所使用的物理接口公网地址之间的数据流，并将其纳入 IPSec 保护即可。

如图 15-2 所示，RTA 为站点 A 的出口路由器，并且连接私网和公网。RTA 的 G0/0 端口的 IP 地址为 10.1.1.1/24，S1/0 端口的 IP 地址为 202.1.1.1/24，Tunnel 0 接口的 IP 地址为 10.1.2.1/24。RTC 为站点 B 的出口路由器，并且连接私网和公网。RTC 的 G0/0 端口的 IP 地址为 10.1.3.1/24，S1/0 端口的 IP 地址为 203.1.1.2/24，Tunnel 0 接口的 IP 地址为 10.1.2.2/24。RTB 为公网路由器，S1/0 端口的 IP 地址为 202.1.1.2/24，S2/0 端口的 IP 地址为 203.1.1.1/24。站点 A 的 RTA 和站点 B 的 RTC 使用主模式进行 IKE 的协商，预共享密钥为 sxvtc；加密算法使用 DES，认证算法使用 MD5。PC1 和 PC2 为站点 A 与站点 B 的私网计算机，需要使用 GRE over IPSec 来实现 PC1 和 PC2 的互通。

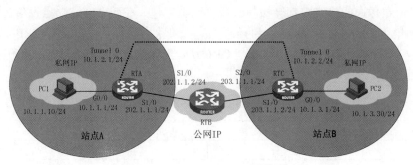

图 15-2　GRE over IPSec 配置示例

在 RTA 上的配置如下。

```
<H3C>system-view
[H3C]sysname RTA
[RTA]int g0/0
[RTA-GigabitEthernet0/0]ip address 10.1.1.1 24
[RTA-GigabitEthernet0/0]int s1/0
[RTA-Serial1/0]ip address 202.1.1.1 24
[RTA-Serial1/0]quit
[RTA]int Tunnel 0 mode gre                        /*RTA 配置 Tunnel 接口的 IP 地址
[RTA-Tunnel0]ip address 10.1.2.1 24
[RTA-Tunnel0]source 202.1.1.1                     /*配置源端地址
[RTA-Tunnel0]destination 203.1.1.2                /*配置目的端地址
[RTA-Tunnel0]keepalive
[RTA-Tunnel0]quit
[RTA]ip route-static 10.1.3.0 255.255.255.0 Tunnel 0
/*静态路由指定内网数据走 Tunnel 0 接口
[RTA]acl advanced 3000                            /*配置安全 ACL，定义需要加密的数据流
[RTA-acl-ipv4-adv-3000]rule permit ip source 202.1.1.1 0 destination 203.1.
1.2 0
[RTA-acl-ipv4-adv-3000]rule deny ip source any destination any
[RTA-acl-ipv4-adv-3000]quit
[RTA]ipsec transform-set 1                        /*创建安全提议 1
[RTA-ipsec-transform-set-1]encapsulation-mode tunnel /*选择报文封装协议隧道模式
[RTA-ipsec-transform-set-1]esp encryption-algorithm des-cbc /*选择的加密算法为 DES
[RTA-ipsec-transform-set-1]esp authentication-algorithm md5/*选择的认证算法为 MD5
[RTA-ipsec-transform-set-1]quit
[RTA]ike keychain 1                      /*创建 IKE keychain，配置预共享密钥 sxvtc
[RTA-ike-keychain-1]pre-shared-key address 203.1.1.2 key simple sxvtc
```

```
[RTA-ike-keychain-1]quit
[RTA]ike profile 1      /*创建 IKE profile，使用系统默认的 IKE 安全提议
[RTA-ike-profile-1]exchange-mode main          /*选择第一阶段的协商模式为主模式
[RTA-ike-profile-1]keychain 1            /*引入 keychain 1
[RTA-ike-profile-1]local-identity address 202.1.1.1        /*配置本端身份信息
[RTA-ike-profile-1]match remote identity address 203.1.1.2 /*匹配对端身份的规则
[RTA-ike-profile-1]quit
[RTA]ipsec policy 1 10 isakmp                      /*创建 IPSec 安全策略
[RTA-ipsec-policy-isakmp-1-10]security acl 3000            /*引用安全 ACL
[RTA-ipsec-policy-isakmp-1-10]transform-set 1             /*引用 IPSec 安全协议
[RTA-ipsec-policy-isakmp-1-10]ike-profile 1              /*引用 IKE 框架
[RTA-ipsec-policy-isakmp-1-10]local-address 202.1.1.1   /*指定本端的 IP 地址
[RTA-ipsec-policy-isakmp-1-10]remote-address 203.1.1.2  /*指定对端的 IP 地址
[RTA-ipsec-policy-isakmp-1-10]quit
[RTA]int s1/0
[RTA-Serial1/0]ipsec apply policy 1         /*将 IPSec 安全策略绑定在 S1/0 端口上
[RTA-Serial1/0]quit
[RTA]ip route-static 0.0.0.0 0.0.0.0 202.1.1.2    /*配置默认路由激活 IPSec VPN
```

在 RTB 上的配置如下。

```
<H3C>system-view
[H3C]sysname RTB
[RTB]int s1/0
[RTB-Serial1/0]ip address 202.1.1.2 24
[RTB-Serial1/0]int s2/0
[RTB-Serial2/0]ip address 203.1.1.1 24
[RTB-Serial2/0]quit
[RTB]ip route-static 10.1.1.0 255.255.255.0 202.1.1.1    /*配置静态路由指向 RTA
[RTB]ip route-static 10.1.3.0 255.255.255.0 203.1.1.2    /*配置静态路由指向 RTC
```

在 RTC 上的配置如下。

```
<H3C>system-view
[H3C]sysname RTC
[RTC]int s1/0
[RTC-Serial1/0]ip address 203.1.1.2 24
[RTC-Serial1/0]int g0/0
[RTC-GigabitEthernet0/0]ip address 10.1.3.1 24
[RTC-GigabitEthernet0/0]quit
[RTC]int Tunnel 0 mode gre               /*RTC 配置 Tunnel 接口的 IP 地址
[RTC-Tunnel0]ip address 10.1.2.2 24
[RTC-Tunnel0]source 203.1.1.2            /*配置源端地址
[RTC-Tunnel0]destination 202.1.1.1       /*配置目的端地址
[RTC-Tunnel0]keepalive
[RTC-Tunnel0]quit
[RTC]ip route-static 10.1.1.0 255.255.255.0 Tunnel 0
/*静态路由指定内网数据走 Tunnel 0 接口
[RTC]acl advanced 3000                   /*配置安全 ACL，定义需要加密的数据流
[RTC-acl-ipv4-adv-3000]rule  permit  ip  source  203.1.1.2  0  destination
202.1.1.1 0
```

```
[RTC-acl-ipv4-adv-3000]rule deny ip source any destination any
[RTC-acl-ipv4-adv-3000]quit
[RTC]ipsec transform-set 1                    /*创建安全提议 1
[RTC-ipsec-transform-set-1]encapsulation-mode tunnel /*选择报文封装协议隧道模式
[RTC-ipsec-transform-set-1]esp encryption-algorithm des-cbc/*选择的加密算法为 DES
[RTC-ipsec-transform-set-1]esp authentication-algorithm md5/*选择的认证算法为 MD5
[RTC-ipsec-transform-set-1]quit
[RTC]ike keychain 1                        /*创建 IKE keychain, 配置预共享密钥 sxvtc
[RTC-ike-keychain-1]pre-shared-key address 202.1.1.1 key simple sxvtc
[RTC-ike-keychain-1]quit
[RTC]ike profile 1    /*创建 IKE profile, 使用系统默认的 IKE 安全提议
[RTC-ike-profile-1]keychain 1                          /*引入 keychain 1
[RTC-ike-profile-1]local-identity address 203.1.1.2    /*配置本端身份信息
[RTC-ike-profile-1]match remote identity address 202.1.1.1 /*匹配对端身份的规则
[RTC-ike-profile-1]quit
[RTC]ipsec policy 1 10 isakmp                     /*创建 IPSec 安全策略
[RTC-ipsec-policy-isakmp-1-10]security acl 3000          /*引用安全 ACL
[RTC-ipsec-policy-isakmp-1-10]transform-set 1            /*引用 IPSec 安全协议
[RTC-ipsec-policy-isakmp-1-10]ike-profile 1              /*引用 IKE 框架
[RTC-ipsec-policy-isakmp-1-10]local-address 203.1.1.2    /*指定本端的 IP 地址
[RTC-ipsec-policy-isakmp-1-10]remote-address 202.1.1.1 /*指定对端的 IP 地址
[RTC-ipsec-policy-isakmp-1-10]quit
[RTC]int s1/0
[RTC-Serial1/0]ipsec apply policy 1               /*将 IPSec 安全策略绑定在 S1/0 端口上
[RTC-Serial1/0]quit
[RTC]ip route 0.0.0.0 0.0.0.0 203.1.1.1           /*配置默认路由激活 IPSec VPN
```

如图 15-3 所示，在 RTC 上使用 dis interface Tunnel 0 命令查看 Tunnel 0 端口的状态，端口状态为 UP 状态。

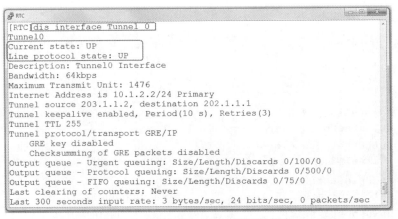

图 15-3   RTC 的 Tunnel 0 端口的状态

如图 15-4 所示，在 RTC 上使用 dis ike sa 命令查看 IKE SA 的建立状态情况，发现 IKE SA 已经建立。

```
RTC
[RTC]dis ike sa
    Connection-ID   Remote                Flag          DOI
------------------------------------------------------------------
    7               202.1.1.1             RD            IPsec
Flags:
RD--READY RL--REPLACED FD-FADING
[RTC]
[RTC]
```

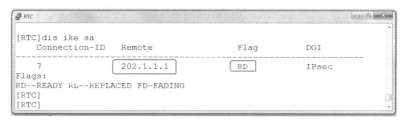

图 15-4 RTC 的 IKE SA 建立状态

如图 15-5 所示，在 RTC 上使用 dis ipsec sa 命令查看 IPSec SA 的建立状态情况，发现 IPSec SA 已经建立。

```
RTC
[RTC]dis ipsec sa
-------------------------------
Interface: Serial1/0
-------------------------------

  -----------------------------
  IPsec policy: 1
  Sequence number: 10
  Mode: ISAKMP
  -----------------------------
    Tunnel id: 0
    Encapsulation mode: tunnel
    Perfect forward secrecy:
    Path MTU: 1443
    Tunnel:
        local  address: 203.1.1.2
        remote address: 202.1.1.1
    Flow:
        sour addr: 203.1.1.2/255.255.255.255  port: 0  protocol: ip
        dest addr: 202.1.1.1/255.255.255.255  port: 0  protocol: ip

    [Inbound ESP SAs]
      SPI: 1956842250 (0x74a30b0a)
      Connection ID: 4294967296
      Transform set:  ESP-ENCRYPT-DES-CBC ESP-AUTH-MD5
      SA duration (kilobytes/sec): 1843200/3600
```

图 15-5 RTC 的 IPSec SA 建立状态

如图 15-6 所示，测试 PC1 和 PC2 的通信情况，发现 PC1 和 PC2 可以相互通信。

```
管理员: C:\Windows\system32\cmd.exe
Microsoft Windows [版本 6.1.7601]
版权所有 (c) 2009 Microsoft Corporation。保留所有权利。

C:\Users\szh>ping -S 10.1.1.10 10.1.3.10

正在 Ping 10.1.3.10 从 10.1.1.10 具有 32 字节的数据:
来自 10.1.3.10 的回复: 字节=32 时间=1ms TTL=62
来自 10.1.3.10 的回复: 字节=32 时间=1ms TTL=62
来自 10.1.3.10 的回复: 字节=32 时间=1ms TTL=62
来自 10.1.3.10 的回复: 字节=32 时间=1ms TTL=62

10.1.3.10 的 Ping 统计信息:
    数据包: 已发送 = 4，已接收 = 4，丢失 = 0 (0% 丢失)，
往返行程的估计时间(以毫秒为单位):
    最短 = 1ms，最长 = 1ms，平均 = 1ms

C:\Users\szh>
```

图 15-6 PC1 和 PC2 的通信情况

15.4 工作任务示例

某公司的网络拓扑结构如图 15-7 所示，公司总部在上海，在杭州设有分部。公司总部的 SW1、SW2 分别连接 PC1、PC2、PC3 和 PC4，在 SW1 上划分有 VLAN 10 和 VLAN 20，在

SW2 上划分有 VLAN 30 和 VLAN 40。公司分部的 SW3 连接 PC5 和 PC6，在 SW3 上划分有
VLAN 50 和 VLAN 60。R1、R2 和 R3 通过公网口相连，使用静态路由或默认路由。公司总部
和公司分部需要运行 OSPF 动态路由协议，IP 地址规划如表 15-2 所示。若你是公司的网络管
理员，请通过 GRE over IPSec 实现公司总部计算机和公司分部计算机的互通。

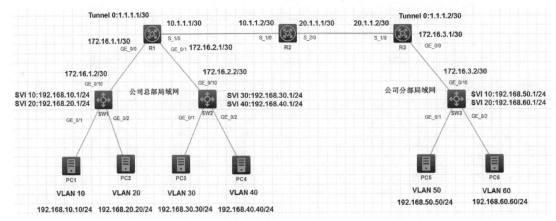

图 15-7　网络拓扑结构

表 15-2　IP 地址规划

设　备　名　称	IP 地　址	子网掩码	网　关
SW1 的 GE_0/10	172.16.1.2	255.255.255.252	
SW1 的 SVI 10	192.168.10.1	255.255.255.0	
SW1 的 SVI 20	192.168.20.1	255.255.255.0	
SW2 的 GE_0/10	172.16.2.2	255.255.255.252	
SW2 的 SVI 30	192.168.30.1	255.255.255.0	
SW2 的 SVI 40	192.168.40.1	255.255.255.0	
R1 的 GE_0/0	172.16.1.1	255.255.255.252	
R1 的 GE_0/1	172.16.2.1	255.255.255.252	
R1 的 S_1/0	10.1.1.1	255.255.255.252	
R1 的 Tunnel 0	1.1.1.1	255.255.255.252	
R2 的 S_1/0	10.1.1.2	255.255.255.252	
R2 的 S_2/0	20.1.1.1	255.255.255.252	
R3 的 S_1/0	20.1.1.2	255.255.255.252	
R3 的 GE_0/0	172.16.3.1	255.255.255.252	
R3 的 Tunnel 0	1.1.1.2	255.255.255.252	
SW3 的 GE_0/10	172.16.3.2	255.255.255.252	
SW3 的 SVI 50	192.168.50.1	255.255.255.0	
SW3 的 SVI 60	192.168.60.1	255.255.255.0	
PC1	192.168.10.10	255.255.255.0	192.168.10.1
PC2	192.168.20.20	255.255.255.0	192.168.20.1
PC3	192.168.30.30	255.255.255.0	192.168.30.1
PC4	192.168.40.40	255.255.255.0	192.168.40.1
PC5	192.168.50.50	255.255.255.0	192.168.50.1
PC6	192.168.60.60	255.255.255.0	192.168.60.1

具体实施步骤

步骤 1：在 SW1 上创建 VLAN 10 和 VLAN 20，端口加入所在的 VLAN 中，并配置 IP
地址。

```
<H3C>system-view
[H3C]sysname SW1
[SW1]vlan 10
[SW1-vlan10]port GigabitEthernet 1/0/1
[SW1-vlan10]vlan 20
[SW1-vlan20]port GigabitEthernet 1/0/2
[SW1-vlan20]int vlan 10
[SW1-Vlan-interface10]ip address 192.168.10.1 24
[SW1-Vlan-interface10]int vlan 20
[SW1-Vlan-interface20]ip address 192.168.20.1 24
[SW1-Vlan-interface20]int g1/0/10
[SW1-GigabitEthernet1/0/10]port link-mode route
[SW1-GigabitEthernet1/0/10]ip address 172.16.1.2 30
[SW1-GigabitEthernet1/0/10]quit
```

步骤 2：在 SW2 上创建 VLAN 30 和 VLAN 40，端口加入所在的 VLAN 中，并配置 IP
地址。

```
<H3C>system-view
[H3C]sysname SW2
[SW2]vlan 30
[SW2-vlan30]port GigabitEthernet 1/0/1
[SW2-vlan30]vlan 40
[SW2-vlan40]port GigabitEthernet 1/0/2
[SW2-vlan40]int vlan 30
[SW2-Vlan-interface30]ip address 192.168.30.1 24
[SW2-Vlan-interface30]int vlan 40
[SW2-Vlan-interface40]ip address 192.168.40.1 24
[SW2-Vlan-interface40]int g1/0/10
[SW2-GigabitEthernet1/0/10]port link-mode route
[SW2-GigabitEthernet1/0/10]ip address 172.16.2.2 30
[SW2-GigabitEthernet1/0/10]quit
```

步骤 3：在 R1 上配置 IP 地址。

```
<H3C>system-view
[H3C]sysname R1
[R1]int g0/0
[R1-GigabitEthernet0/0]ip address 172.16.1.1 30
[R1-GigabitEthernet0/0]int g0/1
[R1-GigabitEthernet0/1]ip address 172.16.2.1 30
[R1-GigabitEthernet0/1]int s1/0
[R1-Serial1/0]ip address 10.1.1.1 30
[R1-Serial1/0]quit
[R1]int Tunnel0 mode gre
```

```
[R1-Tunnel0]ip address 1.1.1.1 30
[R1-Tunnel0]source 10.1.1.1
[R1-Tunnel0]destination 20.1.1.2
[R1-Tunnel0]keepalive
[R1-Tunnel0]quit
```

步骤 4：在 R2 上配置 IP 地址。

```
<H3C>system-view
[H3C]sysname R2
[R2]int s1/0
[R2-Serial1/0]ip address 10.1.1.2 30
[R2-Serial1/0]int s2/0
[R2-Serial2/0]ip address 20.1.1.1 30
[R2-Serial2/0]quit
```

步骤 5：在 R3 上配置 IP 地址。

```
<H3C>system-view
[H3C]sysname R3
[R3]int s1/0
[R3-Serial1/0]ip address 20.1.1.2 30
[R3-Serial1/0]int g0/0
[R3-GigabitEthernet0/0]ip address 172.16.3.1 30
[R3-GigabitEthernet0/0]quit
[R3]int Tunnel 0 mode gre
[R3-Tunnel0]ip address 1.1.1.2 30
[R3-Tunnel0]source 20.1.1.2
[R3-Tunnel0]destination 10.1.1.1
[R3-Tunnel0]keepalive
[R3-Tunnel0]quit
```

步骤 6：在 SW3 上创建 VLAN 50 和 VLAN 60，端口加入所在的 VLAN 中，并配置 IP 地址。

```
<H3C>system-view
[H3C]sysname SW3
[SW3]vlan 50
[SW3-vlan50]port GigabitEthernet 1/0/1
[SW3-vlan50]vlan 60
[SW3-vlan60]port GigabitEthernet 1/0/2
[SW3-vlan60]int vlan 50
[SW3-Vlan-interface50]ip address 192.168.50.1 24
[SW3-Vlan-interface50]int vlan 60
[SW3-Vlan-interface60]ip address 192.168.60.1 24
[SW3-Vlan-interface60]quit
[SW3]int g1/0/10
[SW3-GigabitEthernet1/0/10]port link-mode route
[SW3-GigabitEthernet1/0/10]ip address 172.16.3.2 30
[SW3-GigabitEthernet1/0/10]quit
```

步骤 7：在 SW1、SW2 和 R1 上配置 OSPF 动态路由协议，实现公司总部内网互通。SW1 上的配置如下。

```
[SW1]ospf
[SW1-ospf-1]area 0
[SW1-ospf-1-area-0.0.0.0]network 172.16.1.2 0.0.0.3
[SW1-ospf-1-area-0.0.0.0]network 192.168.10.0 0.0.0.255
[SW1-ospf-1-area-0.0.0.0]network 192.168.20.0 0.0.0.255
[SW1-ospf-1-area-0.0.0.0]quit
[SW1-ospf-1]quit
```

SW2 上的配置如下。

```
[SW2]ospf
[SW2-ospf-1]area 0
[SW2-ospf-1-area-0.0.0.0]network 172.16.2.0 0.0.0.3
[SW2-ospf-1-area-0.0.0.0]network 192.168.30.0 0.0.0.255
[SW2-ospf-1-area-0.0.0.0]network 192.168.40.0 0.0.0.255
[SW2-ospf-1-area-0.0.0.0]quit
[SW2-ospf-1]quit
```

R1 上的配置如下。

```
[R1-ospf-1]area 0
[R1-ospf-1-area-0.0.0.0]network 172.16.1.0 0.0.0.3
[R1-ospf-1-area-0.0.0.0]network 172.16.2.0 0.0.0.3
[R1-ospf-1-area-0.0.0.0]network 1.1.1.0 0.0.0.3  /*将 Tunnel 接口网段宣称到 OSPF 中
[R1-ospf-1-area-0.0.0.0]quit
[R1-ospf-1]quit
```

如图 15-8～图 15-10 所示，总部内网的 PC1 与 PC2、PC3 和 PC4 可以相互通信。

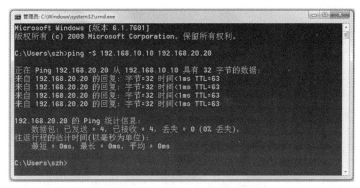

图 15-8 PC1 与 PC2 的通信情况

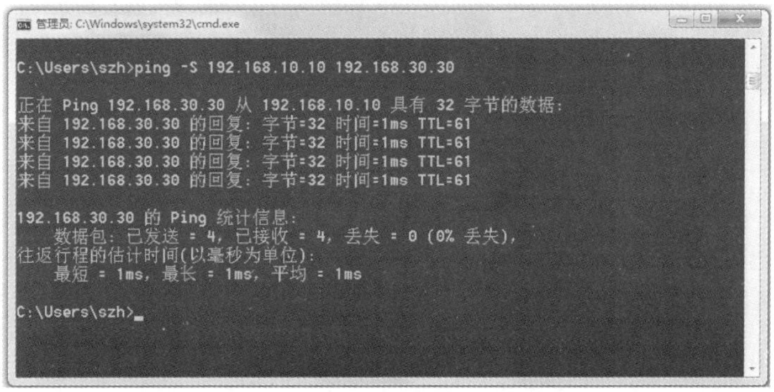

图 15-9 PC1 与 PC3 的通信情况

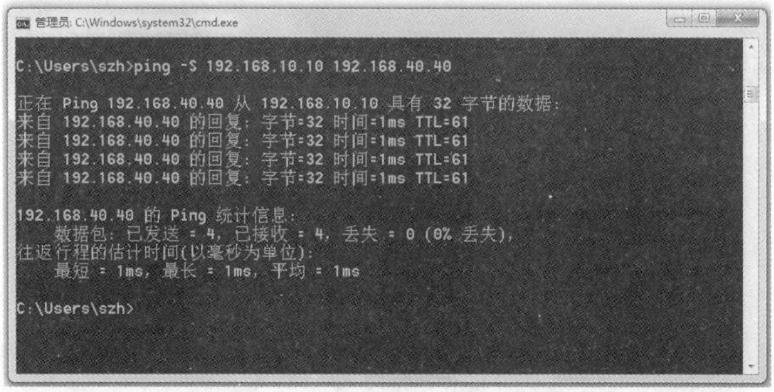

图 15-10　PC1 与 PC4 的通信情况

步骤 8：在 SW3 和 R3 上配置 OSPF 动态路由协议，实现公司分部内网互通。
R3 上的配置如下。

```
[R3]ospf
[R3-ospf-1]area 0
[R3-ospf-1-area-0.0.0.0]network 172.16.3.0 0.0.0.3
[R3-ospf-1-area-0.0.0.0]network 1.1.1.0 0.0.0.3 /*将 Tunnel 接口网段宣称到 OSPF 中
[R3-ospf-1-area-0.0.0.0]quit
[R3-ospf-1]quit
```

SW3 上的配置如下。

```
[SW3]ospf
[SW3-ospf-1]area 0
[SW3-ospf-1-area-0.0.0.0]network 172.16.3.0 0.0.0.3
[SW3-ospf-1-area-0.0.0.0]network 192.168.50.0 0.0.0.255
[SW3-ospf-1-area-0.0.0.0]network 192.168.60.0 0.0.0.255
[SW3-ospf-1-area-0.0.0.0]quit
[SW3-ospf-1]quit
```

如图 15-11 所示，公司分部内网的 PC5 和 PC6 可以相互通信。

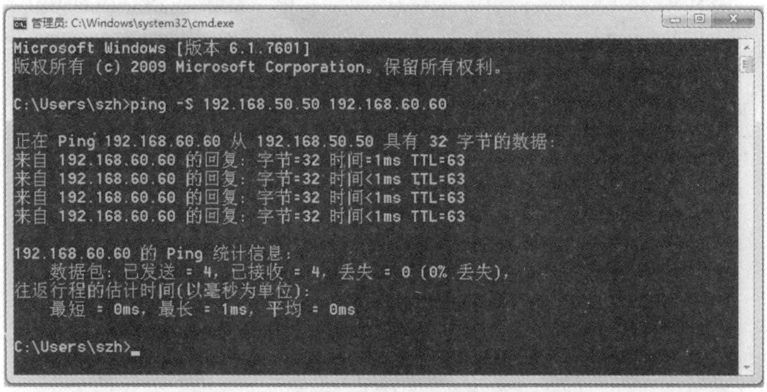

图 15-11　PC5 与 PC6 的通信情况

步骤 9：在 R1 上配置默认路由，激活 GRE 隧道。

```
[R1]ip route-static 0.0.0.0 0.0.0.0 10.1.1.2
```

步骤 10：在 R3 上配置默认路由，激活 GRE 隧道。

```
[R3]ip route-static 0.0.0.0 0.0.0.0 20.1.1.1
```

步骤 11：在 R1 上配置 GRE over IPSec 隧道。

```
[R1]acl advanced 3000                    /*配置安全 ACL，定义需要加密的数据流
[R1-acl-ipv4-adv-3000]rule permit ip source 10.1.1.1 0 destination 20.1.1.2
0 [R1-acl-ipv4-adv-3000]quit
[R1]ipsec transform-set 1                         /*创建安全提议 1
[R1-ipsec-transform-set-1]encapsulation-mode tunnel  /*选择报文封装协议隧道模式
[R1-ipsec-transform-set-1]esp encryption-algorithm 3des-cbc /*选择 3DES 加密算法
[R1-ipsec-transform-set-1]esp authentication-algorithm sha1 /*选择 SHA1 认证算法
[R1-ipsec-transform-set-1]quit
[R1]ike keychain 1               /*创建 IKE keychain，配置预共享密钥 123abc
[R1-ike-keychain-1]pre-shared-key address 20.1.1.2 key simple 123abc
[R1-ike-keychain-1]quit
[R1]ike profile 1    /*创建 IKE profile，使用系统默认的 IKE 安全提议
[R1-ike-profile-1]exchange-mode main      /*选择第一阶段的协商模式作为主模式
[R1-ike-profile-1]keychain 1                          /*引入 keychain 1
[R1-ike-profile-1]local-identity address 10.1.1.1      /*配置本端身份信息
[R1-ike-profile-1]match remote identity address 20.1.1.2  /*匹配对端身份的规则
[R1-ike-profile-1]quit
[R1]ipsec policy 1 10 isakmp                      /*创建 IPSec 安全策略
[R1-ipsec-policy-isakmp-1-10]security acl 3000      /*引用安全 ACL
[R1-ipsec-policy-isakmp-1-10]transform-set 1        /*引用 IPSec 安全协议
[R1-ipsec-policy-isakmp-1-10]ike-profile 1          /*引用 IKE 框架
[R1-ipsec-policy-isakmp-1-10]local-address 10.1.1.1  /*指定本端的 IP 地址
[R1-ipsec-policy-isakmp-1-10]remote-address 20.1.1.2  /*指定对端的 IP 地址
[R1-ipsec-policy-isakmp-1-10]quit
[R1]int s1/0
[R1-Serial1/0]ipsec apply policy 1          /*将 IPSec 安全策略绑定在 S1/0 端口上
[R1-Serial1/0]quit
```

步骤 12：在 R3 上配置 GRE over IPSec 隧道。

```
[R3]acl advanced 3000                    /*配置安全 ACL，定义需要加密的数据流
[R3-acl-ipv4-adv-3000]rule permit ip source 20.1.1.2 0 destination 10.1.1.1 0
[R3-acl-ipv4-adv-3000]quit
[R3]ipsec transform-set 1                         /*创建安全提议 1
[R3-ipsec-transform-set-1]encapsulation-mode tunnel   /*选择报文封装协议隧道模式
[R3-ipsec-transform-set-1]esp encryption-algorithm 3des-cbc /*选择 3DES 加密算法
[R3-ipsec-transform-set-1]esp authentication-algorithm sha1 /*选择 SHA1 认证算法
[R3-ipsec-transform-set-1]quit
[R3]ike keychain 1                    /*创建 IKE keychain，配置预共享密钥 123abc
[R3-ike-keychain-1]pre-shared-key address 10.1.1.1 key simple 123abc
[R3-ike-keychain-1]quit
[R3]ike profile 1    /*创建 IKE profile，使用系统默认的 IKE 安全提议
[R3-ike-profile-1]exchange-mode main  /*选择第一阶段的协商模式作为主模式
[R3-ike-profile-1]keychain 1                          /*引入 keychain 1
[R3-ike-profile-1]local-identity address 20.1.1.2      /*配置本端身份信息
[R3-ike-profile-1]match remote identity address 10.1.1.1  /*匹配对端身份的规则
[R3-ike-profile-1]quit
[R3]ipsec policy 1 10 isakmp                      /*创建 IPSec 安全策略
```

```
[R3-ipsec-policy-isakmp-1-10]security acl 3000          /*引用安全 ACL
[R3-ipsec-policy-isakmp-1-10]transform-set 1            /*引用 IPSec 安全协议
[R3-ipsec-policy-isakmp-1-10]ike-profile 1              /*引用 IKE 框架
[R3-ipsec-policy-isakmp-1-10]local-address 20.1.1.2     /*指定本端的 IP 地址
[R3-ipsec-policy-isakmp-1-10]remote-address 10.1.1.1    /*指定对端的 IP 地址
[R3-ipsec-policy-isakmp-1-10]quit
[R3]int s1/0
[R3-Serial1/0]ipsec apply policy 1    /*将 IPSec 安全策略绑定在 S1/0 端口上
[R3-Serial1/0]quit
```

如图 15-12 所示，在 R3 上使用 dis ike sa 命令查看 IKE SA 的建立状态情况，发现 IKE SA 已经建立。

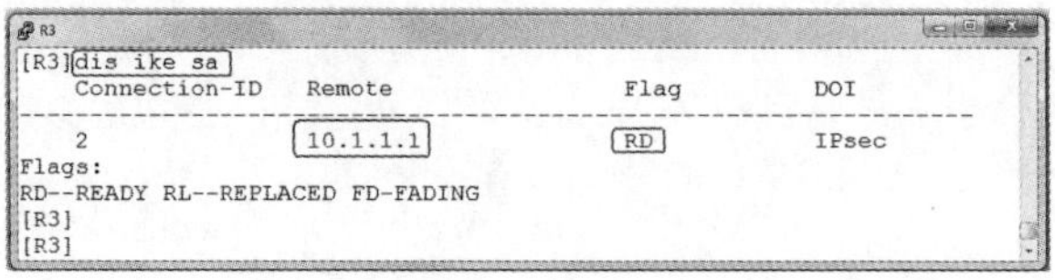

图 15-12　R3 的 IKE SA 建立状态

如图 15-13 所示，在 R3 上使用 dis ipsec sa 命令查看 IPSec SA 的建立状态情况，发现 IPSec SA 已经建立。

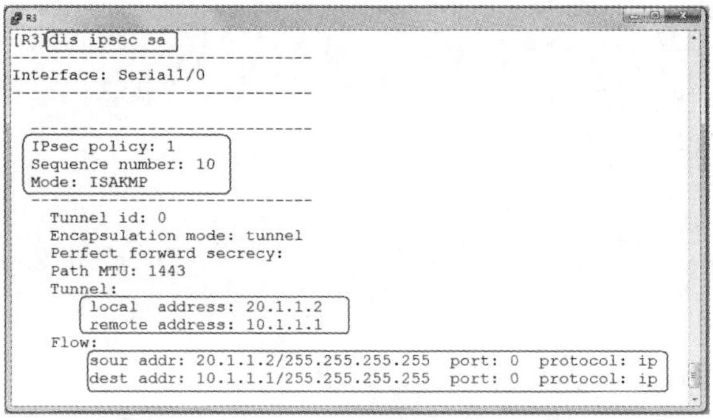

图 15-13　RTC 的 IPSec SA 建立状态

如图 15-14 所示，在公司总部的 PC1 上测试与公司分部的 PC5 和 PC6 的通信情况，发现 PC1 可以与 PC5 和 PC6 相互通信。

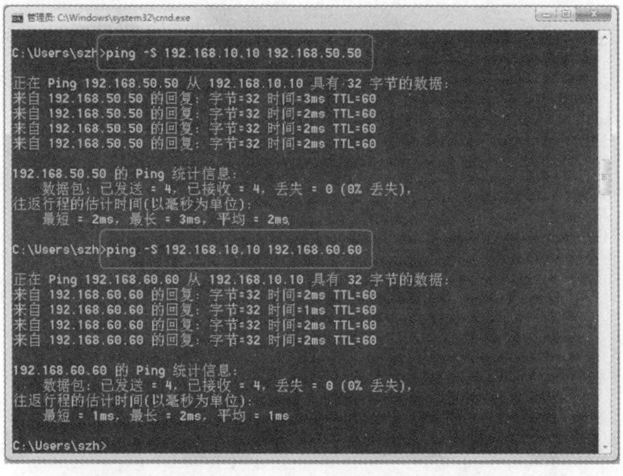

图 15-14　PC1 与 PC5 和 PC6 的通信情况

15.5　项目小结

部署 GRE over IPSec 时只需要将创建安全 ACL 源地址和目的地址设置为 GRE 隧道中的源地址和目的地址。要使 OSPF 路由信息通过 GRE 隧道转发，必须将 Tunnel 接口所在的网段宣称到 OSPF 路由协议中，而不是指定应用了 IPSec 策略组的接口所在的网段。GRE over IPSec 嵌套使用比单独使用 IPSec 或 GRE 有更多的优势。

习题

一、选择题

1. 配置 GRE over IPSec 隧道时，应该（　　　）。
   - A．用 IPSec 保护两端设备 Tunnel 接口之间的数据流
   - B．用 IPSec 保护两端设备物理接口之间的数据流
   - C．用 GRE 封装两端设备之间的 IPSec 数据流
   - D．用 GRE 封装两端设备之间的 IKE 数据包
2. 配置 GRE over IPSec 隧道时，IPSec 的安全策略应该应用在（　　　）。
   - A．Tunnel 接口上　　　　　　　　B．公网物理接口上
   - C．回环接口上　　　　　　　　　　D．以上都是
3. 配置 GRE over IPSec 隧道时，应该（　　　）。
   - A．保证公网路由可达　　　　　　　B．保证私网路由可达
   - C．保证公网路由和私网路由都可达　D．无须对路由做出保证

二、简答题

1. 与 GRE 和 IPSec 相比，GRE over IPSec 有什么优势？

2. 请比较 GRE over IPSec 和 IPSec over GRE 的封装格式。

3. 若 PC5 和 PC6 属于 VLAN 10 与 VLAN 20，是否可以？若可以，请写出配置命令。

综合实训项目

某公司先在国内建立了总部，后在欧洲建立了分部。总部设有研发、市场、供应链、售后4个部门，统一进行 IP 及业务资源的规划和分配。公司规模在 2020 年快速发展，业务数据量和公司访问量增长巨大。为了更好地管理数据，提供服务，公司决定建立自己的小型数据中心及云计算服务平台，以达到快速、可靠交换数据，以及增强业务部署弹性的目的。如图 16-1 所示，两台 S5800 交换机的编号为 S4 和 S5，用于服务器高速接入；两台 S3600 交换机编号为S2 和 S3，作为总部的核心交换机；两台 MSR2630 路由器的编号为 R2 和 R3，作为总部的核心路由器；一台 S3600V2 交换机的编号为 S1，作为接入交换机；一台 MSR2630 路由器的编号为 R1，作为分支机构路由器。

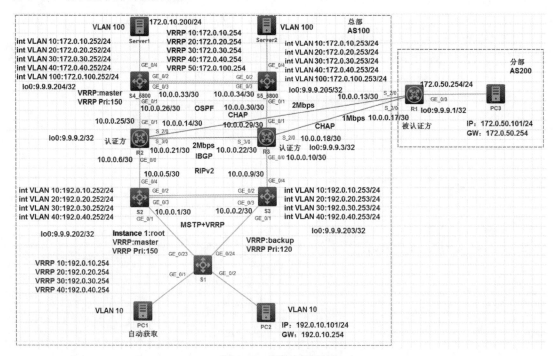

图 16-1　网络拓扑结构

公司有 4 个不同的业务部门和分部，彼此之间需要互联互通，同时需要对某些业务进行互访限制。各个业务部门对网络可靠性要求较高，所以要求网络核心区域发生故障时的中断时间尽可能短。另外，部署网络时要考虑到网络的可管理性，并合理利用网络资源。

1. 广域网链路配置

总部路由器与分部路由器间属于广域网链路，其中 R1 和 R2 之间所租用的线路带宽为2Mbps，R1 和 R3 之间所租用的线路带宽为 1Mbps。R2 和 R3 之间的线路带宽为 2Mbps。请在路由器上进行相关配置，以使串口卡速率（波特率）能够匹配实际线路带宽。

2．PPP 部署

总部路由器与分部路由器之间属于广域网链路。需要使用 PPP 进行安全保护。PPP 的具体要求是使用 CHAP 协议，总部路由器作为认证方（不配置用户名），分部路由器作为被认证方；用户名和密码均为 123456。

3．虚拟局域网

为了减少广播，需要规划并配置 VLAN，具体要求如下：配置合理，链路上不允许不必要 VLAN 的数据流通过；交换机与路由器之间的互连物理端口、S2 和 S3 之间的 G1/0/3 端口、S4 和 S5 之间的 G1/0/3 端口直接使用三层模式互连；规划 S4 和 S5 交换机的 G1/0/4 至 G1/0/10 端口为连接服务器的端口；S2 和 S3 之间的 E1/0/2 端口、S4 和 S5 之间的 G1/0/2 端口为 Trunk 类型；物理服务器属于 VLAN 100；为了隔离网络中部分终端用户间的二层互访，在交换机 S1 上使用 Private VLAN，VLAN 40 是 Primary VLAN，VLAN61 至 VLAN64 是 Secondary VLAN。根据上述信息及表 16-1，在交换机上完成 VLAN 配置和端口分配。

表 16-1　VLAN 分配表

设　　备	VLAN 编号	VLAN 名称	端　　口	说　　明
S1	VLAN 10	RD	GE_0/1 至 GE_0/4	研发
	VLAN 20	Sales	GE_0/5 至 GE_0/8	市场
	VLAN 30	Supply	GE_0/9 至 GE_0/12	供应链
	VLAN 40	Service		售后
	VLAN 61		GE_0/13	Secondary VLAN
	VLAN 62		GE_0/14	Secondary VLAN
	VLAN 63		GE_0/15	Secondary VLAN
	VLAN 64		GE_0/16	Secondary VLAN

4．IPv4 地址部署

根据表 16-2 为网络设备及 PC 分配 IPv4 地址。

表 16-2　IPv4 地址分配表

设　备	端　　口	IPv4 地址	设　备	端　　口	IPv4 地址
S2	VLAN 10	192.0.10.252/24	R1	S_2/0	10.0.0.13/30
	VLAN 20	192.0.20.252/24		S_3/0	10.0.0.17/30
	VLAN 30	192.0.30.252/24		GE_0/0	172.0.50.254/24
	VLAN 40	192.0.40.252/24		LoopBack 0	9.9.9.1/32
	GE_0/3	10.0.0.1/30	R2	GE_0/0	10.0.0.6/30
	GE_0/4	10.0.0.5/30		GE_0/1	10.0.0.25/30
	LoopBack 0	9.9.9.202/32		S_2/0	10.0.0.14/30
S3	VLAN 10	192.0.10.253/24		S_3/0	10.0.0.21/30
	VLAN 20	192.0.20.253/24		LoopBack 0	9.9.9.2/32
	VLAN 30	192.0.30.253/24	R3	GE_0/0	10.0.0.10/30
	VLAN 40	192.0.40.253/24		GE_0/1	10.0.0.29/30
	GE_0/3	10.0.0.2/30		S_2/0	10.0.0.18/30
	GE_0/4	10.0.0.9/30		S_3/0	10.0.0.22/30
	LoopBack 0	9.9.9.203/32		LoopBack 0	9.9.9.3/32

设　　备	端　　口	IPv4 地址	设　　备	端　　口	IPv4 地址
S4	VLAN 10	172.0.10.252/24	S5	VLAN 10	172.0.10.253/24
	VLAN 20	172.0.20.252/24		VLAN 20	172.0.20.253/24
	VLAN 30	172.0.30.252/24		VLAN 30	172.0.30.253/24
	VLAN 40	172.0.40.252/24		VLAN 40	172.0.40.253/24
	VLAN 100	172.0.100.252/24		VLAN 100	172.0.100.253/24
	GE_0/3	10.0.0.33/30		GE_0/3	10.0.0.34/30
	GE_0/1	10.0.0.26/30		GE_0/1	10.0.0.30/30
	LoopBack 0	9.9.9.204/32		LoopBack 0	9.9.9.205/32
PC	PC1	自动获取	PC	PC3	172.0.50.101/24 网关:172.0.50.254
	PC2	192.0.10.101/24 网关:192.0.10.254			

5．DHCP 中继

在交换机 S2 和 S3 上配置 DHCP 中继，对 VLAN 10 内的用户进行中继，使总部 PC1 用户可以使用 DHCP Relay 方式获取 IP 地址。具体要求如下：DHCP 服务器组的编号为 0；DHCP 服务器的 IP 地址为项目中的 Server1 上的 Windows 虚拟服务器地址 172.0.10.200。

6．IPv4 IGP 路由部署

因历史原因，总部使用 RIP、OSPF 多协议组网。S2、S3、R2、R3 规划使用 RIP 路由协议；S4、S5、R2、R3 规划使用 OSPF 路由协议，要求网络具有安全性、稳定性。具体要求如下：R2 和 R3 是边界路由器；RIP 的进程号为 10，版本号为 RIPv2，取消自动聚合；OSPF 的进程号为 10，区域为 0；要求业务网段中不出现协议报文；(undo rip output)要求所有路由协议都发布具体网段；为了方便管理，需要发布 LoopBack 地址，并尽量在 OSPF 域中发布；优化 OSPF 相关配置，以尽量加快 OSPF 收敛；不允许发布默认路由，也不允许使用静态路由。

7．IPv4 BGP 路由部署

总部与分部之间使用 BGP 协议。具体要求如下：分部为 AS200，总部为 AS100；总部内 R2 和 R3 需要建立 IBGP 连接；在 R2 上配置的路由优先级的值为 80；分部的所有路由必须通过 network 命令来发布，总部路由通过引入方式来发布；分部向总部发布默认路由。最终，要求全网路由互通。

8．路由优化部署

考虑到路由协议众多，并且有引入路由的行为，为了防止本路由域内始发路由被再引回到本路由域，从而造成环路，规划在路由引入时使用 Route-policy 进行过滤。具体要求如下：采用给 IGP 路由打标签的方式来实现；OSPF 路由引入后的标签值为 60，BGP 路由引入后的标签值为 250，RIP 路由引入后的标签值为 120；要求配置简单，实现合理。

9．路由选路部署

考虑到从分部到总部有两条广域网线路，并且其带宽不一样。所以，规划 R1 和 R2 之间为主线路，R1 和 R3 之间为备线路。根据以上需求，在路由器上进行合理的路由协议配置。具体要求如下：BGP 协议只允许使用 Route-policy 来改变 MED 属性，并且 MED 值必须为 100 或 200；（如果需要使用 ACL，则其编号值为 2020）RIP 和 OSPF 通过路由引入时改变引入路由的开销值，且其值必须为 5 或 10。

10．PBR

考虑到分部到总部间有两条广域网线路，为了合理利用带宽，规划从分部去往总部的 FTP 数据通过 R1—R2 的线路转发，从分部去往总部的 Web 数据通过 R1—R3 的线路转发。为了达到上述目的，采用 PBR 来实现。具体要求如下：Policy-based-route 的编号为 1；分部去往总部的 FTP 数据由 ACL 3001 来定义；分部去往总部的 Web 数据由 ACL 3002 来定义。

11．MSTP 及 VRRP 部署

在总部交换机 S2 和 S3 上配置 MSTP 防止二层环路；要求所有数据流经过 S2 转发，S2 失效时经过 S3 转发。所配置的参数要求如下：region-name 为 H3C；实例值为 1；S2 作为实例中的主根，S3 作为实例中的从根。在 S2 和 S3 上配置 VRRP，实现主机的网关冗余。S2 和 S3 的 VRRP 参数如表 16-3 所示。

表 16-3 S2 和 S3 的 VRRP 参数

VLAN	VRRP 备份组号（VRID）	VRRP 虚拟 IP
VLAN 10	10	192.0.10.254
VLAN 20	20	192.0.20.254
VLAN 30	30	192.0.30.254
VLAN 40	40	192.0.40.254

S2 作为所有主机的实际网关，S3 作为所有主机的备份网关。其中，各 VRRP 组中高优先级设置为 150，低优先级设置为 120。在 S4 和 S5 上配置 VRRP，实现主机的网关冗余。S4 和 S5 的 VRRP 参数如表 16-4 所示。

表 16-4 S4 和 S5 的 VRRP 参数

VLAN	VRRP 备份组号（VRID）	VRRP 虚拟 IP
VLAN 10	10	172.0.10.254
VLAN 20	20	172.0.20.254
VLAN 30	30	172.0.30.254
VLAN 40	40	172.0.40.254
VLAN 100	50	172.0.100.254

S4 作为所有主机的实际网关，S5 作为所有主机的备份网关。其中，各 VRRP 组中高优先级设置为 150，低优先级设置为 120。

12．QoS 部署

因总部与分部之间的广域网带宽有限，为了保证关键的应用，需要在设备上配置 QoS，使分部与总部 DNS 服务器（172.0.20.200）之间的 DNS 数据流能够被加速转发（EF），最大带宽为链路带宽的 10%。所配置的参数要求如下：ACL 编号为 3030（匹配 DNS 数据流）；classifier 名称为 DNS；behavior 名称为 DNS；QoS 策略名称为 DNS。

13．设备与网络管理部署

为所有三层设备开启 ICMP 超时报文发送功能及 ICMP 目的不可达报文发送功能。为路由器开启 SSH（Stelnet 和 SFTP）服务端功能，对 SSH 用户采用 password 认证方式，用户名和密码为 admin，密码为明文类型，用户角色为 network-admin；在线的最大 SSH 用户连接数为 10。为交换机开启 Telnet 功能，对所有 Telnet 用户采用本地认证的方式。创建本地用户，设定用户名和密码为 admin 的用户有 3 级命令权限，用户名和密码为 000000 的用户有 1 级命

令权限。为路由器开启简单网络管理协议（SNMP）。要求网管服务器（172.0.100.200/24）只能通过 SNMPv3 访问设备，并且用户只能读写节点 snmp 下的对象；mib 对象名、SNMP 组名和用户名都为 2016，认证算法为 MD5，加密算法为 3DES，认证密码和加密密码都是明文方式，密码是 123456；当有 Trap 告警发生时，路由器会向网管服务器发送 Trap 报文。要求只有网管服务器所在网段（172.0.100.0/24）的主机能够通过 SSH、Telnet、SNMP 来管理设备（如果使用 ACL，则其编号为 2010）。根据表 16-5 为网络设备配置主机名。

表 16-5　网络设备名称表

拓扑图中设备名称	配置主机名（Sysname 名）	说　　明
S1	S1	总部接入交换机
S2	S2	总部核心交换机 1
S3	S3	总部核心交换机 2
S4	S4	总部数据中心交换机 1
S5	S5	总部数据中心交换机 2
R1	R1	分部路由器
R2	R2	总部路由器 1
R3	R3	总部路由器 2

具体实施步骤

步骤 1：为 S1 配置 VLAN 10、VLAN 20、VLAN 30，将端口加入相应的 VLAN 中，配置 VLAN 的名称和说明。

```
<H3C>system-view
[H3C]sysname S1
[S1]vlan 10
[S1-vlan10]name RD
[S1-vlan10]descr 研发
[S1-vlan10]port GigabitEthernet 1/0/1 to GigabitEthernet 1/0/4
[S1-vlan10]
[S1-vlan10]vlan 20
[S1-vlan20]name Sales
[S1-vlan20]descr 市场
[S1-vlan20]port GigabitEthernet 1/0/5 to GigabitEthernet 1/0/8
[S1-vlan20]
[S1-vlan20]vlan 30
[S1-vlan30]name Supply
[S1-vlan30]descr 供应链
[S1-vlan30]port GigabitEthernet 1/0/9 to GigabitEthernet 1/0/12
```

步骤 2：创建 VLAN 40、VLAN 61 至 VLAN 64，配置 VLAN 40 为 Primary VLAN，VLAN 61 至 VLAN 64 为 Secondary VLAN。

```
[S1-vlan30]vlan 40
[S1-vlan40]name Service
[S1-vlan40]descr 售后
[S1-vlan40]vlan 61
```

```
[S1-vlan61]descr Secondary VLAN
[S1-vlan61]port GigabitEthernet 1/0/13
[S1-vlan61]vlan 62
[S1-vlan62]descr Secondary VLAN
[S1-vlan62]port GigabitEthernet 1/0/14
[S1-vlan62]vlan 63
[S1-vlan63]descr Secondary VLAN
[S1-vlan63]port GigabitEthernet 1/0/15
[S1-vlan63]vlan 64
[S1-vlan64]descr Secondary VLAN
[S1-vlan64]port GigabitEthernet 1/0/16
[S1-vlan64]vlan 40
[S1-vlan40]private-vlan primary          /*配置 VLAN 40 为 Primary VLAN
[S1-vlan40]private-vlan secondary 61 to 64  /*配置 VLAN 61 至 VLAN 64 为 Secondary VLAN
[S1-vlan40]quit
```

步骤 3：配置 G1/0/23 和 G1/0/24 端口为上行端口（promiscuous），G1/0/13～G1/0/16 为下行端口（host），并将 G1/0/23 和 G1/0/24 端口中的 VLAN 10、VLAN 20、VLAN 30 和 VLAN 40 设置为 tagged 模式。

```
[S1]int range GigabitEthernet 1/0/23 to GigabitEthernet 1/0/24
[S1-if-range]port private-vlan 40 promiscuous        /*配置上行端口
[S1-if-range]int range GigabitEthernet 1/0/13 to GigabitEthernet 1/0/16
[S1-if-range]port private-vlan host                  /*配置下行端口
[S1-if-range]quit
[S1]int range GigabitEthernet 1/0/23 to GigabitEthernet 1/0/24
[S1-if-range]port hybrid vlan 10 20 30 40 tagged
/*将 VLAN 10 至 VLAN 40 打上 tagged 标签
[S1-if-range]quit
```

步骤 4：为 S1 配置 MSTP，region-name 为 H3C，Instance 1 关联 VLAN 10、VLAN 20、VLAN 30、VLAN 40 和 VLAN 61 至 VLAN 64。

```
[S1]stp global enable                        /*开启生成树协议
[S1]stp mode mstp                            /*生成树协议为 MSTP
[S1]stp region-configuration
[S1-mst-region]region-name H3C
[S1-mst-region]instance 1 vlan 10 20 30 40 61 to 64
[S1-mst-region]active region-configuration   /*激活 MSTP 的配置区域
[S1-mst-region]quit
```

步骤 5：在 S2 交换机上创建 VLAN 10、VLAN 20、VLAN 30、VLAN 40、VLAN 61 至 VLAN 64。

```
<H3C>system-view
[H3C]sysname S2
[S2]vlan 10
[S2-vlan10]name RD
[S2-vlan10]descr 研发
[S2-vlan10]vlan 20
[S2-vlan20]name Sales
```

```
[S2-vlan20]descr 市场
[S2-vlan20]vlan 30
[S2-vlan30]name Supply
[S2-vlan30]descr 供应链
[S2-vlan30]vlan 40
[S2-vlan40]name Service
[S2-vlan40]descr 售后
[S2-vlan40]vlan 61 to 64
[S2]int g 1/0/1
[S2-GigabitEthernet1/0/1]port link-type trunk
[S2-GigabitEthernet1/0/1]undo port trunk permit vlan 1
/*不允许其他不必要的流量通过
[S2-GigabitEthernet1/0/1]port trunk permit vlan 10 20 30 40
/*允许 VLAN 10、VLAN 20、VLAN 30、VLAN40 的数据通过
[S2-GigabitEthernet1/0/1]port trunk pvid vlan 40   /*设置 Trunk 的 PVID 为 VLAN 40
[S2-GigabitEthernet1/0/1]quit
```

步骤 6：在 S2 上配置 MSTP，region-name 为 H3C，Instance 1 关联 VLAN 10、VLAN 20、VLAN 30、VLAN 40 和 VLAN 61 至 VLAN 64，设置 S2 为 Instance 1 的根交换机。

```
[S2]stp global enable                         /*开启生成树协议
[S2]stp mode mstp                             /*生成树协议为 MSTP
[S2]stp region-configuration
[S2-mst-region]region-name H3C
[S2-mst-region]instance 1 vlan 10 20 30 40 61 to 64
[S2-mst-region]active region-configuration    /*激活 MSTP 的配置区域
[S2-mst-region]quit
[S2]stp instance 1 root primary               /*配置 S2 为 Instance 1 的根交换机
```

步骤 7：在 S2 上为 VLAN 10、VLAN 20、VLAN 30、VLAN 40 配置 IP 地址，并且为 VRRP10、VRRP 20、VRRP 30、VRRP 40 配置 IP 地址，VRRP 的优先级设置为 150，S2 为主网关。

```
[S2]int vlan 10
[S2-Vlan-interface10]ip address 192.0.10.252 24
[S2-Vlan-interface10]vrrp vrid 10 virtual-ip 192.0.10.254
[S2-Vlan-interface10]vrrp vrid 10 priority 150  /*设置 VRRP 10 的优先级为 150
[S2-Vlan-interface10]int vlan 20
[S2-Vlan-interface20]ip address 192.0.20.252 24
[S2-Vlan-interface20]vrrp vrid 20 virtual-ip 192.0.20.254
[S2-Vlan-interface20]vrrp vrid 20 priority 150
[S2-Vlan-interface20]int vlan 30
[S2-Vlan-interface30]ip address 192.0.30.252 24
[S2-Vlan-interface30]vrrp vrid 30 virtual-ip 192.0.30.254
[S2-Vlan-interface30]vrrp vrid 30 priority 150
[S2-Vlan-interface30]int vlan 40
[S2-Vlan-interface40]ip address 192.0.40.252 24
[S2-Vlan-interface40]vrrp vrid 40 virtual-ip 192.0.40.254
[S2-Vlan-interface40]vrrp vrid 40 priority 150
[S2-Vlan-interface40]quit
```

步骤 8：在 S3 上创建 VLAN 10、VLAN 20、VLAN 30、VLAN 40、VLAN 61 至 VLAN 64。

```
<H3C>system-view
[H3C]sysname S3
[S3]vlan 10
[S3-vlan10]name RD
[S3-vlan10]descr 研发

[S3-vlan10]vlan 20
[S3-vlan20]name Sales
[S3-vlan20]descr 市场

[S3-vlan20]vlan 30
[S3-vlan30]name Supply
[S3-vlan30]descr 供应链

[S3-vlan30]vlan 40
[S3-vlan40]name Service
[S3-vlan40]descr 售后

[S3-vlan40]vlan 61 to 64
[S3]int g 1/0/1
[S3-GigabitEthernet1/0/1]port link-type trunk       /*端口类型设置为 Trunk

[S3-GigabitEthernet1/0/1]port trunk permit vlan 10 20 30 40
/*允许 VLAN 10、VLAN 20、VLAN 30、VLAN 40 的数据通过

[S3-GigabitEthernet1/0/1]undo port trunk permit vlan 1
/*不允许其他不必要的流量通过

[S3-GigabitEthernet1/0/1]port trunk pvid vlan 40
/*设置 Trunk 的 PVID 为 VLAN 40

[S3-GigabitEthernet1/0/1]quit
```

步骤 9：在 S3 上配置 MSTP，region-name 为 H3C，Instance 1 关联 VLAN 10、VLAN 20、VLAN 30、VLAN 40 和 VLAN 61 至 VLAN 64，设置 S3 为 Instance 1 的备用根交换机。

```
[S3]stp global enable
[S3]stp mode mstp
[S3]stp region-configuration
[S3-mst-region]region-name H3C
[S3-mst-region]instance 1 vlan 10 20 30 40 61 to 64
[S3-mst-region]active region-configuration
[S3]stp instance 1 root secondary       /*配置 S3 为 Instance 1 的备用根交换机
```

步骤 10：在 S3 上为 VLAN 10、VLAN 20、VLAN 30、VLAN 40 配置 IP 地址，并且为 VRRP 10、VRRP 20、VRRP 30、VRRP 40 配置 IP 地址，VRRP 的优先级设置为 120，S3 为备用网关。

```
[S3]int vlan 10
[S3-Vlan-interface10]ip address 192.0.10.253 24
[S3-Vlan-interface10]vrrp vrid 10 virtual-ip 192.0.10.254
[S3-Vlan-interface10]vrrp vrid 10 priority 120    /*设置 VRRP 10 的优先级为 120
[S3-Vlan-interface10]int vlan 20
[S3-Vlan-interface20]ip address 192.0.20.253 24
[S3-Vlan-interface20]vrrp vrid 20 virtual-ip 192.0.20.254
[S3-Vlan-interface20]vrrp vrid 20 priority 120
[S3-Vlan-interface20]int vlan 30
[S3-Vlan-interface30]ip address 192.0.30.253 24
```

```
[S3-Vlan-interface30]vrrp vrid 30 virtual-ip 192.0.30.254
[S3-Vlan-interface30]vrrp vrid 30 priority 120
[S3-Vlan-interface30]int vlan 40
[S3-Vlan-interface40]ip address 192.0.40.253 24
[S3-Vlan-interface40]vrrp vrid 40 virtual-ip 192.0.40.254
[S3-Vlan-interface40]vrrp vrid 40 priority 120
[S3-Vlan-interface40]quit
```

步骤 11：为 S2 的 lo0、G1/0/3 和 G1/0/4 端口配置 IP 地址，G1/0/2 端口类型为 Trunk，允许 VLAN 10、VLAN 20、VLAN 30 和 VLAN 40 通过，不允许其他数据通过。

```
[S2]int lo0
[S2-LoopBack0]ip address 9.9.9.202 32
[S2-LoopBack0]int g 1/0/3
[S2-GigabitEthernet1/0/3]port link-mode route
[S2-GigabitEthernet1/0/3]ip address 10.0.0.1 30
[S2-GigabitEthernet1/0/3]int g1/0/4
[S2-GigabitEthernet1/0/4]port link-mode route
[S2-GigabitEthernet1/0/4]ip address 10.0.0.5 30
[S2-GigabitEthernet1/0/4]int g1/0/2
[S2-GigabitEthernet1/0/2]port link-type trunk
[S2-GigabitEthernet1/0/2]port trunk permit vlan 10 20 30 40
/*允许 VLAN 10、VLAN 20、VLAN 30、VLAN 40 的数据通过
[S2-GigabitEthernet1/0/2]undo port trunk permit vlan 1
/*不允许其他不必要的流量通过
[S2-GigabitEthernet1/0/2]port trunk pvid vlan 40
/*设置 Trunk 的 PVID 为 VLAN 40
[S2-GigabitEthernet1/0/2]quit
```

步骤 12：为 S3 的 lo0、G1/0/3 和 G1/0/4 端口配置 IP 地址，G1/0/2 端口类型为 Trunk，允许 VLAN 10、VLAN 20、VLAN 30 和 VLAN 40 通过，不允许其他数据通过。

```
[S3]int lo0
[S3-LoopBack0]ip address 9.9.9.203 32
[S3-LoopBack0]int g 1/0/3
[S3-GigabitEthernet1/0/3]port link-mode route
[S3-GigabitEthernet1/0/3]ip address 10.0.0.2 30
[S3-GigabitEthernet1/0/3]int g1/0/4
[S3-GigabitEthernet1/0/4]port link-mode route
[S3-GigabitEthernet1/0/4]ip address 10.0.0.9 30
[S3-GigabitEthernet1/0/4]int g1/0/2
[S3-GigabitEthernet1/0/2]port link-type trunk
[S3-GigabitEthernet1/0/2]port trunk permit vlan 10 20 30 40
/*允许 VLAN 10、VLAN 20、VLAN 30、VLAN 40 的数据通过
[S3-GigabitEthernet1/0/2]undo port trunk permit vlan 1
/*不允许其他不必要的流量通过
[S3-GigabitEthernet1/0/2]port trunk pvid vlan 40
/*设置 Trunk 的 PVID 为 VLAN 40
[S3-GigabitEthernet1/0/2]quit
```

步骤 13：在 S2 上查看 VRRP 的状态，在 S1 上查看 STP 的状态。

```
[S2]dis vrrp verbose                    /*在 S2 上查看 VRRP 的状态
IPv4 Virtual Router Information:
 Running mode       : Standard
 Total number of virtual routers : 4
   Interface Vlan-interface10
     VRID            : 10            Adver Timer : 100
     Admin Status    : Up            State       : Master    /*S2 为 Master
     Config Pri      : 150           Running Pri : 150    /*S2 的优先级为 150
     Preempt Mode    : Yes           Delay Time  : 0
     Auth Type       : None
     Virtual IP      : 192.0.10.254
     Virtual MAC     : 0000-5e00-010a
     Master IP       : 192.0.10.252

   Interface Vlan-interface20
     VRID            : 20            Adver Timer : 100
     Admin Status    : Up            State       : Master    /*S2 为 Master
     Config Pri      : 150           Running Pri : 150    /*S2 的优先级为 150
     Preempt Mode    : Yes           Delay Time  : 0
     Auth Type       : None
     Virtual IP      : 192.0.20.254
     Virtual MAC     : 0000-5e00-0114
     Master IP       : 192.0.20.252

   Interface Vlan-interface30
     VRID            : 30            Adver Timer : 100
     Admin Status    : Up            State       : Master    /*S2 为 Master
     Config Pri      : 150           Running Pri : 150    /*S2 的优先级为 150
     Preempt Mode    : Yes           Delay Time  : 0
     Auth Type       : None
     Virtual IP      : 192.0.30.254
     Virtual MAC     : 0000-5e00-011e
     Master IP       : 192.0.30.252

   Interface Vlan-interface40
     VRID            : 40            Adver Timer : 100
     Admin Status    : Up            State       : Master    /*S2 为 Master
     Config Pri      : 150           Running Pri : 150    /*S2 的优先级为 150
     Preempt Mode    : Yes           Delay Time  : 0
     Auth Type       : None
     Virtual IP      : 192.0.40.254
     Virtual MAC     : 0000-5e00-0128
     Master IP       : 192.0.40.252
[S1]dis stp brief
/*在 S1 上查看 STP 的状态，G1/0/24 端口为阻塞状态，即数据从 G1/0/23 端口通过
MST ID   Port                              Role  STP State   Protection
0        GigabitEthernet1/0/1              DESI  FORWARDING  NONE
0        GigabitEthernet1/0/2              DESI  FORWARDING  NONE
0        GigabitEthernet1/0/23             ROOT  FORWARDING  NONE
```

0	GigabitEthernet1/0/24	ALTE	DISCARDING	NONE
1	GigabitEthernet1/0/1	DESI	FORWARDING	NONE
1	GigabitEthernet1/0/2	DESI	FORWARDING	NONE
1	GigabitEthernet1/0/23	ROOT	FORWARDING	NONE
1	GigabitEthernet1/0/24	ALTE	DISCARDING	NONE

步骤 14：在 S4 和 S5 上创建 VLAN 10、VLAN 20、VLAN 30、VLAN 40 和 VLAN 100。在 S4 上创建的 VLAN 10、VLAN 20、VLAN 30、VLAN 40 和 VLAN 100 如下。

```
<H3C>system-view
[H3C]sysname S4
[S4]vlan 10
[S4-vlan10]name RD
[S4-vlan10]descr 研发

[S4-vlan10]vlan 20
[S4-vlan20]name Sales
[S4-vlan20]descr 市场

[S4-vlan20]vlan 30
[S4-vlan30]name Supply
[S4-vlan30]descr 供应链

[S4-vlan30]vlan 40
[S4-vlan40]name Service
[S4-vlan40]descr 售后

[S4-vlan40]vlan 100
[S4-vlan100]quit
```

在 S5 上创建的 VLAN 10、VLAN 20、VLAN 30、VLAN 40 和 VLAN 100 如下。

```
<H3C>system-view
[H3C]sysname S5
[S5]vlan 10
[S5-vlan10]name RD
[S5-vlan10]descr 研发

[S5-vlan10]vlan 20
[S5-vlan20]name Sales
[S5-vlan20]descr 市场

[S5-vlan20]vlan 30
[S5-vlan30]name Supply
[S5-vlan30]descr 供应链

[S5-vlan30]vlan 40
[S5-vlan40]name Service
[S5-vlan40]descr 售后

[S5-vlan40]vlan 100
[S5-vlan100]quit
```

步骤 15：在 S4 上配置 G1/0/2、G1/0/4～G1/0/10 端口为 Trunk 类型，PVID 为 VLAN 100。允许 VLAN 10、VLAN 20、VLAN 30、VLAN 40 和 VLAN 100 的数据通过，禁止其他数据通过。

```
[S4]int range G1/0/2 G1/0/4 to G1/0/10
[S4-if-range]port link-type trunk              /*端口设置为 Trunk 类型
[S4-if-range]port trunk pvid vlan 100          /*端口 Trunk 的 PVID 为 100
```

```
[S4-if-range]undo port trunk permit vlan 1            /*禁止其他流量通过
[S4-if-range]port trunk permit vlan 10 20 30 40 100
[S4-if-range]quit
```

步骤 16：在 S5 上配置 G1/0/2、G1/0/4～G1/0/10 端口为 Trunk 类型，PVID 为 VLAN 100。允许 VLAN 10、VLAN 20、VLAN 30、VLAN 40 和 VLAN 100 的数据通过，禁止其他数据通过。

```
[S5]int range G1/0/2 G1/0/4 to G1/0/10
[S5-if-range]port link-type trunk                   /*端口设置为 Trunk 类型
[S5-if-range]port trunk pvid vlan 100               /*端口 Trunk 的 PVID 为 100
[S5-if-range]undo port trunk permit vlan 1          /*禁止其他流量通过
[S5-if-range]port trunk permit vlan 10 20 30 40 100
[S5-if-range]quit
```

步骤 17：为 S4 的 lo0、G1/0/1、G1/0/3 端口配置 IP 地址。

```
[S4]int lo0
[S4-LoopBack0]ip address 9.9.9.204 32
[S4-LoopBack0]int g 1/0/1
[S4-GigabitEthernet1/0/1]port link-mode route
[S4-GigabitEthernet1/0/1]ip address 10.0.0.26 30
[S4-GigabitEthernet1/0/1]int g 1/0/3
[S4-GigabitEthernet1/0/3]port link-mode route
[S4-GigabitEthernet1/0/3]ip address 10.0.0.33 30
[S4-GigabitEthernet1/0/3]quit
```

步骤 18：为 S5 的 lo0、G1/0/1、G1/0/3 端口配置 IP 地址。

```
[S5]int lo0
[S5-LoopBack0]ip address 9.9.9.205 32
[S5-LoopBack0]int g 1/0/1
[S5-GigabitEthernet1/0/1]port link-mode route
[S5-GigabitEthernet1/0/1]ip address 10.0.0.30 30
[S5-GigabitEthernet1/0/1]int g 1/0/3
[S5-GigabitEthernet1/0/3]port link-mode route
[S5-GigabitEthernet1/0/3]ip address 10.0.0.34 30
[S5-GigabitEthernet1/0/3]quit
```

步骤 19：在 S4 上为 VLAN 10、VLAN 20、VLAN 30、VLAN 40、VLAN 100 配置 IP 地址，并且为 VRRP 10、VRRP 20、VRRP 30、VRRP 40、VRRP 50 配置 IP 地址，VRRP 的优先级设置为 150，S4 为主网关。

```
[S4]int vlan 10
[S4-Vlan-interface10]ip address 172.0.10.252 24
[S4-Vlan-interface10]vrrp vrid 10 virtual-ip 172.0.10.254
[S4-Vlan-interface10]vrrp vrid 10 priority 150   /*设置 VRRP 10 的优先级为 150
[S4-Vlan-interface10]int vlan 20
[S4-Vlan-interface20]ip address 172.0.20.252 24
[S4-Vlan-interface20]vrrp vrid 20 virtual-ip 172.0.20.254
[S4-Vlan-interface20]vrrp vrid 20 priority 150
[S4-Vlan-interface20]int vlan 30
[S4-Vlan-interface30]ip address 172.0.30.252 24
```

```
[S4-Vlan-interface30]vrrp vrid 30 virtual-ip 172.0.30.254
[S4-Vlan-interface30]vrrp vrid 30 priority 150
[S4-Vlan-interface30]int vlan 40
[S4-Vlan-interface40]ip address 172.0.40.252 24
[S4-Vlan-interface40]vrrp vrid 40 virtual-ip 172.0.40.254
[S4-Vlan-interface40]vrrp vrid 40 priority 150
[S4-Vlan-interface40]int vlan 100
[S4-Vlan-interface100]ip address 172.0.100.252 24
[S4-Vlan-interface100]vrrp vrid 50 virtual-ip 172.0.100.254
[S4-Vlan-interface100]vrrp vrid 50 priority 150
[S4-Vlan-interface100]quit
```

步骤 20：在 S5 上为 VLAN 10、VLAN 20、VLAN 30、VLAN 40、VLAN 100 配置 IP 地址，并且为 VRRP 10、VRRP 20、VRRP 30、VRRP 40、VRRP 50 配置 IP 地址，VRRP 的优先级为 120，S5 为备用网关。

```
[S5]int vlan 10
[S5-Vlan-interface10]ip address 172.0.10.253 24
[S5-Vlan-interface10]vrrp vrid 10 virtual-ip 172.0.10.254
[S5-Vlan-interface10]vrrp vrid 10 priority 120    /*设置 VRRP 10 的优先级为 120
[S5-Vlan-interface10]
[S5-Vlan-interface10]int vlan 20
[S5-Vlan-interface20]ip address 172.0.20.253 24
[S5-Vlan-interface20]vrrp vrid 20 virtual-ip 172.0.20.254
[S5-Vlan-interface20]vrrp vrid 20 priority 120
[S5-Vlan-interface20]
[S5-Vlan-interface20]int vlan 30
[S5-Vlan-interface30]ip address 172.0.30.253 24
[S5-Vlan-interface30]vrrp vrid 30 virtual-ip 172.0.30.254
[S5-Vlan-interface30]vrrp vrid 30 priority 120
[S5-Vlan-interface30]
[S5-Vlan-interface30]int vlan 40
[S5-Vlan-interface40]ip address 172.0.40.253 24
[S5-Vlan-interface40]vrrp vrid 40 virtual-ip 172.0.40.254
[S5-Vlan-interface40]vrrp vrid 40 priority 120
[S5-Vlan-interface40]
[S5-Vlan-interface40]int vlan 100
[S5-Vlan-interface100]ip address 172.0.100.253 24
[S5-Vlan-interface100]vrrp vrid 50 virtual-ip 172.0.100.254
[S5-Vlan-interface100]vrrp vrid 50 priority 120
[S5-Vlan-interface100]quit
```

步骤 21：为 R2 的 lo0、G0/0、G0/1、S2/0、S3/0 端口配置 IP 地址，S2/0 端口的带宽为 2Mbps，开启 CHAP 认证，S3/0 端口的带宽为 2Mbps。

```
<H3C>system-view
[H3C]sysname R2
[R2]int lo0
[R2-LoopBack0]ip address 9.9.9.2 32
[R2-LoopBack0]int g0/0
```

```
[R2-GigabitEthernet0/0]ip address 10.0.0.6 30
[R2-GigabitEthernet0/0]int g0/1
[R2-GigabitEthernet0/1]ip address 10.0.0.25 30
[R2-GigabitEthernet0/1]int s2/0
[R2-Serial2/0]ip address 10.0.0.14 30
[R2-Serial2/0]bandwidth 2048                    /*带宽设置为 2Mbps
[R2-Serial2/0]ppp authentication-mode chap  /*R2 为认证方，认证方式为 CHAP 认证
[R2-Serial2/0]int s3/0
[R2-Serial3/0]ip address 10.0.0.21 30
[R2-Serial3/0]bandwidth 2048                    /*带宽设置为 2Mbps
[R2-Serial3/0]quit
[R2]local-user 123456 class network
/*在 R2 上创建用户名和密码都为 123456 的 ppp 用户，用于 CHAP 认证
[R2-luser-network-123456]password simple 123456
[R2-luser-network-123456]service-type ppp
[R2-luser-network-123456]quit
```

步骤 22：为 R3 的 lo0、G0/0、G0/1.S2/0、S3/0 端口配置 IP 地址，S2/0 端口的带宽为 1Mbps，开启 CHAP 认证，S3/0 端口的带宽为 2Mbps。

```
<H3C>system-view
[H3C]sysname R3
[R3]int lo0
[R3-LoopBack0]ip address 9.9.9.3 32
[R3-LoopBack0]int g0/0
[R3-GigabitEthernet0/0]ip address 10.0.0.10 30
[R3-GigabitEthernet0/0]int g0/1
[R3-GigabitEthernet0/1]ip address 10.0.0.29 30
[R3-GigabitEthernet0/1]int s2/0
[R3-Serial2/0]ip address 10.0.0.18 30
[R3-Serial2/0]bandwidth 1024                    /*带宽设置为 1Mbps
[R3-Serial2/0]ppp authentication-mode chap  /*R3 为认证方，认证方式为 CHAP 认证
[R3-Serial2/0]int s3/0
[R3-Serial3/0]ip address 10.0.0.22 30
[R3-Serial3/0]bandwidth 2048                    /*带宽设置为 2Mbps
[R3-Serial3/0]quit
[R3]local-user 123456 class network
/*在 R3 上创建用户名和密码都为 123456 的 ppp 用户，用于 CHAP 认证
[R3-luser-network-123456]password simple 123456
[R3-luser-network-123456]service-type ppp
[R3-luser-network-123456]quit
```

步骤 23：为 R1 的 lo0、G0/0、S2/0、S3/0 端口配置 IP 地址，S2/0 端口的带宽为 2Mbps，S3/0 端口的带宽为 1Mbps。R1 为被认证方，在 S2/0 和 S3/0 端口中发送的用户名与密码为 123456。

```
<H3C>system-view
[H3C]sysname R1
[R1]int lo0
[R1-LoopBack0]ip address 9.9.9.1 32
```

```
[R1-LoopBack0]int g0/0
[R1-GigabitEthernet0/0]ip address 172.0.50.254 24
[R1-GigabitEthernet0/0]int s2/0
[R1-Serial2/0]ip address 10.0.0.13 30
[R1-Serial2/0]bandwidth 2048                          /*带宽设置为2Mbps
[R1-Serial2/0]ppp chap user 123456                    /*发送的用户名为123456
[R1-Serial2/0]ppp chap password simple 123456         /*发送的密码为123456
[R1-Serial2/0]int s3/0
[R1-Serial3/0]ip address 10.0.0.17 30
[R1-Serial3/0]bandwidth 1024                          /*带宽设置为1Mbps
[R1-Serial3/0]ppp chap user 123456                    /*发送的用户名为123456
[R1-Serial3/0]ppp chap password simple 123456         /*发送的密码为123456
[R1-Serial3/0]quit
```

步骤 24：在 S2 和 S3 上使用 RIPv2 动态路由协议，进程号为 10，取消自动聚合。
S2 上的配置如下。

```
[S2]rip 10
[S2-rip-10]undo summary                    /*取消自动聚合
[S2-rip-10]version 2
[S2-rip-10]network 10.0.0.0                 /*发布具体的网段
[S2-rip-10]network 9.9.9.0
[S2-rip-10]network 192.0.10.0
[S2-rip-10]network 192.0.20.0
[S2-rip-10]network 192.0.30.0
[S2-rip-10]network 192.0.40.0
[S2-rip-10]quit
```

S3 上的配置如下。

```
[S3]rip 10
[S3-rip-10]undo summary                    /*取消自动聚合
[S3-rip-10]version 2
[S3-rip-10]network 10.0.0.0                 /*发布具体的网段
[S3-rip-10]network 9.9.9.0
[S3-rip-10]network 192.0.10.0
[S3-rip-10]network 192.0.20.0
[S3-rip-10]network 192.0.30.0
[S3-rip-10]network 192.0.40.0
[S3-rip-10]quit
```

步骤 25：在 R2 和 R3 上使用 RIPv2 动态路由协议，进程号为 10，取消自动聚合。
R2 上的配置如下。

```
[R2] rip 10
[R2-rip-10]undo summary
[R2-rip-10]version 2
[R2-rip-10]network 10.0.0.4 0.0.0.3        /*发布具体的网段
[R2-rip-10]quit
```

R3 上的配置如下。

```
[R3]rip 10
[R3-rip-10]undo summary
[R3-rip-10]version 2
[R3-rip-10]network 10.0.0.8 0.0.0.3          /*发布具体的网段
[R3-rip-10]quit
```

步骤 26：在 S2 和 S3 上的业务网段禁止发送 RIPv2 的协议报文。

S2 上的配置如下。

```
[S2]int vlan 10
[S2-Vlan-interface10]undo rip output          /*禁止发送 RIP 更新报文
[S2-Vlan-interface10]int vlan 20
[S2-Vlan-interface20]undo rip output          /*禁止发送 RIP 更新报文
[S2-Vlan-interface20]int vlan 30
[S2-Vlan-interface30]undo rip output          /*禁止发送 RIP 更新报文
[S2-Vlan-interface30]int vlan 40
[S2-Vlan-interface40]undo rip output          /*禁止发送 RIP 更新报文
[S2-Vlan-interface40]quit
```

S3 上的配置如下。

```
[S3]int vlan 10
[S3-Vlan-interface10]undo rip output
[S3-Vlan-interface10]int vlan 20
[S3-Vlan-interface20]undo rip output
[S3-Vlan-interface20]int vlan 30
[S3-Vlan-interface30]undo rip output
[S3-Vlan-interface30]int vlan 40
[S3-Vlan-interface40]undo rip output
[S3-Vlan-interface40]quit
```

步骤 27：在 S4 上配置 OSPF 路由协议，所有路由协议都发布具体网段，业务网段中不出现协议报文，优化 OSPF 相关配置，尽量加快 OSPF 收敛。

```
[S4]ospf 10 router-id 9.9.9.204           /*开启 OSPF 路由协议，Router ID 为 lo0 地址
[S4-ospf-10]area 0
[S4-ospf-10-area-0.0.0.0]network 172.0.10.0 0.0.0.255          /*发布具体的网段
[S4-ospf-10-area-0.0.0.0]network 172.0.20.0 0.0.0.255
[S4-ospf-10-area-0.0.0.0]network 172.0.30.0 0.0.0.255
[S4-ospf-10-area-0.0.0.0]network 172.0.40.0 0.0.0.255
[S4-ospf-10-area-0.0.0.0]network 172.0.100.0 0.0.0.255
[S4-ospf-10-area-0.0.0.0]network 10.0.0.32 0.0.0.3
[S4-ospf-10-area-0.0.0.0]network 10.0.0.24 0.0.0.3
[S4-ospf-10-area-0.0.0.0]network 9.9.9.204 0.0.0.0
[S4-ospf-10-area-0.0.0.0]quit
[S4-ospf-10]silent-interface Vlan-interface 10
/*禁止在 VLAN 10 网段中发送 OSPF 报文，实现业务网段不出现协议报文
[S4-ospf-10]silent-interface Vlan-interface 20
[S4-ospf-10]silent-interface Vlan-interface 30
[S4-ospf-10]silent-interface Vlan-interface 40
[S4-ospf-10]silent-interface Vlan-interface 100
[S4-ospf-10]spf-schedule-interval 1
```

/*设置 OSPF 路由计算时间间隔为 1s，以加快 OSPF 的收敛时间，优化 OSPF 的收敛。在默认情况下，SPF 计算的时间间隔为 5s

```
[S4-ospf-10]quit
```

步骤 28：在 S5 上配置 OSPF 路由协议，所有路由协议都发布具体网段，业务网段中不出现协议报文，优化 OSPF 相关配置，尽量加快 OSPF 收敛。

```
[S5]ospf 10 router-id 9.9.9.205                /*开启 OSPF 路由协议，Router ID 为 lo0 地址
[S5-ospf-10]area 0
[S5-ospf-10-area-0.0.0.0]network 172.0.10.0 0.0.0.255       /*发布具体的网段
[S5-ospf-10-area-0.0.0.0]network 172.0.20.0 0.0.0.255
[S5-ospf-10-area-0.0.0.0]network 172.0.30.0 0.0.0.255
[S5-ospf-10-area-0.0.0.0]network 172.0.40.0 0.0.0.255
[S5-ospf-10-area-0.0.0.0]network 172.0.100.0 0.0.0.255
[S5-ospf-10-area-0.0.0.0]network 10.0.0.32 0.0.0.3
[S5-ospf-10-area-0.0.0.0]network 10.0.0.28 0.0.0.3
[S5-ospf-10-area-0.0.0.0]network 9.9.9.205 0.0.0.0
[S5-ospf-10-area-0.0.0.0]quit
[S5-ospf-10]silent-interface Vlan-interface 10
```
/*禁止在 VLAN 10 网段中发送 OSPF 报文，实现业务网段不出现协议报文
```
[S5-ospf-10]silent-interface Vlan-interface 20
[S5-ospf-10]silent-interface Vlan-interface 30
[S5-ospf-10]silent-interface Vlan-interface 40
[S5-ospf-10]silent-interface Vlan-interface 100
[S5-ospf-10]spf-schedule-interval 1
```
/*设置 OSPF 路由计算时间间隔为 1s，以加快 OSPF 的收敛时间，优化 OSPF 的收敛。在默认情况下，SPF 计算的时间间隔为 5s
```
[S5-ospf-10]quit
```

步骤 29：在 R2 上配置 OSPF 路由协议，所有路由协议都发布具体网段，优化 OSPF 相关配置，尽量加快 OSPF 收敛。

```
[R2]ospf 10 router-id 9.9.9.2                /*开启 OSPF 路由协议，Router ID 为 lo0 地址
[R2-ospf-10]area 0
[R2-ospf-10-area-0.0.0.0]network 10.0.0.24 0.0.0.3          /*发布具体的网段
[R2-ospf-10-area-0.0.0.0]network 10.0.0.20 0.0.0.3
[R2-ospf-10-area-0.0.0.0]network 10.0.0.12 0.0.0.3
[R2-ospf-10-area-0.0.0.0]network 9.9.9.2 0.0.0.0
[R2-ospf-10-area-0.0.0.0]quit
[R2-ospf-10]spf-schedule-interval 1
```
/*设置 OSPF 路由计算时间间隔为 1s，以加快 OSPF 的收敛时间，优化 OSPF 的收敛。在默认情况下，SPF 计算的时间间隔为 5s
```
[R2-ospf-10]silent-interface s2/0
```
/*配置 S2/0 为静默端口，禁止 S2/0 发送 OSPF 路由更新
```
[R2-ospf-10]quit
```

步骤 30：在 R3 上配置 OSPF 路由协议，所有路由协议都发布具体网段，优化 OSPF 相关配置，尽量加快 OSPF 收敛。

```
[R3]ospf 10 router-id 9.9.9.3                /*开启 OSPF 路由协议，Router ID 为 lo0 地址
[R3-ospf-10]area 0
```

```
[R3-ospf-10-area-0.0.0.0]network 10.0.0.28 0.0.0.3          /*发布具体的网段
[R3-ospf-10-area-0.0.0.0]network 10.0.0.20 0.0.0.3
[R3-ospf-10-area-0.0.0.0]network 10.0.0.16 0.0.0.3
[R3-ospf-10-area-0.0.0.0]network 9.9.9.3 0.0.0.0
[R3-ospf-10-area-0.0.0.0]quit
[R3-ospf-10]spf-schedule-interval 1
/*设置 OSPF 路由计算时间间隔为 1s，以加快 OSPF 的收敛时间，优化 OSPF 的收敛。在默认情况下，
SPF 计算的时间间隔为 5s
[R3-ospf-10]silent-interface s2/0
/*配置 S2/0 为静默端口，禁止 S2/0 发送 OSPF 路由更新
[R3-ospf-10]quit
```

步骤 31：在 R2 上使用 Route-policy 技术进行路由过滤，防止本路由域内始发的路由再被引回到本路由域，从而造成环路。OSPF 路由引入后的标签值为 60，RIP 路由引入后的标签值为 120，引入路由的开销值为 5。

```
[R2]route-policy import deny node 10              /*创建名为 import 的路由策略
[R2-route-policy-import-10]if-match tag 60        /*如果标签值为 60 则拒绝通过
[R2-route-policy-import-10]quit
[R2]route-policy import deny node 20
[R2-route-policy-import-20]if-match tag 120       /*如果标签值为 120 则拒绝通过
[R2-route-policy-import-20]quit
[R2]route-policy import deny node 30
[R2-route-policy-import-30]if-match tag 250       /*如果标签值为 250 则拒绝通过
[R2-route-policy-import-30]quit
[R2]route-policy import permit node 40            /*允许其他所有数据通过
[R2-route-policy-import-40]quit
[R2]dis route-policy                              /*查看 Route-policy 的配置
Route-policy: import
  Deny  : 10
        if-match tag 60
  Deny  : 20
        if-match tag 120
  Deny  : 30
        if-match tag 250
  Permit : 40
[R2]ospf 10
[R2-ospf-10]import-route rip 10 cost 5 tag 120 route-policy import
/*在 OSPF 路由协议中引入 RIP 10，开销值为 5，标签值为 120
[R2-ospf-10]quit
[R2]rip 10
[R2-rip-10]import-route ospf 10 cost 5 route-policy import tag 60
/*在 RIP 路由协议中引入 OSPF 10，开销值为 5，标签值为 60
[R2-rip-10]quit
```

步骤 32：在 R3 上使用 Route-policy 技术进行路由过滤，防止本路由域内始发的路由再被引回到本路由域，从而造成环路。OSPF 路由引入后的标签值为 60，RIP 路由引入后的标签值为 120，引入路由的开销值为 10。

```
[R3]route-policy import deny node 10              /*创建名为 import 的路由策略
```

```
[R3-route-policy-import-10]if-match tag 60        /*如果标签值为 60 则拒绝通过
[R3-route-policy-import-10]quit
[R3]route-policy import deny node 20
[R3-route-policy-import-20]if-match tag 120       /*如果标签值为 120 则拒绝通过
[R3-route-policy-import-20]quit
[R3]route-policy import deny node 30
[R3-route-policy-import-30]if-match tag 250        /*如果标签值为 250 则拒绝通过
[R3-route-policy-import-30]quit
[R3]route-policy import permit node 40             /*允许其他所有数据通过
[R3-route-policy-import-40]quit
[R3]ospf 10
[R3-ospf-10]import-route rip 10 cost 10 tag 120 route-policy import
/*在 OSPF 路由协议中引入 RIP 10,开销值为 10,标签值为 120
[R3-ospf-10]quit
[R3]rip 10
[R3-rip-10]import-route ospf 10 cost 10 route-policy import tag 60
/*在 RIP 路由协议中引入 OSPF 10,开销值为 10,标签值为 60
[R3-rip-10]quit
```

步骤 33:在 R2 开启 OSPF 的端口上优化 OSPF 相关配置,以尽量加快 OSPF 收敛。

```
[R2]int GigabitEthernet 0/1
[R2-GigabitEthernet0/1]ospf network-type p2p    /*修改端口类型为 P2P,默认为 PPP
[R2-GigabitEthernet0/1]ospf timer hello 1    /*修改端口 hello 时间为 1s,默认 5s
[R2-GigabitEthernet0/1]ospf bfd enable  /*开启 OSPF 的 BFD 检查功能,以缩短检测时间
[R2-GigabitEthernet0/1]quit
[R2] int s3/0
[R2-Serial3/0]ospf network-type p2p       /*修改端口类型为 P2P,默认为 PPP
[R2-Serial3/0]ospf time hello 1           /*修改端口 hello 时间为 1s,默认 5s
[R2-Serial3/0]ospf bfd enable             /*开启 OSPF 的 BFD 检查功能,以缩短检测时间
[R2-Serial3/0]quit
```

步骤 34:在 R3 开启 OSPF 的端口上优化 OSPF 相关配置,以尽量加快 OSPF 收敛。

```
[R3]int g0/1
[R3-GigabitEthernet0/1]ospf network-type p2p
[R3-GigabitEthernet0/1]ospf time hello 1
[R3-GigabitEthernet0/1]ospf bfd enable
[R3-GigabitEthernet0/1]int s3/0
[R3-Serial3/0]ospf network-type p2p
[R3-Serial3/0]ospf time hello 1
[R3-Serial3/0]ospf bfd enable
[R3-Serial3/0]quit
```

步骤 35:在 S4 开启 OSPF 的端口上优化 OSPF 相关配置,以尽量加快 OSPF 收敛。

```
[S4]int g 1/0/1
[S4-GigabitEthernet1/0/1]ospf network-type p2p /*修改端口类型为 P2P,默认为 PPP
[S4-GigabitEthernet1/0/1]ospf time hello 1   /*修改端口 hello 时间为 1s,默认 5s
[S4-GigabitEthernet1/0/1]ospf bfd enable /*开启 OSPF 的 BFD 检查功能,缩短检测时间
[S4-GigabitEthernet1/0/1]int g 1/0/3
[S4-GigabitEthernet1/0/3]ospf network-type p2p  /*修改端口类型为 P2P,默认为 PPP
```

```
[S4-GigabitEthernet1/0/3]ospf time hello 1  /*修改端口 hello 时间为 1s，默认 5s
[S4-GigabitEthernet1/0/3]ospf bfd enable /*开启 OSPF 的 BFD 检查功能，缩短检测时间
[S4-GigabitEthernet1/0/3]quit
```

步骤 36：在 S5 开启 OSPF 的端口上优化 OSPF 相关配置，以尽量加快 OSPF 收敛。

```
[S5]int g 1/0/1
[S5-GigabitEthernet1/0/1]ospf network-type p2p
[S5-GigabitEthernet1/0/1]ospf time hello 1
[S5-GigabitEthernet1/0/1]ospf bfd enable
[S5-GigabitEthernet1/0/1]int g 1/0/3
[S5-GigabitEthernet1/0/3]ospf network-type p2p
[S5-GigabitEthernet1/0/3]ospf time hello 1
[S5-GigabitEthernet1/0/3]ospf bfd enable
[S5-GigabitEthernet1/0/3]quit
```

步骤 37：在 S2 上配置 DHCP 中继，对 VLAN 10 内的用户进行中继，使 PC1 用户使用 DHCP 中继方式获取 IP 地址。

```
[S2]dhcp enable
[S2]int vlan 10
[S2-Vlan-interface10]dhcp select relay
[S2-Vlan-interface10]dhcp relay server-address 172.0.10.200
[S2-Vlan-interface10]quit
```

步骤 38：在 S3 上配置 DHCP 中继，对 VLAN 10 内的用户进行中继，使 PC1 用户使用 DHCP 中继方式获取 IP 地址。

```
[S3]dhcp enable
[S3]int vlan 10
[S3-Vlan-interface10]dhcp select relay
[S3-Vlan-interface10]dhcp relay server-address 172.0.10.200
[S3-Vlan-interface10]quit
```

步骤 39：在总部 R2 上配置 BGP 协议，R2 与 R3 建立 IBGP 对等体，R2 与 R1 建立 EBGP 对等体，总部 AS 号为 100，分部 AS 号为 200。R2 配置的路由优先级为 80。

```
[R2]bgp 100                              /*开启 BGP 协议，AS 号为 100
[R2-bgp]router-id 9.9.9.2
[R2-bgp]peer 9.9.9.3 as 100              /*与 R3 建立 IBGP 对等体
[R2-bgp]peer 10.0.0.13 as 200            /*与 R1 建立 EBGP 对等体
[R2-bgp]peer 9.9.9.3 connect-interface lo0
/*与对等体组 R3 创建 BGP 会话时，使用 Loopback0 接口作为建立 TCP 连接的源接口
[R2-bgp]address-family ipv4 unicast      /*创建 BGP IPv4 单播地址族
[R2-bgp-ipv4]peer 9.9.9.3 enable
/*开启交换 IPv4 单播路由信息，并将学习的路由添加到公网 BGP 路由表中
[R2-bgp-ipv4]peer 9.9.9.3 next-hop-local
/*配置向对等体组 R3 发布 BGP 路由时，将下一跳属性修改为自身的地址
[R2-bgp-ipv4]peer 10.0.0.13 enable
/*开启交换 IPv4 单播路由信息，并将学习的路由添加到公网 BGP 路由表中
[R2-bgp-ipv4]preference 80 80 80
/*R2 配置 EBGP 路由、IBGP 路由和 BGP 本地产生的路由的优先级分别为 80、80 与 80。在默认情况
```

下，EBGP 路由的优先级为 255，IBGP 路由的优先级为 255，本地产生的 BGP 路由的优先级为 130

```
[R2-bgp-ipv4]quit
[R2-bgp]quit
```

步骤 40：在总部 R3 上配置 BGP 协议，R3 与 R2 建立 IBGP 对等体，R3 与 R1 建立 EBGP 对等体，总部 AS 号为 100，分部 AS 号为 200。

```
[R3]bgp 100
[R3-bgp]router-id 9.9.9.3
[R3-bgp]peer 9.9.9.2 as-number 100
[R3-bgp]peer 9.9.9.2 connect-interface LoopBack0
[R3-bgp]peer 10.0.0.17 as-number 200
[R3-bgp]address-family ipv4 unicast
[R3-bgp-ipv4]peer 9.9.9.2 enable
[R3-bgp-ipv4]peer 9.9.9.2 next-hop-local
[R3-bgp-ipv4]peer 10.0.0.17 enable
[R3-bgp-ipv4]quit
[R3-bgp]quit
```

步骤 41：在分部 R1 上配置 BGP 协议，R1 与 R2、R3 建立 EBGP 对等体，总部 AS 号为 100，分部 AS 号为 200。

```
[R1]bgp 200                                    /*开启 BGP 协议，AS 号为 200
[R1-bgp]router-id 9.9.9.1
[R1-bgp]peer 10.0.0.14 as-number 100           /*与 R2 建立 EBGP 对等体
[R1-bgp]peer 10.0.0.18 as-number 100           /*与 R3 建立 EBGP 对等体
[R1-bgp]peer 10.0.0.14 connect-interface s2/0
/*与对等体组 R2 创建 BGP 会话时，使用 S2/0 端口作为建立 TCP 连接的源端口
[R1-bgp]peer 10.0.0.18 connect-interface s3/0
/*与对等体组 R3 创建 BGP 会话时，使用 S3/0 端口作为建立 TCP 连接的源端口
[R1-bgp]address-family ipv4 unicast            /*创建 BGP IPv4 单播地址族
[R1-bgp-ipv4]peer 10.0.0.14 enable
[R1-bgp-ipv4]peer 10.0.0.18 enable
[R1-bgp-ipv4]quit
[R1-bgp]quit
[R1]dis bgp peer ipv4                           /*在 R1 上查看 BGP 的邻居关系
 BGP local router ID: 9.9.9.1
 Local AS number: 200
 Total number of peers: 2              Peers in established state: 2
 * - Dynamically created peer
 Peer            AS  MsgRcvd MsgSent OutQ PrefRcv Up/Down  State

 10.0.0.14       100     3       3     0       0 00:00:37 Established
 10.0.0.18       100     3       3     0       0 00:00:37 Established
```

步骤 42：在分部 R1 上将路由通过 network 命令发布，分部向总部发布默认路由。

```
[R1]bgp 200
[R1-bgp]address-family ipv4 unicast
[R1-bgp-ipv4]network 9.9.9.1 255.255.255.255    /*使用 network 命令发布明细路由
[R1-bgp-ipv4]network 10.0.0.12 255.255.255.252
[R1-bgp-ipv4]network 10.0.0.16 255.255.255.252
```

```
[R1-bgp-ipv4]network 172.0.50.0 255.255.255.0
[R1-bgp-ipv4]peer 10.0.0.14 default-route-advertise        /*R1 向 R2 发布默认路由
[R1-bgp-ipv4]peer 10.0.0.18 default-route-advertise        /*R1 向 R3 发布默认路由
[R1-bgp-ipv4]quit
[R1-bgp]quit
```

步骤 43：在 R2 上通过路由引入的方式发布 BGP 路由，通过 Route-policy 改变 MED 值，MED 值为 100，ACL 的编号为 2020。R2 将 BGP 路由引入 RIP 和 OSPF 中。

```
[R2]acl basic 2020                                         /*创建基本 ACL 2020
[R2-acl-ipv4-basic-2020]rule permit source any             /*允许所有的数据包通过
[R2-acl-ipv4-basic-2020]quit
[R2]route-policy export permit node 10                     /*创建名为 export 的路由策略
[R2-route-policy-export-10]if-match ip address acl 2020    /*若匹配 ACL 2020
[R2-route-policy-export-10]apply cost 100                  /*则开销值为 100
[R2-route-policy-export-10]quit
[R2]bgp 100
[R2-bgp]address-family ipv4 unicast
[R2-bgp-ipv4]import-route direct                           /*引入直连网段
[R2-bgp-ipv4]import-route rip 10 route-policy import       /*引入 RIP 网段
[R2-bgp-ipv4]import-route ospf 10 route-policy import      /*引入 OSPF 网段
[R2-bgp-ipv4]peer 10.0.0.13 route-policy export export
/*向 R1 发布名为 export 的路由策略
[R2-bgp-ipv4]quit
[R2-bgp]quit
[R2]ospf 10
[R2-ospf-10]import bgp cost 5 tag 250 route-policy import  /*将 BGP 引入 OSPF 中
[R2-ospf-10]quit
[R2]rip 10
[R2-rip-10]import-route bgp cost 5 route-policy import tag 250  /*将 BGP 引入 RIP 中
[R2-rip-10]quit
```

步骤 44：在 R3 上通过路由引入的方式发布 BGP 路由，通过 Route-policy 改变 MED 值，MED 值为 200，ACL 的编号为 2020。R2 将 BGP 路由引入 RIP 和 OSPF 中。

```
[R3]acl basic 2020
[R3-acl-ipv4-basic-2020]rule permit source any
[R3-acl-ipv4-basic-2020]quit
[R3]route-policy export permit node 10                     /*创建名为 export 的路由策略
[R3-route-policy-export-10]if-match ip address acl 2020    /*若匹配 ACL 2020
[R3-route-policy-export-10]apply cost 200                  /*则开销值为 200
[R3-route-policy-export-10]quit
[R3]bgp 100
[R3-bgp]address-family ipv4 unicast
[R3-bgp-ipv4]import-route direct                           /*引入直连网段
[R3-bgp-ipv4]import-route rip 10 route-policy import       /*引入 RIP 网段
[R3-bgp-ipv4]import-route ospf 10 route-policy import      /*引入 OSPF 网段
[R3-bgp-ipv4]peer 10.0.0.17 route-policy export export
/*向 R1 发布名为 export 的路由策略
[R3-bgp-ipv4]quit
```

```
[R3-bgp]quit
[R3]ospf 10
[R3-ospf-10]import bgp cost 10 tag 250 route-policy import   /*将BGP引入OSPF中
[R3-ospf-10]quit
[R3]rip 10
[R3-rip-10]import-route bgp cost 10 route-policy import tag 250 /*将BGP引入RIP
[R3-rip-10]quit
```

步骤 45：在 R1 上定义高级 ACL 3001，允许分部到总部访问 FTP 数据。定义高级 ACL 3002，允许分部到总部的 Web 数据。

```
[R1]acl advanced 3001                /*定义高级ACL 3001，允许分部到总部的FTP服务
[R1-acl-ipv4-adv-3001]rule permit tcp source any destination any destination-po
rt eq ftp
[R1-acl-ipv4-adv-3001]rule permit tcp source any destination any destination-po
rt eq ftp-data
[R1-acl-ipv4-adv-3001]quit
[R1]acl advanced 3002                /*定义高级ACL 3002，允许分部到总部的Web服务
[R1-acl-ipv4-adv-3002]rule permit tcp source any destination any destination-por
t eq www
[R1-acl-ipv4-adv-3002]quit
```

步骤 46：在 R1 上配置策略路由（PBR），编号为 1。分部去往总部的 FTP（ACL3001）从 R1—R2 通过，分部去往总部的 Web（ACL3002）从 R1—R3 通过。

```
[R1]policy-based-route 1 permit node 10     /*定义PBR1
[R1-pbr-1-10]if-match acl 3001              /*若匹配ACL 3001,则下一跳端口为S2/0
[R1-pbr-1-10]apply output-interface s2/0
[R1-pbr-1-10]quit
[R1]policy-based-route 1 permit node 20
[R1-pbr-1-20]if-match acl 3002              /*若匹配ACL 3002,则下一跳端口为S3/0
[R1-pbr-1-20]apply output-interface s3/0
[R1-pbr-1-20]quit
[R1]interface GigabitEthernet 0/0
[R1-GigabitEthernet0/0]ip policy-based-route 1  /*将PBR1绑定在R1的G0/0端口上
[R1-GigabitEthernet0/0]quit
```

步骤 47：在 R1、R2 和 R3 上配置访问控制列表（ACL 3030）以匹配 DNS 数据流，配置 QOS 策略使分部与总部 DNS 服务器（172.0.20.200）之间的 DNS 数据流能被加速转发（EF），最大带宽为链路带宽的 10%。Classifier 名称为 DNS，Behavior 名称为 DNS，QOS 策略名称为 DNS。

在 R1、R2 和 R3 上配置同样的命令，下面以 R1 为例进行介绍。

```
[R1]acl advanced 3030                /*配置高级访问控制列表3030
[R1-acl-ipv4-adv-3030]rule 0 permit udp source 172.0.50.0 0.0.0.255 destination
172.0.20.200 0 destination-port eq dns
/*允许172.0.50.0网段访问172.0.20.200的DNS服务
[R1-acl-ipv4-adv-3030]traffic classifier DNS operator and  /*创建名为DNS的类
[R1-classifier-DNS]if-match acl 3030                        /*如果匹配ACL 3030
[R1-classifier-DNS]traffic behavior DNS                     /*创建名为DNS的行为
[R1-behavior-DNS]queue ef bandwidth pct 10 cbs-ratio 25     /*队列加速转发
```

```
[R1-behavior-DNS]qos policy DNS                          /*QOS策略名称为DNS
[R1-qospolicy-DNS]classifier DNS behavior DNS    /*绑定类和行为
[R1-qospolicy-DNS]interface Serial2/0            /*在S2/0的出方向上应用QOS策略
[R1-Serial2/0]qos apply policy DNS outbound
[R1-Serial2/0]interface Serial3/0                /*在S3/0的出方向上应用QOS策略
[R1-Serial3/0]qos apply policy DNS outbound
[R1-Serial3/0]quit
```

步骤 48：为所有三层设备（R1、R2、R3.S2.S3.S4.S5）开启 ICMP 超时报文发送功能及 ICMP 目的不可达报文发送功能。

在 R1、R2、R3、S2、S3、S4 和 S5 上配置同样的命令。

```
[R1]ip ttl-expires enable
[R1]ip unreachables enable
……省略
[S5]ip ttl-expires enable
[S5]ip unreachables enable
```

步骤 49：在 R1、R2 和 R3 上开启 SSH（Stelnet 和 SFTP）服务端功能，对 SSH 用户采用 password 认证方式，用户名和密码为 admin，密码为明文类型，用户角色为 network-admin，同时在线的最大 SSH 用户连接数为 10。网管服务器所在的网段（172.0.100.0/24）的主机可以通过 SSH 管理设备在 R1、R2 和 R3 上配置同样的命令，下面以 R1 为例进行介绍。

```
[R1]acl basic 2010                               /*创建ACL 2010，允许172.0.100.0/24网段访问
[R1-acl-ipv4-basic-2010]rule permit source 172.0.100.0 0.0.0.255
[R1-acl-ipv4-basic-2010]quit
[R1]public-key local create rsa                  /*服务器端生成本地密钥
The range of public key modulus is (512 ~ 2048).
If the key modulus is greater than 512, it will take a few minutes.
Press CTRL+C to abort.
Input the modulus length [default = 1024]:
Generating Keys...

Create the key pair successfully.
[R1]ssh server enable                            /*开启SSH服务器功能
[R1]sftp server enable                           /*开启SFTP服务器功能
[R1]user-interface vty 0 63                      /*通过VTY界面访问设备
[R1-line-vty0-63]authentication-mode scheme      /*配置客户机登录的认证方式为scheme
[R1-line-vty0-63]protocol inbound ssh            /*支持的协议为SSH
[R1-line-vty0-63]quit
[R1]local-user admin                             /*创建用户名和密码都为admin的管理用户
[R1-luser-manage-admin]password simple admin
[R1-luser-manage-admin]service-type ssh          /*访问类型为SSH，用户权限为网络管理员
[R1-luser-manage-admin]authorization-attribute user-role network-admin
[R1-luser-manage-admin]quit
[R1]ssh user admin service-type all authentication-type password
/*SSH的验证类型为password
[R1]ssh server acl 2010                           /*SSH服务器只允许ACL 2010的主机访问
[R1]aaa session-limit ssh 10                      /*限制同时在线的SSH用户连接数为10
```

步骤 50：为交换机 S1、S2、S3、S4 和 S5 开启 Telnet 功能，对所有 Telnet 用户采用本地认证方式，创建本地用户，用户名和密码都为 admin 的用户有 3 级权限，用户名和密码为 000000 的用户有 1 级命令权限。密码为明文类型。网管服务器所在的网段（172.0.100.0/24）的主机可以通过 Telnet 管理设备。

在 S1、S2、S3、S4 和 S5 上配置同样的命令，下面以 S1 为例进行介绍。

```
[S1]acl basic 2010                      /*创建 ACL 2010，允许 172.0.100.0/24 网段访问
[S1-acl-ipv4-basic-2010]rule permit source 172.0.100.0 0.0.0.255
[S1-acl-ipv4-basic-2010]quit
[S1]telnet server enable                /*开启 Telnet 服务器
[S1]local-user admin                    /*创建本地用户 admin，密码是 admin，3 级权限
[S1-luser-manage-admin]password simple admin
[S1-luser-manage-admin]authorization-attribute user-role level-3
[S1-luser-manage-admin]service-type telnet          /*用户类型为 Telnet
[S1-luser-manage-admin]quit
[S1]local-user 000000                   /*创建本地用户 000000，密码是 000000，1 级权限
New local user added.
[S1-luser-manage-000000]password simple 000000
[S1-luser-manage-000000]authorization-attribute user-role level-1
[S1-luser-manage-000000]service-type telnet         /*用户类型为 Telnet
[S1-luser-manage-000000]quit
[S1]user-interface vty 0 63             /*通过 VTY 界面访问设备
[S1-line-vty0-63]authentication-mode scheme
/*配置客户机登录的认证方式为 scheme，即本地认证方式
[S1-line-vty0-63]quit
```

步骤 51：R1、R2、R3 开启 SNMP 协议，网络管理器只能通过 SNMPv3 访问设备，用户只能读写节点 SNMP 下的对象。MIB 对象名、SNMP 组名和用户名都为 2016，认证算法为 MD5，加密算法为 3DES，认证密码和加密密码都是明文方式，密码为 123456。当有 Trap 告警发生时，路由器会向网管服务器发送 Trap 报文。要求 ACL 2010 的网段来管理设备。

在 R1、R2 和 R3 上配置同样的命令，下面以 R1 为例进行介绍。

```
[R1]snmp-agent                                      /*在 R1 上开启 SNMP 协议
[R1]snmp-agent mib-view included 2016 snmp
/*创建 MIB 视图，名为 2016，只能管理 SNMP 下的对象
[R1]snmp-agent group v3 2016 read-view 2016 write-view 2016
/*创建 SNMPv3 组，组名为 2016，只能对 SNMP 下的对象进行读写管理
[R1]snmp-agent usm-user v3 2016 2016 simple authentication-mode md5 123456 priva
cy-mode 3des 123456 acl 2010
/*创建 SNMPv3 用户，用户名为 2016，认证算法为 MD5，加密算法为 3DES，认证密码和加密密码都是
123456，使用明文方式。只能用 172.0.100.0/24 网段管理设备
[R1]snmp-agent trap enable                          /*在 R1 上开启告警（Trap）功能
[R1]snmp-agent target-host trap address udp-domain 172.0.100.200 params security
name 2016 v3 privacy
/*配置接收 SNMP 告警信息的目的主机的属性，告警时路由器会向 172.0.100.200 发送 Trap 报文
```